U0142769

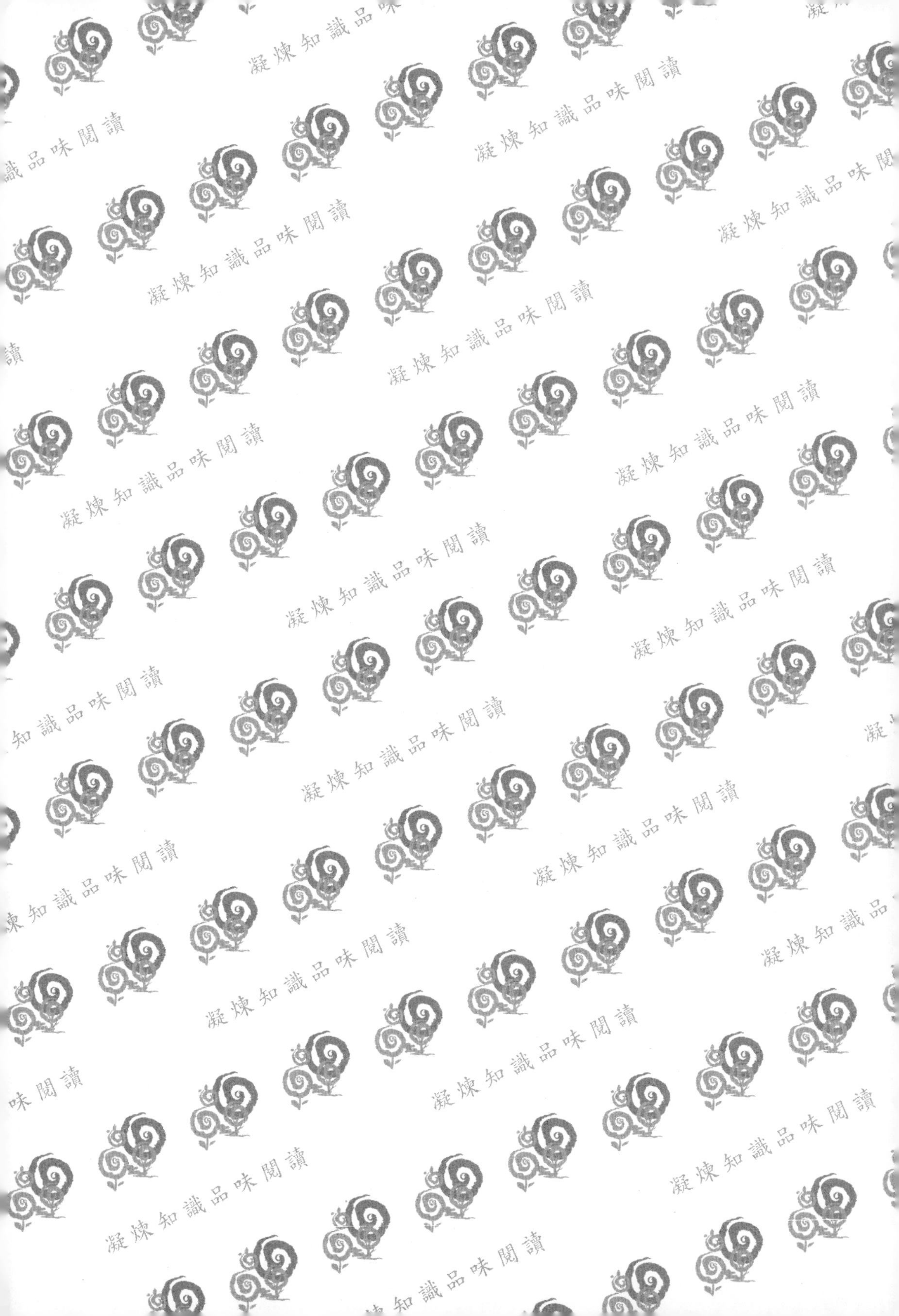

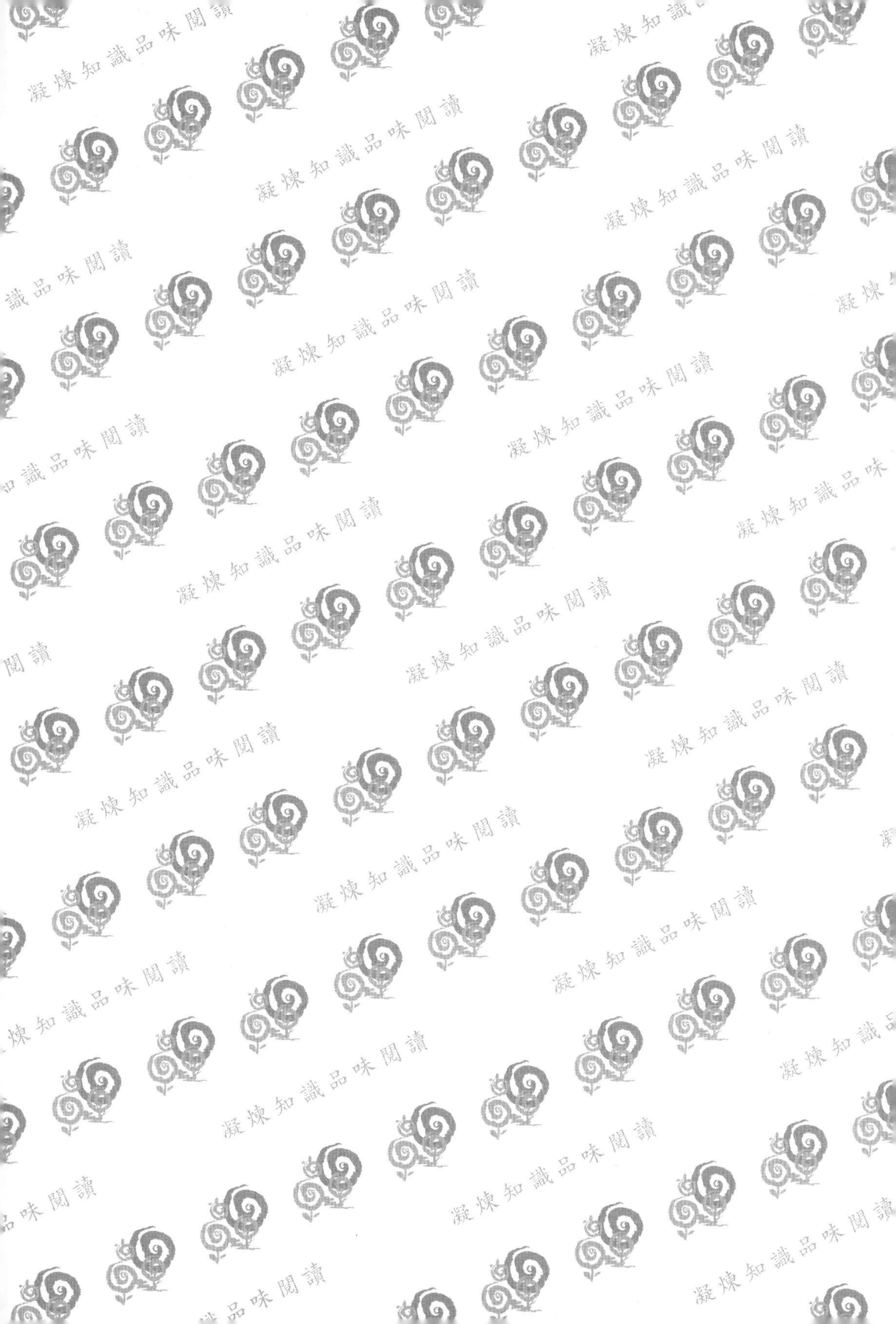
凝煉知識品味閱讀

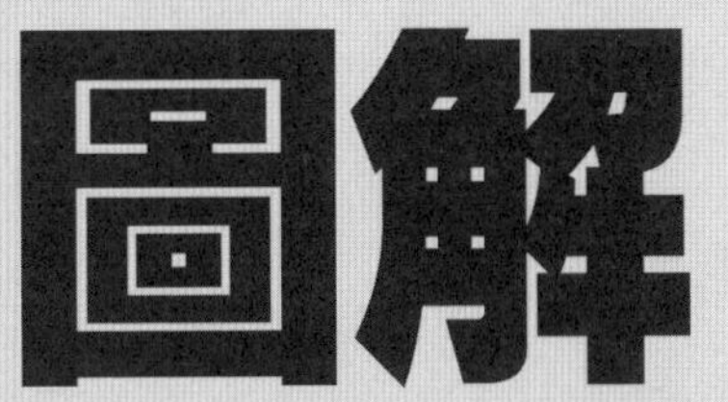

圖解系列

圖解
顧客滿意經營學

戴國良博士／著

五南圖書出版公司 印行

自序

「顧客滿意經營」（Customer-Satisfaction-Business）是近年來崛起的一門重要專業知識。在實務上也被高度重視，並列為經營績效的關鍵績效指標之一。

顧客滿意經營的重要性

很多實務界及行銷界的從事人員，都很明瞭現代企業爭戰到最終的核心競爭利器，在高科技業就是強大且領先的「研發技術」能力；而在廣泛服務業裡，就是「顧客滿意經營」能力了。現代行銷競爭到最後，講白了，就是「顧客」的爭奪戰！「顧客」是爭戰的最後關鍵對象！但是如何爭取到顧客的喜愛、顧客的歡心、顧客的好感、顧客的聯想與顧客的忠誠度，則是對企業行銷的最大考驗。而要獲得顧客的高忠誠度、高回購率、高再購率，以及顧客的終生價值（Lifetime Value），那就要全方位提升顧客對我們企業與品牌的最高滿意度及最高感動度了。換言之，不僅要讓顧客覺得我們公司的產品及服務，有高的物超所值感、高的性價比、高的CP值，更要讓顧客有高的尊榮感、唯一感、平價奢華感、貼心感、溫馨感、主動感、親切感，以及觸動內心最深處的「感動」那根弦。

尤其，現在是國內服務業領軍的時代，服務業產值占GDP的比例，已超過70%，占總就業人口也已超過60%了；而服務業就是以「人」為核心的企業經營關鍵主角；因此，服務業要讓消費者有高的顧客滿意度，不只是行銷4P做的好，更要把「服務」視為核心競爭利器；真正做到全方位的：產品棒（Product）、通路方便（Place）、訂價合理（Price）、推廣強（Promotion），以及服務好（Service）的4P／1S五項行銷戰略完美組合。

本書的特色

總結來說，本書具有以下六點特色：

（一）圖解式表達，使人一目了然，能夠快速閱讀了解及吸收：所謂「文字不如表，表不如圖」，圖解式是最快、最佳的表達方式。尤其，現在企業界的報告，大都是採用PowerPoint的簡報方式表達，亦與圖解書相似。

（二）一本歷來本土化顧客滿意經營書籍最實用的好書：本書是歷來企業對顧客滿意經營之管理書籍，結合最實務與最精華理論的一本實用好書。

（三）本書與時俱進：本書將陳舊的傳統服務業經營教科書全面翻新，並結合近幾年最新的企業趨勢與議題，而能與時俱進。

（四）本書能幫助你在未來就業競爭力，比別人更強：本書期盼能建立未來學生們及年輕上班族們，在企業界上班必備的行銷與顧客滿意經營，讓你未來在「就業競爭力」比別人更強。

（五）本書是未來晉升高階主管的必備工具書：筆者深深認為本書是廣大企業界中層與基層主管，晉升經理、協理及副總經理以上高階主管的必修知識與必備技能及思維。本書適合各種服務業、製造業及科技業等從業人員學習充實及當作工具書之用，亦適合大學選修課之參考用書。

（六）國內首創：本書是國內第一本率先推出的圖解式顧客滿意經營書籍。

人生勉語

在此，想提供一些話語給各位讀者共同勉勵：

- 人生來來去去，一如春夏秋冬，一切平常心。
- 一燈能滅千年暗，以永恆的愛與智慧，點燃無數人內心的光明。
- 找到希望，那希望會支持自己走下去。扭轉生命的機會就此展開。
- 回首來時路，嚐盡的辛苦，成功克服求學的壓力時，您最終會發覺：一切付出，終究是會得到成果的。辛苦是值得的，也是人生過程中的必要歷練。
- 莫令時間空度，時間用到無餘，生命的精華才益形光彩。
- 曾經，不知道還要走多久，不知道還要走多遠。我累了，倦了。如今，我活過來了。
- 長夜將盡，光明很快就到來。
- 牽手情最難忘，它是我記憶中最幸福的事。
- 成功的祕訣：積極追求，永不放棄。
- 堅持，就會等到機會。
- 走自己的路，做最好的自己。
- 要把自己的人生及命運，交到自己手上。

・您可以不看到我，但無法不感受到我。

・知難不難，迎難而上，知難而進，永不退縮，不言失敗。

・沒有愛的工作只是勞役，要愛在工作中。

・人生是付出，而不是獲得。

・一夜東風，枕邊吹散愁多少。數聲啼鳥，夢轉紗窗曉。來時初春，去時春將老。長亭道，一般芳草，只有歸時好。

・若不及時把握當前每一分秒，將白白空過一生。

・反省自己，感謝別人。

・有才無德，其才難用；有德無才，其德無用；品德第一，能力第二。

・只要開始第一步，就離結果更近一些。

・成功的人生方程式：終生學習 × 有目標 × 用心努力。

感謝與祝福

本書能夠順利出版，衷心感謝五南圖書、我的家人、我的長官、我的學生，以及我的好友們的鼓勵與關愛。

由於你們的鼓勵、支持、指導與肯定，筆者才能在無數寂寞夜裡的撰寫中，持續保持自我的毅力、體力、耐心與要求，而能在預定的目標時間有紀律地完成本書。沒有各位的鼓勵支持，就沒有本書的誕生。在這歡喜收割的日子，將榮耀歸於大家的無私奉獻，再次由衷地感謝大家。

感謝大家，祝福各位都能走一趟屬於你們的快樂、成長、成功、幸福、滿足、順利、平安、健康與美麗的人生旅途，在每一天的光陰歲月中。

戴國良

mailto：hope88@xuite.net

本書目錄

本書目錄

本書目錄

第 10 章 二十個顧客滿意經營實戰案例

行銷管理知識入門

第1章

行銷管理知識基礎概述

章節體系架構

Unit 1-1 行銷管理的定義與內涵

什麼叫「行銷管理」（Marketing Management）？如果用最簡單、最通俗的話來說，就是指企業將「行銷」（Marketing）活動，再搭配上「管理」（Management）活動，將這兩者活動做出正確、緊密、有效的連結，以達成行銷應有的目標，不但能讓公司獲利賺錢，而且永續生存下去，這就是「行銷管理」的原則性定義與思維。

一、何謂「行銷」？

我們回到原先的「行銷」（Marketing）定義上。行銷的英文是Marketing，是市場（Market）加上一個進行式（ing），故形成Marketing。

此意是指：「廠商或企業在某些市場上，展開一些促進他們把產品銷售給市場上消費者，以完成雙方交易的任何活動。這些活動都可以稱之為行銷活動。而最後消費者在購買產品或服務之後，即得到了充分的滿足其需求。」

因此，如下圖所示，廠商行銷的最終目標，主要有兩個：第一個是滿足消費者的需求；第二個是要為消費者創造出更大的價值。

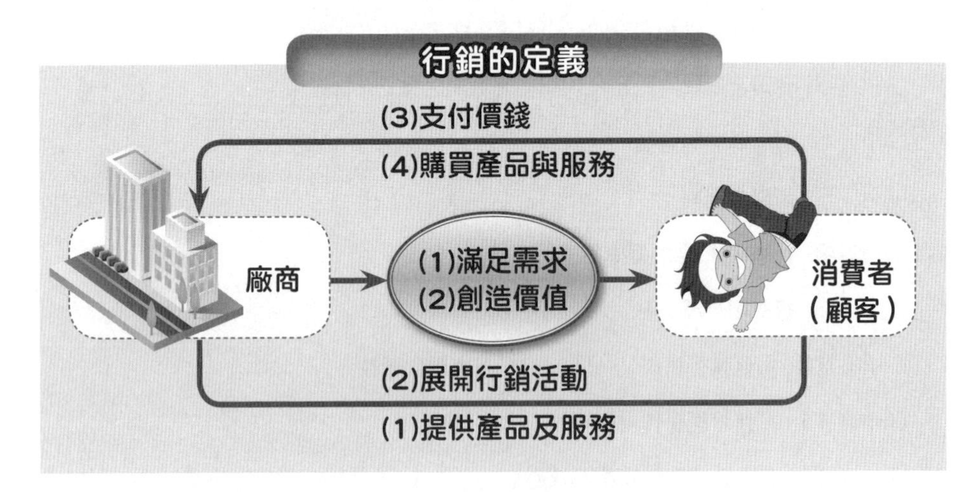

二、行銷的重要性

行銷與業務是公司很重要的部門，他們共同負有將公司產品銷售出去的重責大任，也是創造公司營收及獲利的重要來源。有些公司雖然研發很強或製造很強，但是因為行銷及業務體系相對較弱，因此公司經營績效未見良好。由此得知，公司即使有好的製造設備能製造出好的產品，也要有好的行銷能力相輔相成的配合。而今天的行銷，也不再僅僅是銷售的意義，而是隱含了更高階的顧客導向、市場研究、產品定位、廣告宣傳、售後服務等一套有系統的知識寶藏。

行銷管理的定義

行銷活動 Marketing  管理活動 Management  行銷管理 Marketing Management

行銷管理的內涵

行銷活動（Marketing）

1.產品規劃活動
2.通路規劃活動
3.訂價規劃活動
4.廣告規劃活動
5.促銷規劃活動
6.公共事務規劃活動
7.銷售組織規劃活動
8.現場環境設計與規劃活動
9.服務規劃活動
10.會員經營與顧問關係管理活動
11.社會公益行銷規劃活動
12.活動行銷規劃活動
13.網路行銷規劃活動
14.媒體採購規劃活動
15.行銷總體策略規劃活動
16.市場調查與行銷研究規劃活動
17.公仔行銷規劃活動
18.品牌行銷規劃活動
19.異業合作行銷規劃活動
20.技術研發與產品規劃活動

管理活動（Management）

管理工作或管理循環2種涵義

1.管理工作簡單說，就是P-D-C-A的每天性循環工作。亦即：
- P：Plan，要計畫上列的事情。
- D：Do；要執行上列的事情。
- C：Check；要追蹤、檢討及考核上列的事情。
- A：Action；要改變及再行動上列的事情。

2.管理也可說是：
- 如何組織一個團隊
- 如何規劃企劃事情
- 如何領導及指揮
- 如何做溝通及協調
- 如何激勵及獎勵
- 如何控制、檢討、評估
- 如何再修改、再改善及再行動

什麼是管理活動？
對上列各種行銷活動，要擔負著正確的、有效率的與有效能的管理工作。

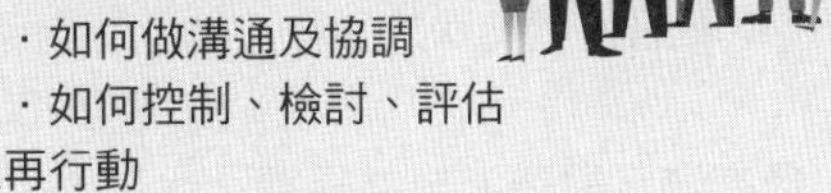

行銷管理（Marketing Management）

應達成目標

達成企業實戰的行銷目標

1.如何達成營收目標
2.如何達成獲利目標
3.如何達成市場占有率目標
4.如何達成品牌創造目標
5.如何達成企業優良形象目標
6.如何達成顧客滿意及顧客忠誠目標
7.如何為消費者滿足他們的需求，並為他們創造出更大的價值
8.善盡行銷社會責任

完美與完整的行銷管理
上面兩欄，相合併起來就是一個完美與完整的行銷管理的內容。

Unit 1-2 行銷目標與行銷經理人職稱

我們常聽到企業要達到年度的行銷目標，究竟什麼是行銷目標？它代表什麼意涵？而坊間我們聽到的行銷經理人與產品經理人，他們又有什麼差異呢？

一、何謂「行銷目標」？

企業實務上，有以下幾點重要的「行銷目標」需要達成：

(一) 營收目標：也稱為年度營收預算目標，營收額代表著有現金流量（Cash Flow）收入，即手上有現金可以使用，這當然重要。此外，營收額也代表著市占率的高低及排名。例如：某品牌在市場上營收額最高，當然也代表其市占率第一。故行銷的首要目標，自然是要達成好的業績與成長的營收。

(二) 獲利目標：獲利目標與營收目標兩者的重要性是一致的。有營收但虧損，則企業也無法長期久撐，勢必關門。因此有獲利，公司才能形成良性循環，可以不斷研發，開發好產品，吸引好人才，才能獲得銀行貸款，採購最新設備；也可以享有最多的行銷費用，用來投入品牌的打造或活動的促銷。因此，行銷人員第二個要注意的即是產品獲利目標是否達成。

(三) 市占率目標：市占率（Market Share）代表公司產品或品牌在市場上的領導地位或非領導地位。因此，也是一項跟著營收目標而來的指標。市占率高的好處很多，茲整理如右，這也是企業都朝市占率第一品牌為行銷目標的原因了。

(四) 創造品牌目標：品牌（Brand）是一種長期性、較無形性的重要無形價值資產，故有人稱之為「品牌資產」（Brand Asset）。消費者之中，有一群人是品牌的忠實保有者及支持者，此比例依估計至少有3成以上。因此，廠商打廣告、做活動、找代言人、做媒體公關報導等，其最終目的，除了要獲利賺錢外，也想要打造及創造出一個長久享譽的知名品牌的目標。如此，對廠商產品的長遠經營，當然會帶來正面的有利影響。

(五) 顧客滿足與顧客忠誠目標：行銷的目標，最後還是要回到消費者主軸面來看。廠商所有的行銷活動，包括從產品研發到最後的售後服務等，都必須以創新、用心、貼心、精緻、高品質、物超所值、尊榮、高服務等各種作為，讓顧客們對企業及其產品與服務，感到高度的滿意及滿足。如此，顧客就對企業產生信賴感，養成消費習慣，進而創造顧客忠誠度。

二、行銷經理人的職稱

在實務上，行銷經理人有不同的職稱。在大型企業，因為產品線及品牌數眾多，故常採取PM制度，即產品經理人制度；或是BM制度，即品牌經理人制度。而在中型或中小型企業中，則採用行銷企劃經理較為常見。

企業行銷目標

企業5大「行銷目標」
（Marketing Objectives）

1.如何達成營收目標

2.如何達成獲利目標

3.如何達成市占率目標

4.如何達成品牌打造目標

5.如何達成顧客滿意及顧客忠誠目標

市占率高對企業會有什麼好處？

1. 做好的廣告宣傳
2. 鼓勵員工戰鬥力
3. 使生產達成經濟規模
4. 跟通路商保持良好關係
5. 對獲利有加分的效果

為何要做行銷？

做行銷 Marketing

就是要為公司：
創造營收及創造獲利
（Revenue & Profit）

行銷經理人常見4種職稱

行銷經理人職稱

①行銷經理（Marketing Manager）

②產品經理（Product Manager, PM）

③品牌經理（Brand Manager, BM）

④行銷企劃經理（Marketing Planning Manager）

Unit 1-3 行銷觀念與顧客導向的四階段演進 Part I

隨著時間的流轉，市場上的行銷手法愈漸成熟。現代最新的行銷觀念可區分四階段的演進過程，讓讀者更了解每個年代不同的行銷觀念。

一、生產觀念（1950年代～1970年代）

生產觀念（Production Concept）係指在1950年代經濟發展落後，國民所得很低的國家，大家都很貧窮的時代。

假設消費者只想要廉價產品，並且隨處買到，於是廠商的任務著重在：1.提高生產效率；2.大量產出單一化產品，大量配銷，以及3.降低產品成本，廉價出售。總結來說，廠商只有生產任務，沒有行銷任務。

而生產觀念的形成主要基於下列三個前提，一是市場需求量遠大過供給量。二是市場競爭者不多；產品的花樣少。三是消費者的所得、生活水準、知識未臻良好水準，導致只求量，不重質，能夠買到、吃到、用到、能夠溫飽，即已經不錯了。

二、產品觀念（1970年代～1980年代）

產品觀念（Product Concept）係假設消費者只想要品質、設計、功能、色彩都最優良的產品，他們認為只要做出最佳產品，消費者一定會上門購買。但廠商如只鎖定產品本身要精益求精，就很容易產生「行銷近視病」（Marketing Myopia）。

所謂「行銷近視病」也稱「行銷迷思」，係指廠商只一味重視產品本身的改良，而不注重或了解消費者本身的實質需求與慾望。因此，雖然廠商的產品或服務無懈可擊，但是卻無法避免衰敗的命運，此乃因即使他們做出他們自認為很好的產品，但似乎無法正確地滿足市場之需要。

例如：美國鐵路事業早年曾有風光歲月，但後來卻落入谷底，衰敗不振；此乃因為他們將公司目標定義在提供最好的鐵路，而非提供最佳的運輸服務；因此，現代的高速公路、高鐵、航空客機等已取代了鐵路的服務，在於未了解並著重消費者之需求。

因此，行銷人員應該避免犯了「行銷近視病」，只看到玻璃窗，而無法看到窗外的世界。產品觀念階段，正有此種隱憂。

「行銷近視病」是有名的行銷學者李維特（Levitt）所提出的。他認為以市場來定義一個企業遠比以產品或技術來定義較佳。他也認為一個事業應是「顧客滿足的過程」（Customers Satisfying Process），而非「產品生產過程」（Product Producing Process）。因為產品是短暫的，而基本需求與顧客卻是永遠的。因此，李維特鼓勵廠商應該從「生產導向」走到「行銷導向」，才不會為環境變化所淘汰。

行銷導向4階段發展

階段1：生產觀念
（Production Concept）
1950～1970年代

階段2：產品觀念
（Product Concept）
1970～1980年代

階段3：銷售觀念
（Selling Concept）
1980～1990年代

階段4：行銷、市場、顧客觀念導向
（Marketing Concept）
1990～21世紀

顧客至上‧顧客導向

產品導向VS.行銷導向

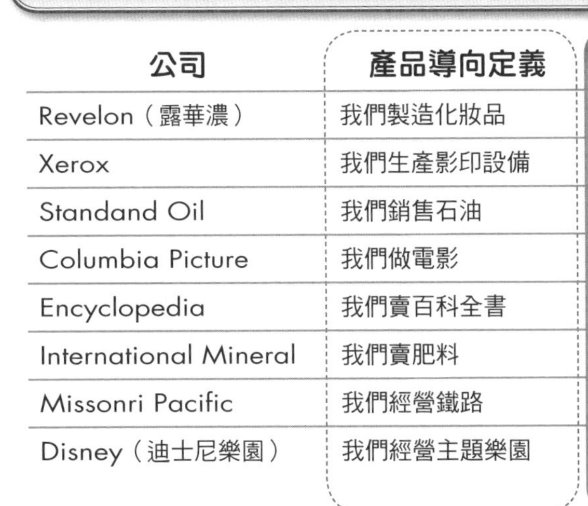

公司	產品導向定義	行銷導向定義
Revelon（露華濃）	我們製造化妝品	我們銷售希望
Xerox	我們生產影印設備	我們協助增加辦公室生產力
Standand Oil	我們銷售石油	我們供應能源
Columbia Picture	我們做電影	我們行銷娛樂
Encyclopedia	我們賣百科全書	我們是資訊生產與配銷事業
International Mineral	我們賣肥料	我們增進農業生產力
Missonri Pacific	我們經營鐵路	我們是人和財貨的運輸者
Disney（迪士尼樂園）	我們經營主題樂園	我們提供人們在地球上最快樂的玩樂

Unit 1-4 行銷觀念與顧客導向的四階段演進 Part II

當李維特鼓勵廠商應該從「生產導向」走到「行銷導向」，才能跟上時代潮流時，企業其實已掀起一股「以客為尊」的行銷爭奪戰。

三、銷售觀念（1980年代～1990年代）

銷售觀念（Selling Concept）係認為消費者並不主動去購買產品，以及供應廠商愈來愈多，大家會做比較，因此，廠商必須透過大量的銷售人員，積極主動的說服顧客來購買產品。在此階段，產品的供應廠商已漸多起來，消費者可能面對多種的選擇，並且會進行比較分析。因此，廠商無法像過去生產階段一樣，坐在家裡等生意上門，必須靠一群銷售組織，透過一些宣傳活動，讓消費者購買公司的產品。包括直銷公司、壽險公司、信用卡銷售公司、資訊設備銷售公司、汽車公司、旅行社、會員卡公司、重機械公司等，均為人員銷售為主的銷售觀念。

四、行銷觀念——市場導向或顧客導向（1990年代～21世紀）

這階段的行銷觀念（Marketing Concept），通常也稱市場導向或顧客導向（Market-Orientation or Customer-Orientation），在現代企業已被廣泛與普遍的應用，這些觀念包括：1.發掘消費者需求並滿足他們；2.製造你能銷售的東西，而非銷售你能製造的東西；3.關愛顧客而非產品；4.盡全力讓顧客感覺他所花的錢，是有代價的、正確的，以及滿足的；5.顧客是我們活力的來源與生存的全部理由；6.要贏得顧客對我們的尊敬、信賴與喜歡；7.我們的薪水是顧客發的；8.一旦離開了顧客，我們什麼都不是；9.要真正了解、掌握及洞察我們的目標消費者；10.落實消費者洞察，並為他們創造價值，才是我們唯一的任務，以及11.顧客永遠不會滿足，因此，我們企業永遠有商機存在。

我們列舉幾個實務上成功的案例，讓讀者對當今的行銷觀念有更進一步的認識。例如：1.TOYOTA推出以六年級與七年級生為區隔對象的低價1500cc年輕人轎車（VIOS及YARIS），售價只有50萬元，而且還有5年期分期付款，滿足他們年輕就能有車與開車的夢想；2.晶華大飯店所推出的自助餐，分別有中式、日式、義式等三種在不同樓層地點，不同口味區隔，以滿足消費者可以輪流吃，不要只吃一種口味的自助餐；3.巧連智兒童雜誌推出了分齡（3～9歲）分版的不同內容兒童月刊，滿足不同年齡的幼兒及兒童；4.國內新聞頻道經常全天候／每個小時的SNG現場直播連線報導，滿足大眾即刻知與看的需求，以及5.信用卡公司推出必須年收入至少400萬及500萬以上的「世界卡」或「無限卡」的金字塔頂端入口的頂級信用卡等。如此多不勝枚舉的顧客導向實例，足以說明誰能觸動消費者心中的那根購買的弦，誰就是市場的贏家。

21世紀行銷導向的時代來臨

行銷導向的意涵

1.主動發掘消費者的潛在需求！並滿足她們！

2.重點在顧客！而不要矇著頭苦幹！

3.一旦離開了顧客，我們什麼都不是！

4.顧客永遠不會滿足！故商機永遠存在！

知識補充站

當今行銷實戰案例

左文提到多不勝枚舉的顧客導向實例，還有以下案例可資參考，例如：1.便利商店可以繳交通違規罰單、停車費、水電費、電信費，有ATM櫃員機及寄送快遞等服務；2.福特汽車推出「Quality Care」，在維修中心可享有較高級的休息等待服務，包括上網、打電話、看TV、喝咖啡、吃東西等，猶如飛機場的貴賓室；3.101購物中心、SOGO百貨復興館的洗手間，猶如五星級大飯店般的高級布置，讓女孩子在裡面整理儀容；4.中國信託信用卡與全鋒汽車服務的快速服務，客戶車子壞掉有拖吊服務的需求，以及5.壹週刊每週有一次「讀者會」，蘋果日報每天有「鋤報會」，就是邀請10位消費者到報社裡進行焦點座談會，說出哪個版面編得好，想看想買；哪個版面編得不好，而不想買。這些意見都提供給公司內部中高階主管參考，沒有立即改善的，就要在每半年一次的人事檢討會中，馬上資遣。

Unit 1-5 台灣及日本7-ELEVEN對顧客導向之真正落實者

我們從《日本7-ELEVEN成功的統計心理學》以及國內各報章雜誌得知，日本7-ELEVEN現任董事長鈴木敏文及台灣統一7-ELEVEN前任總經理徐重仁兩位成功領導人對顧客導向最新的共同看法與行銷理念，茲整理如下，以供參考。

一、如何抓住顧客的心？

上述兩位成功領導人是如此思考著：1.只要還有消費者不滿意的地方，就有商機存在；2.昨日顧客需求，不代表是明日顧客需要（昨天顧客與明天顧客不同）；3.經營事業要捨去過去成功經驗，不斷追求明天的創新；4.消費者不是因不景氣才不花錢，而是要把錢花在刀口上；5.要感動顧客，利益才會隨之而來；6.有競爭者加入，正是展現差異化的最佳時機；7.業界同仁不是我們的競爭對手，我們最大的競爭對手，是顧客瞬息萬變的需求；8.成功行銷的關鍵，在於如何掌握每天來店顧客的心，而且是滿足「明天顧客」，並非滿足「昨天顧客」；9.必須大膽藉由「假設與驗證」的行動，解讀「明天顧客」的心理，依據洞察所得的「預估情報」進行假設，再用各店內的POS電腦自動分析系統加以驗證；10.7-ELEVEN以引起顧客「共鳴」為志向；11.不抱持追根究柢的精神進行分析，數據便不能稱為數據；12.不斷提出為什麼？真是這樣？如何證明？如何解決問題？我們應該為顧客做些什麼？顧客究竟所求為何；13.行銷知識並不只是多蒐集情報資訊，而是能針對自己的想法進行假設與驗證，並藉由實踐所得來的智慧；14.重點不是去年做了什麼？而是今年應做些什麼？如何設定假設，更改計畫；15.顧客不斷尋找新商品，我們則要不斷進行假設，以符合顧客需求，一切都以顧客為主體來考量；16.各種行銷會議，就是在進行發現問題與解決問題的循環；17.商品開發、資訊情報系統與人，必須是三位一體；18.經營的本質是破壞與創新，經營者的主要任務，就是要不斷否定過去成功經驗，並創新變革；19.先破壞，再創新，就是7-ELEVEN的創業精神；20.日本7-ELEVEN每天平均與1,000萬人次做生意，這1,000萬人次的行動與心理，就是觀察自己實踐的結果；21.必須經假設、驗證的嘗試錯誤中，累積經驗，以及22.必須將零售據點的「數據主義」發揮到極點，利用科學的統計數據資料，以尋找問題所在及解決方案。

二、對顧客導向的落實

台灣及日本7-ELEVEN對顧客導向的落實，包括提供ATM提款機；City Café都會咖啡；長條餐桌椅；小包裝蔬菜水果；ibon多媒體服務機器；7-SELECT自創品牌，平價產品；各種繳費單服務；7net網路購物；辣／不辣關東煮；各式便當、麵食、三明治、飯糰；icash卡、OPEN小將，以及黑貓宅急便等十多種服務。

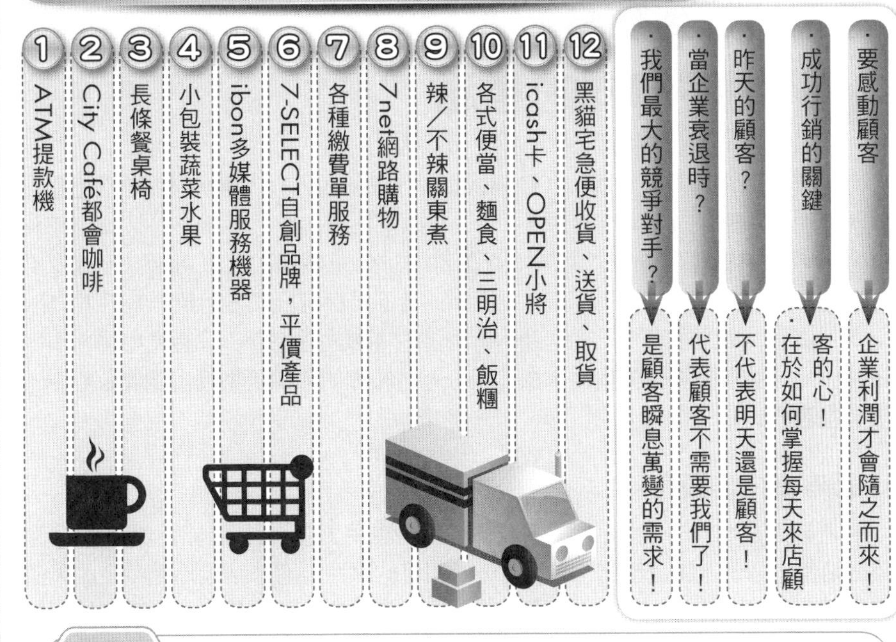

知識補充站

日本的7-ELEVEN

日本的7-ELEVEN是在1973年由伊藤洋華堂自美國引進，1974年於日本東京開設第一家店，在成立之初，伊藤洋華堂內部相當反對，鈴木敏文（現任日本7-ELEVEN CEO）以即使失敗也不影響母公司為條件，取得公司高層的首肯，而後，鈴木敏文長期領導發展，目前已經成為全世界最大的單一連鎖便利商店公司，店鋪數13,334家，占全世界7-ELEVEN店數的三分之一，1991年甚至買下7-ELEVEN全球總部美國南方公司，2005年將日本7-ELEVEN、伊藤洋華堂、美國7-ELEVEN合併入7&I控股。由於在日本的成功發展，亞洲多數國家的7-ELEVEN多以日本為效法對象。

台灣的7-ELEVEN

台灣的7-ELEVEN是起源於1978年4月由統一企業創辦「統一超級商店股份有限公司」，並於1979年引進7-ELEVEN。同年5月，14家「統一超級商店」於台北市、高雄市與台南市同時開幕。早期出現連續7年的虧損窘境，1982年因虧損被併入統一企業，而在1986年轉虧為盈，並於1987年重新獨立為統一超商股份有限公司，其後逐漸在國內通路競賽中嶄露頭角，最終贏得台灣零售業第一的地位，並於2000年4月20日與美國7-ELEVEN簽訂永久的授權契約。1994年7月千成門市成立後首度突破1,000家，1999年突破2,000家。1995年進入宜蘭，1996年進入花東地區，完成台灣本島縣市全部展店目標。1999年開始也跨海至離島展店超過40家門市。

Unit 1-6 顧客導向的意涵

什麼是「顧客導向的意涵」（Customer Orientation）？請好好思考深度意義，並設身處地站在顧客的立場上設想。

統一超商前總經理徐重仁的基本行銷哲學：「只要有顧客不滿足、不滿意的地方，就有新商機的存在。……所以，要不斷的發掘及探索出顧客對統一7-ELEVEN不滿足與不滿意的地方在哪裡。」同時他也強調顧客導向的信念：「企業如果在市場上被淘汰出局，並不是被你的對手淘汰的。一定是被你的顧客所拋棄，因此，心中，一定要有顧客導向的信念。」

一、顧客導向的觀念

行銷觀念在現代的企業已經被廣泛與普遍的應用，這些觀念包括下列幾點，即：1.發掘消費者需求並滿足他們；2.製造你能銷售的東西，而非銷售你能製造的東西；3.關愛顧客而非產品；4.盡全力讓顧客感覺他所花的錢，是有代價的、正確的，以及滿足的；5.顧客是我們活力的來源與生存的全部理由，以及6.要贏得顧客對我們的尊敬、信賴與喜歡。

二、顧客導向的案例

說到顧客導向成功的案例，我們會聯想到統一超商、麥當勞及摩斯漢堡，其特色如下：

(一) 統一超商（7-ELEVEN）：ibon繳款、City Café平價咖啡、ATM方便提款，主要對象為附近住家、上班族、學生。

(二) 麥當勞（McDonald's）：

1.二十四小時電話宅配服務。

2.餐盤紙背後跟盛載食物的容器上都有標示營養價值，滿足現代人追求健康的需要。

3.人多時會有服務人員以PDA點餐，節省等待時間。

4.有兒童遊樂區，提供小孩玩樂的地方，方便家長帶小孩。

(三) 摩斯漢堡（Mos Burger）：

1.透明開放的廚房，讓顧客對整個商品的製作過程一目了然，吃的更安心。

2.產品現點現做，堅持熱騰騰第一時間呈現給顧客。

3.電話取餐服務，更節省等餐時間。

4.所使用的米、蔬菜，甚至牛肉，都有生產履歷，讓消費者吃的放心。

5.不用在櫃台前等餐，服務人員會幫忙送到桌。

6.用餐空間高雅、明亮，並且伴隨著輕音樂，讓用餐更愉快。

堅定顧客導向的信念

堅定顧客導向的信念（市場導向）

1.顧客需要什麼，我們就提供什麼，由顧客決定一切。
2.市場需要什麼，我們就提供什麼，由市場決定一切。
3.有顧客不滿足的地方，就有商機的存在，因此要隨時發現不滿意的地方是什麼。
4.我們應不斷研發及設想，如何滿足顧客現在及未來潛在性的需求。
5.要不斷為顧客創造物超所值及差異化的價值。
6.顧客是我們的老闆，也是我們的上帝。

實踐並堅守顧客導向

企業行銷 Marketing

· 發掘顧客潛在需求
· 滿足顧客所有需求
· 達成顧客所期待的我們
· 做的比顧客期待的更多
· 帶給顧客物超所值感與驚喜感
· 只要用心就有用力之處

顧客消費者 Consumer

企業的存在與經營根本→顧客導向

1. 新產品開發
2. 新服務開發
3. 產品改良、設計
4. 訂價多少問題
5. 通路布建問題
6. 服務水準問題
7. 物流配送速度
8. 代言人選擇
9. 促銷活動

都要想著：顧客導向

顧客導向：顧客要什麼

· 要便利（方便）
· 要平價奢華
· 要促銷、要贈品、要好康
· 要設計感、要創新
· 要功能強大
· 要物質滿足
· 要貼心、要服務
· 要物超所值
· 要有心理尊榮感
· 要高品質
· 要實用
· 要心理滿足
· 要快樂、要驚喜、要可愛、要精緻

Unit 1-7 消費者洞察

「消費者洞察」（Consumer Insight）是近幾年來崛起的行銷名詞，要做到真正有效的顧客導向，只須針對目標消費者各種現況及潛在需求等，加以深入挖掘、洞察、分析思考後，才能獲得消費者的真相。

一、什麼是消費者洞察？

(一) 將需求轉化成行動：行銷策略不只是要研究消費行為，而是要找出底下所隱藏的動機。而消費者洞察就是連結動機與商品之間的化學鍵，是將「需求」轉換成「行動」的關鍵點。

(二) 注重消費者的內心：深入探索消費者的內心世界，再拼湊出消費者的想法與需求，也是消費者洞察的要項。

(三) 需求的內在意涵：指消費者的心理需求，是為了滿足內心缺少的一部分。

(四) 洞察在於挑起慾望：消費者洞察是與消費者溝通的鉤子，目的就在勾起消費者的慾望，勾住消費者的心。

(五) 產品力是最後的勝負關鍵：廣告再迷人，最後勝負關鍵，仍在產品力。好的產品，解決使用者問題，創造便利；而問題的核心，正是人人千方百計尋找的消費者洞察。所以，產品力就是消費者洞察。產品力愈強愈貼心，愈容易被消費者接受。

二、如何成為洞察高手？

(一) 切入共同渴望：想起市場的最大共鳴，最好的方法仍是抓住人類基本天性（Human Basic Nature），切入人性共同的渴望。例如：Evian礦泉水拿在手上，就多了幾分時尚感；LV背在身上，就多了幾分名牌尊榮感；Levis牛仔褲穿在身上，就多幾分叛逆感；Benz開在手上，就多了幾分優越感；約翰走路（Keep Walking）使男人喝酒受感動。

(二) 擅用調查工具：為了找出捉摸不定的消費者洞察，行銷企劃人員需要一套邏輯性的思考方式，一個合理的調查工具來幫助判斷。擅用調查工具可以提升決策的精準度，包括：1.一般使用焦點團體訪談（FGI或FGD）；2.家庭居家式陪同生活與觀察分析；3.在賣場後面跟隨消費者的購買行動而觀察分析；4.大樣本電話訪問的統計結果與數據的思考及分析；5.累積及建立一套幾千人、幾萬人以上的「消費者動機」模式工具，調查範圍包括各種媒體工具、各種品類、各種品牌、各種消費者型態等；6.E-ICP（東方線上資料庫）所累積的消費者資料庫；7.徵詢第一線的業務員、專櫃小姐、店員意見，了解顧客的需求是什麼，以及8.量化及質化的調查，必須以市調資料及深度訪談，印證假設找到解決方案。

P&G的消費者洞見來源5種作法

全球最大日用品P&G公司 對消費者洞見依據來源來培養基礎

1. AGB尼爾森的零售通路實地調查資料庫的分析及整理
2. P&G公司對消費者固定樣本所提供的消費意見反應資料與數據分析
3. 每年度委外進行的消費者購買行為調查報告內容與發現
4. 每年度對自己與競爭品牌資產追蹤調查報告（委外）
5. 其他無數大大小小的市調及民調報告所累積與呈現出來的數據資料與質化資料

如何了解消費者需求

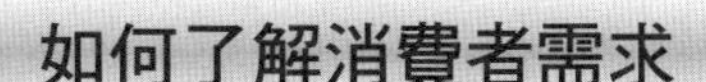

了解、洞察、掌握

如何了解及洞察消費者需求？

1. 網路問卷調查
2. 電話問卷訪問調查
3. 焦點團體座談（FGI／FGD）
4. 第一線銷售人員座談會或問卷調查（門市店長、經銷店、專櫃人員、公司銷售人員等）
5. 全國經銷商、批發商問卷調查
6. 大型連銷零售商採購進貨人員電話訪談調查
7. POS資料（銷售零售據點資訊系統資料）
8. 國內外專業雜誌報導、報紙報導與產業調查報告
9. 國外當地參訪考察、參展

蒐集顧客意見的方法

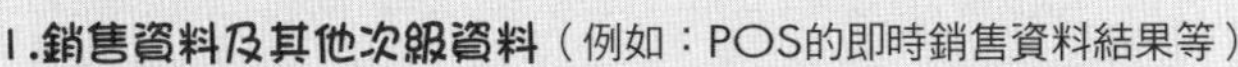

1.銷售資料及其他次級資料（例如：POS的即時銷售資料結果等）

2.調查蒐集

①郵寄問卷或家庭留置問卷。②人員訪談（小組座談討論法，即Focus Group Interview，簡稱FGI，或一對一訪問）。③電話問卷訪談。④傳真機回覆。⑤網際網路（E-mail、網友俱樂部、網路民調）。⑥家庭訪談及家庭親身觀察生活及需求；此亦稱居家生活調查。⑦到店頭、賣場、門市店等第一線蒐集情報；亦稱到現場觀察及詢問消費者各種問題。⑧通路商、經銷商、代理商的意見提供。

3.其他方法蒐集

①店面內意見表填寫。②0800免費電話（客服中心）。③員工提供意見。④店經理人員對顧客的觀察／應對。⑤喬裝顧客（由本公司派人或委託外界企管顧問公司喬裝調查，簡稱喬裝客，是服務業監控服務品質常用的作法）。⑥督導監視人員（區域經理、區域主管、區域顧問）。⑦國外資料情報或出版刊物之意見上網蒐集參考。

Unit 1-8 行銷4P組合的基本概念

就具體的行銷戰術執行而言，最重要的就是行銷4P組合（Marketing 4P Mix）的操作，但什麼是行銷4P組合？要如何運用？

一、什麼是「行銷4P組合」？

此即廠商必須同時同步做好，包括：1.產品力（Product）；2.通路力（Place）；3.訂價格力（Price），以及4.推廣力（Promotion）等4P的行動組合。而推廣力又包括促銷活動、廣告活動、公關活動、媒體報導活動、事件行銷活動、店頭行銷活動等廣泛的推廣活動。

二、行銷4P組合的戰略？

站在高度來看，「行銷4P組合戰略」是行銷策略的核心重點所在。行銷4P組合戰略是一個同時並重的戰略，但在不同時間裡及不同階段中，行銷4P組合戰略有其不同的優先順序如下，企業透過4P戰略的操作，以達成行銷目標的追求。

(一) 產品戰略優先：係指以「產品」主導型為主的行銷活動及戰略。
(二) 通路戰略優先：係指以「通路」主導型為主的行銷活動及戰略。
(三) 推廣戰略優先：係指以「推廣」主導型為主的行銷活動及戰略。
(四) 價格戰略優先：係指以「價格」主導型為主的行銷活動及戰略。

三、為何要說「組合」？

那麼為何要說「組合」（Mix）呢？主要是當企業推出一項產品或服務，要成功的話，必須是「同時、同步」要把4P都做好，任何一個P都不能疏漏，或是有缺失。例如：某項產品品質與設計根本不怎麼樣，如果只是一味大做廣告，那麼產品仍不太可能會有很好的銷售結果。同樣的，一個不錯的產品，如果沒有投資廣告，那麼也不太可能成為知名度很高的品牌。

小博士解說

4P的重要性排序

4P以「推廣」（Promotion），也稱「促銷」，尤其面臨市場競爭與景氣低迷之際，「促銷」常為4P的首要動作；其次為「產品」（Product），品牌的建立與維繫，以及新產品創新服務的持續性推出；至於要動腦考慮損益平衡點的「價格」（Price），一旦確定後少有變動，除非配合促銷或反映成本而調整；最後是「通路」（Place），如果是創新公司或新品上市就得花心思，不然少有問題。

行銷4P組合

行銷4P組合戰術行動

- 1.產品力(Product)
- 2.通路力(Place)
- 3.訂價力(Price)
- 4.推廣力(Promotion)
  - ①促銷活動
  - ②廣告活動
  - ③公關活動
  - ④報導活動
  - ⑤店頭行銷
  - ⑥事件行銷

行銷4P組合戰略

行銷目標(Marketing Target)

1.以產品為主導的行銷

2.以推廣為主導的行銷

①產品戰略(Product)

②推廣戰略(Promotion)

③通路戰略(Place)

④價格戰略(Price)

3.以通路為主導的行銷

4.以價格為主導的行銷

行銷4P組合戰略(Marketing 4P Mix)

4P/1S負責單位

4P/1S	主要	輔助
1.產品策略	研發部(R&D)/商品開發部	行銷企劃部
2.訂價策略	業務部/事業部	行銷企劃部
3.通路策略	業務部	–
4.推廣策略(IMG)	行銷企劃部	–
5.服務策略	客戶服務部/會員經營部	行銷企劃部

Unit 1-9 行銷4P VS. 4C

行銷4P組合固然重要，但4P也不是能夠獨立存在的，必須有另外4C的理念及行動來支撐、互動及結合，才能發揮更大的行銷效果。

一、4P對4C的意義

究竟4P對4C的意義是什麼呢？如右圖4P與4C的對應意義，即在明白告訴企業老闆及行銷人員，公司在規劃及落實執行4P計畫上，是否能夠「真正」的搭配好4C的架構，做好4C的行動，包括思考是否做到下列各點：

(一) 產品及服務是否能滿足顧客需求：我們的產品或服務設計、開發、改善或創新，是否真的堅守顧客需求滿足導向的立場及思考點，以及是否為顧客在消費此種產品或服務時，真為其創造了前所未有的附加價值？包括心理及物質層面的價值在內。

(二) 產品是否價廉物美：我們的產品訂價是否真的做到了價廉物美？我們的設計、R&D研發、採購、製造、物流及銷售等作業，是否真的力求做到了不斷精進改善，使產品成本得以降低，因此能夠將此成本效率及效能回饋給消費者。換言之，產品訂價能夠適時反映產品成本而做合宜的下降。

例如：3G手機、數位照相機、液晶電視機、電漿電視機、MP3數位隨身聽、NB筆記型電腦等產品均較初上市時，隨時間演進而不斷向下調降售價，以提升整個市場買氣及市場規模擴大。

(三) 行銷通路是否普及：我們的行銷通路是否真的做到了普及化、便利性及隨時隨處均可買到的地步？這包括實體據點（如大賣場、便利商店、百貨公司、超市、購物中心、各專賣店、各連鎖店、各門市店）、虛擬通路（如電視購物、網路B2C購物、型錄購物、預購），以及直銷人員通路（如雅芳、如新等）。在現代工作忙碌下，「便利」其實就是一種「價值」，也是一種通路行銷競爭力的所在。

(四) 產品整合傳播行動及計畫是否能引起共鳴：我們的廣告、公關、促銷活動、代言人、事件活動、主題行銷、人員銷售等各種推廣整合傳播行動及計畫，是否真的能夠做好、做夠、做響與目標顧客群的傳播溝通工作，然後產生共鳴，感動他們、吸引他們，在他們心目中建立良好的企業形象、品牌形象及認同度、知名度與喜愛度。最後，顧客才會對我們有長期性的忠誠度與再購習慣性意願。

二、同時做好4P與4C才能領先

從上述分析來看，企業要達成經營卓越與行銷成功，的確必須同時將4P與4C同時做好、做強、做優，如此才會有整體行銷競爭力，也才能在高度激烈競爭、低成長及微利時代中，持續領導品牌的領先優勢，然後維持成功於不墜。

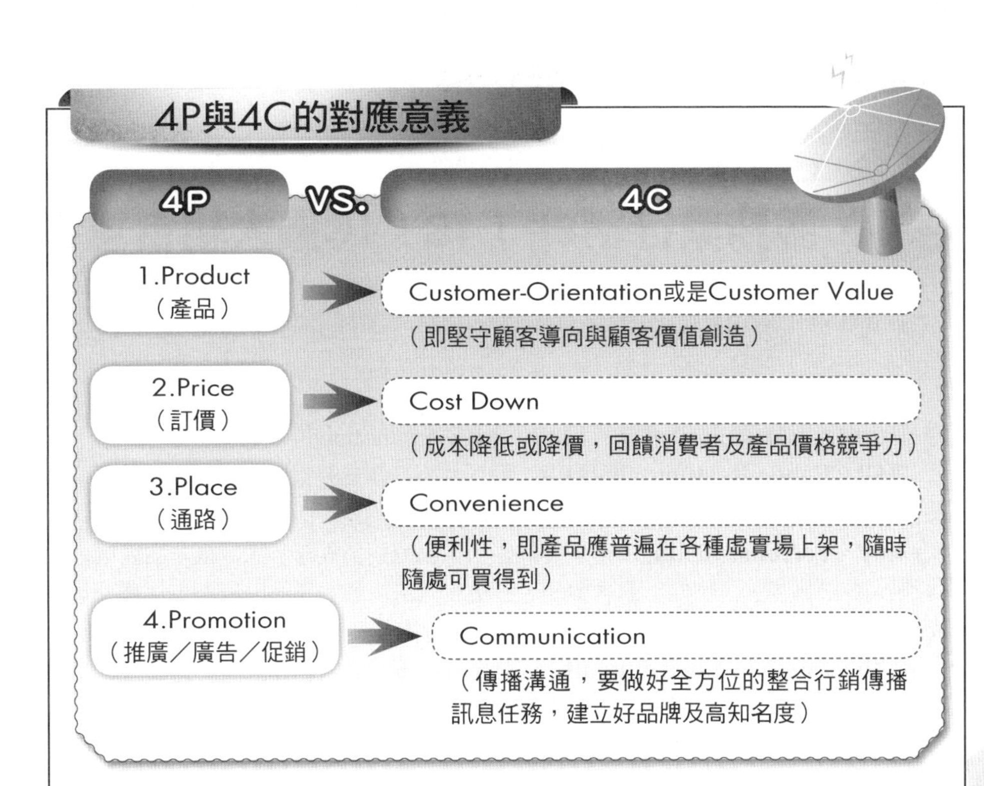
4P與4C的對應意義
4P
VS.
4C
1.Product
（產品）
Customer-Orientation或是Customer Value
（即堅守顧客導向與顧客價值創造）
2.Price
（訂價）
Cost Down
（成本降低或降價，回饋消費者及產品價格競爭力）
3.Place
（通路）
Convenience
（便利性，即產品應普遍在各種虛實場上架，隨時隨處可買得到）
4.Promotion
（推廣／廣告／促銷）
Communication
（傳播溝通，要做好全方位的整合行銷傳播訊息任務，建立好品牌及高知名度）

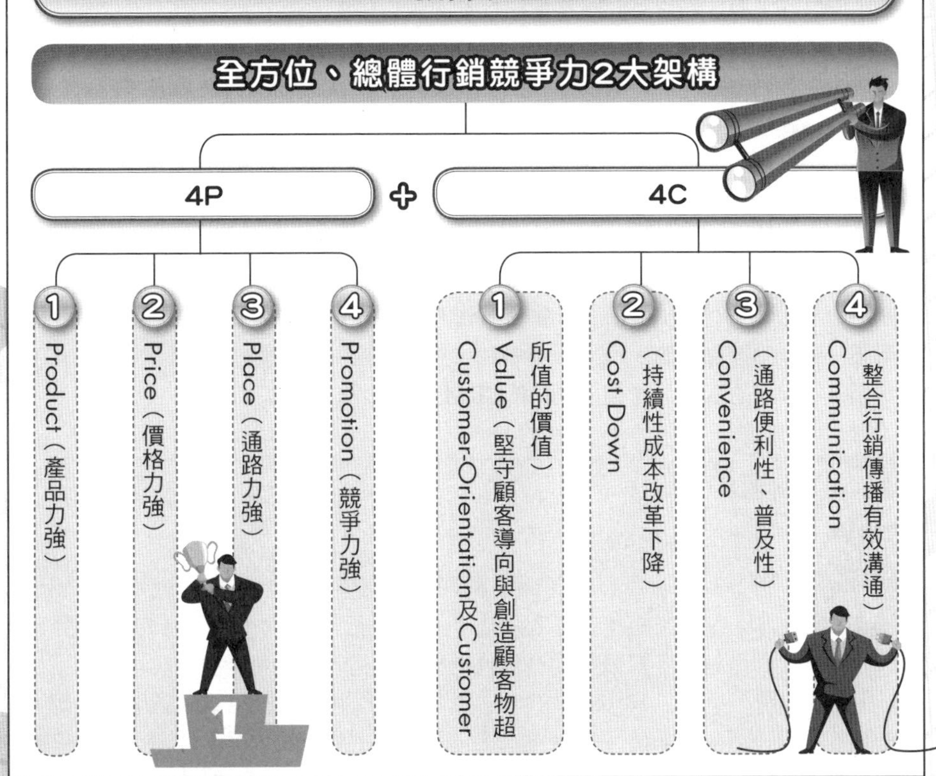
4P+4C發揮總體競爭力
全方位、總體行銷競爭力2大架構
4P
4C
① Product（產品力強）
② Price（價格力強）
③ Place（通路力強）
④ Promotion（競爭力強）
① Customer-Orientation及Customer Value（堅守顧客導向與創造顧客物超所值的價值）
② Cost Down（持續性成本改革下降）
③ Convenience（通路便利性、普及性）
④ Communication（整合行銷傳播有效溝通）
1

Unit 1-10 服務業行銷8P／1S／1C擴大組合意義

將8P/1S /1C擴大適用在服務業行銷上，你能想像會產生怎樣一個組合意義？

一、組合要素之8P

筆者把行銷4P擴張為服務業行銷8P，主要從Promotion中，再細分幾個P：

第5P：Public Relation，簡稱PR：即公共事務作業，主要是如何做好與電視、報紙、雜誌、廣播、網站等五種媒體的公共關係。

第6P：Personal Selling：即個別的銷售業務或銷售團隊。因為很多服務業，還是仰賴人員銷售為主，例如：壽險業務、產險、汽車、名牌精品、旅遊、百貨公司、財富管理、基金、健康食品、補習班、戶外活動等均是。

第7P：Physical Environment：即實體環境與情境的影響。服務業很重視現場環境的布置、刺激、感官感覺、視覺吸引等。因此，不管是在大賣場、貴賓室、門市店、專櫃、咖啡館、超市、百貨公司、PUB等，均必須強化現場環境的帶動行銷力量。

第8P：Process：即服務客戶的作業流程，盡可能一致性與標準化（SOP）。避免因不同服務人員，而有不同服務程序及不同服務結果。

二、組合要素之1S

1S：Service，產品銷售出去後，當然還要有完美的售後服務。包括客服中心服務、維修中心服務及售後服務等，均是行銷完整服務的最後一環，必須做好。

三、組合要素之1C

1C：CRM，即顧客關係管理（Customer Relationship Management）。例如：SOGO百貨公司的Happy Go卡即屬於忠誠卡計畫，利用在遠東集團九個關係企業及跨異業三千多個據點消費，均可累積紅利，然後折抵現金或換贈品；目前已發卡八百多萬張，活卡率達70%，算是很成功的CRM操作手法之一。

小博士解說

什麼是行銷3R？

第1R（Retention）係指顧客維繫策略，因為開發一個新客戶的成本，約為維持一個舊客戶成本的3～5倍。第2R（Related）係指顧客關係銷售，當公司開發出另一種新產品或關係企業產品，可以介紹給既有顧客購買。第3R（Referral）係指顧客介紹顧客，然後給既有顧客一些獎金或優惠。

服務業行銷8P／1S／1C組合

服務業行銷8P／1S／1C組合

- 1.商品（Product）
- 2.訂價（Pricing）
- 3.通路（Place）
- 4.廣告與促銷（Promotion）
- 5.人員銷售（Personal Selling）
- 6.公共事務（PR）
- 7.現場環境（Physical Environment）
- 8.服務流程（Process）
- 9.售後服務（Service）
- 10.顧客關係管理（CRM）

麥當勞案例

產品

漢堡、薯條、可樂、咖啡等。

訂價

$39、$69、$99。

通路

全國320家店。

廣宣、促銷

王力宏、蔡依林等。

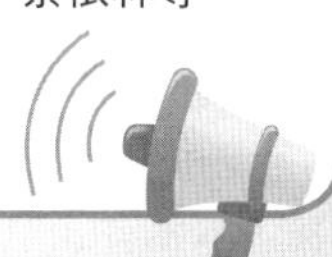

實體環境

整潔、乾淨、明亮等。

服務流程

內場廚房製作流程暢快；外場服務作業井然有序。

人員銷售

整潔制服、態度親切、開朗有朝氣等。

服務

超值早午餐、天天超值選、24小時歡樂送、得來速VIP等。

Unit 1-11 行銷管理操作規劃程序

一個完整的行銷管理操作規劃程序（Marketing Management Process），主要有四個項目，如此一步一步進行並不斷調整，才能達到預期的行銷目標。

一、分析市場的行銷商機

行銷人員的第一個使命，就是要不斷發掘與分析市場未來潛在的行銷機會。行銷的成功，通常最大的原因，都是提前發掘或感受並掌握市場機會，而不是後知後覺地跟隨。因此，為了要分析市場機會，在行銷領域中，對行銷外在環境的蒐集、研究與分析，就成為重要的事。

二、研究與選定目標市場

要分析與掌握市場潛在機會，顯然必須要有充分的市場資訊情報作為基礎，因此行銷研究（Marketing Research）就擔負起這個責任。透過市場情報蒐集、分析與研究，可以對問題與機會更加確認，以作為行銷策略與決策之基礎。而市場區隔之目的，是為了利於選定目標市場，以期集中有限的行銷資源，針對有希望的目標市場（Target Market）進擊，如此才可以達成組織的使命。

三、發展行銷策略思考因素與選擇行銷策略方向

在選定目標市場後，下一階段就是要研擬可行的發展行銷策略（Developing Marketing Strategy）作為一切行銷方針的指引，至於具體行銷策略方向，包括特色化行銷策略、差異化行銷策略、利基市場行銷策略、高價策略、品牌定位行銷策略、名牌行銷策略，專注行銷策略、平價但高品質行銷策略、攻擊式廣告大量投入策略、大量促銷策略、口碑行銷策略、健康取向行銷策略、VIP頂級會員經營策略等，有各式各樣不同因應的行銷策略，都是值得企業實務仔細評估。

四、研訂十項整合行銷戰術計畫

行銷策略方針確定之後，接下來就是要研訂行銷戰術計畫（Setup Marketing Tactics Plan），包括預算、目標、方法、時程與控制等方案，以期依此計畫而達成目標。而具體的行銷計畫，應包括8P/1S/1C十項活動內容：1.產品計畫（Product Plan）；2.價格計畫（Pricing Plan）；3.配銷通路計畫（Place Plan）；4.廣告促銷計畫（Promotion Plan）；5.銷售人力組織計畫（Personal Selling Plan）；6.媒體公關報導計畫（Public Relation Plan）；7.現場銷售環境布置計畫（Physical Environment Plan）；8.服務作業流程計畫（Process Plan）；9.售前及售後服務計畫（Service Plan），以及10.顧客關係管理計畫（CRM Plan）。

行銷管理操作規劃5大程序

① 縝密、提前分析及發展出市場機會或行銷商機

② 研究、評估及選定目標市場

③ 發展出行銷致勝策略點何在

④ 研訂10項整合行銷戰術計畫

⑤ 執行、評估、創造及因應改善對策

例如二十多年前辦公室自動化的產品並未被發覺，但現在電腦、傳真機、影印機、數據通信專線、網際網路、微軟作業軟體、燒錄機、動畫軟體、MSN等都已普遍被使用。

行銷效益評估項目

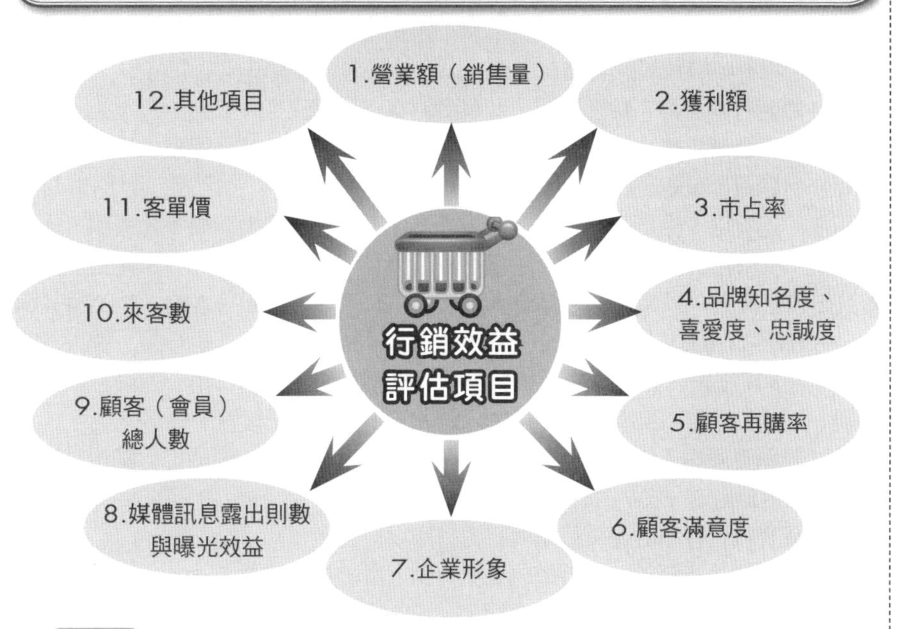

知識補充站

最後一個程序

進行了左述四種行銷管理程序，再來就是要將上一階段的行銷計畫方案付諸實施並進行定期考核、管制與評估，以落實預計目標時程。而在執行方面，牽涉到如何組織、領導、協調、激勵與訓練。綜合來說，行銷管理工作的程序就是先透過市場資訊蒐集、研究與分析，然後發掘市場機會，透過市場區隔作業而選定廠商要攻擊的目標市場。而為要順利準確無誤的攻擊到目標市場，必須要有行銷策略方針之指導，並進一步研訂行銷計畫的細節，才能展開行銷動作，落實行銷策略。此計畫對工作之預算、人力、時程、方法標準等皆有明確訂定。最後，要於任務完成後，進行必要之控制、考核與評估，以了解行銷組織是否達成公司之任務與要求目標。

Unit 1-12 行銷致勝整體架構與核心

什麼是好的行銷策略？如何才能鎖定並瞄準目標對象，正中紅心？其實有其一定架構及思考核心。只要精準掌握行銷訣竅，即能在市場上迅速勝出。

一、行銷致勝整體架構

(一) 行銷策略分析與思考，以及整體市場與環境深度分析：包括1.市場產值、市場前景分析；2.SWOT分析；3.對市場、競爭者、消費者、環境等分析；4.掌握趨勢、判定市場新商機和消費者潛在需求，以及5.鎖定目標客層利基市場。

(二) 鎖定行銷目標：顧客導向＋消費者洞察＋市場調查。

(三) 給與品牌定位：如品牌概念、品牌精神、品牌個性及品牌需求等。

(四) 行銷組合策略與計畫，檢視及發揮競爭優勢與強項：包括1.產品力：如USP、物超所值、差異化、品質力、滿足需求及設計創新；2.通路力：如多元通路、上架、多頭並進；3.價格力：如合理性、平價奢華及降低成本；4.服務力；5.促銷活動力；6.人員銷售組織力，以及7.整合行銷傳播力：如TV、CF、NP、MG、RD、OOH（戶外）、IN-STORE、PR、Event、CRM、Slogan、網路、話題行銷、置入行銷、口碑行銷、VIP行銷、公仔行銷、娛樂行銷、異業行銷、贊助行銷、運動行銷、旗鑑店行銷、代言人行銷、故事行銷、直效行銷、簡訊行銷、派樣等。

(五) 行銷資源投入：大公司通常會投入一定的行銷資源，即編定行銷預算與損益預算＋行銷目標訂定＋6W/3H/1E。

(六) 確實執行行銷計畫：行銷執行力＋精準行銷。

(七) 不斷評估行銷效益：行銷成果與行銷效益的不斷檢討。

(八) 做好萬全準備：行銷策略與行銷計畫的不斷調整、因應、精進與創新。

二、行銷核心與邏輯

(一) 對趨勢、變化、問題與商機進行分析與洞察：即不斷對以下問題進行分析：1.內部及外部環境如何？2.問題與商機何在？3.消費者被滿足了嗎？4.消費者的價值被創造了嗎？以及5.我們掌握及洞察到新趨勢及新變化了嗎？

(二) S-T-P架構的思考：1.Segmentation，即區隔市場；2.Target，即在區隔市場中，再鎖定更精確的目標消費族群或客層，以及3.Positioning，即品牌定位、產品定位、市場定位等。

(三) 8P/1S/2C行銷策略與計畫：8P是指產品力（Product）、通路力（Place）、訂價力（Pricing）、推廣力（Promotion）、人員銷售力（Personal Sales）、公關力（PR）、現場環境力（Physical Environment），以及服務流程（Process）。1S是指服務力（Service）。2C是指顧客關係管理（CRM）及企業社會責任（CSR）。

行銷致勝8大整體架構

① 行銷策略分析與思考，以及整體市場與環境深度分析
② 顧客導向＋消費者洞察＋市場調查
③ 品牌定位、品牌概念、品牌精神、品牌個性、品牌需求
④ 行銷組合策略與計畫檢視及發揮競爭優勢與強項
⑤ 行銷資源投入＋編定行銷預算與損益預算＋行銷目標訂定＋6W/3H/1E
⑥ 行銷執行力＋精準行銷
⑦ 行銷成果與行銷效益的不斷檢討
⑧ 行銷策略與行銷計畫要不斷調整與創新

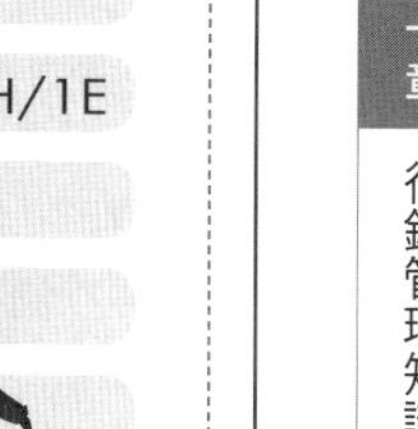

行銷7大核心與邏輯

1.對趨勢、變化、問題與商機進行分析與洞察

2.S-T-P架構的思考

區隔市場 → 在區隔市場中，再鎖定更精確的目標消族群或客層 → 品牌定位／產品定位／市場定位

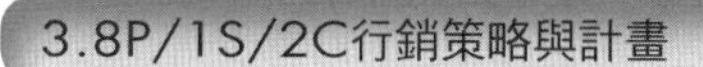

3.8P/1S/2C行銷策略與計畫

4.CS顧客滿意與顧客忠誠

5.全面落實 ①行銷與消費者研究 ②市場調查 ③顧客導向 ④資料庫情報系統

6.達成營收成長、獲利佳及市占率領先

7.讓大眾滿意、人才聚集，形成良性循環，強化扎實的競爭力。

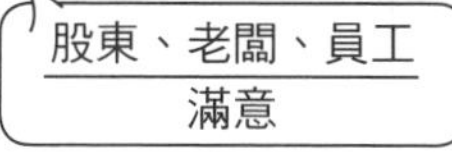

知識補充站

4種行銷勝出的核心思考

1.想要確保既定市場並突破，必須不斷了解顧客的滿意度如何，傾聽顧客需求，才能進一步讓顧客保持忠誠度。

2.全面落實行銷與消費者研究、市場調查、顧客導向及資料庫情報系統。

3.讓行銷策略奏效，達到營收成長、獲利佳及市占率領先。

4.讓大眾股東滿意、老闆滿意、員工滿意、人才聚集、形成良性循環，強化扎實的競爭力。

Unit 1-13 行銷管理完整架構

什麼是行銷管理？行銷為何要管理？而管理對象有哪些面向？根據1985年美國行銷學會（American Marketing Association, AMA）的定義，行銷管理是一種分析、規劃、執行及控制的一連串過程，藉此程序以制定創意、產品或服務的觀念化、訂價、促銷與配銷等決策，進而創造能滿足個人和組織目標的交換活動。

實務上，行銷管理是企業管理的五大職能之一，也是指在安排、設計、規劃、執行與控制有關行銷方案，藉由創造、提供、維繫與他人自由交換有價值的產品與服務，以滿足個人或群體之慾望和需求，並達成企業追求利潤目標的過程。換言之，行銷管理就是一種需求管理，也是一種顧客關係管理。

企業如果想要完全達到行銷目標，就不能單靠一個行銷企劃部門作業，其他相關單位也要協調配合，才能成就完全行銷的使命。

一、完全行銷必要的溝通

行銷企劃部要經常與業務相關單位，進行溝通協調會議如下：

(一) N+3會議：行企部每月一次，將未來三個月（一季）的全部行銷企劃活動向業務部簡報說明，並進行討論、諮詢及調整修正與最後定案。

(二) 每週業務會報：總經理每週一次主持業務會議，由業務部、行企部、研發部、生產部等部門主管、副主管出席，一起聽取上週業績狀況報告，並討論及擬定因應對策。

二、行銷管理全方位架構

(一) 顧客導向：堅定顧客導向信念與市場導向思維。

(二) 行銷環境：必須不斷且經常地檢視內外部環境的變化分析與趨勢分析。

(三) 環境商機與威脅：能夠預見或洞見商機（機會點）何在及可能威脅點、瓶頸點何在。

(四) 行銷S-T-P：發展精準有效的S-T-P架構體系，即S：區隔市場；T：鎖定目標客層；P：研訂產品定位或品牌定位。

(五) 行銷組合策略8P/1S/2C/1B：規劃設計、行銷組合、策略及執行計畫方案（即8P/1S/2C/1B等十二項行銷組合策略）。

(六) 行銷預算：編制合理、合宜的行銷預算。

(七) 行銷執行力：公司內外部人員合作展開行銷執行力。

(八) 行銷績效：考核行銷績效成果如何。必要時，應調整行銷策略與作法。

(九) 行銷最終目標：行銷勝出、顧客滿意、品牌鞏固、市場保持領先、企業形象提升、穩定獲利及成立實踐顧客導向。

行銷企劃部與業務部溝通會議協調

1.N+3會議

行企部每月一次，將未來3個月（1季）的全部行銷企劃活動向業務部簡報並討論、諮詢及修正與最後定案。

2.每週業務會報

總經理每週一次主持業務會議，由業務部、行企部、研發部、生產部等部門主管、副主管出席，聽取上週業績狀況報告，並討論及擬定因應對策。

行銷管理9大完整架構

- 1.顧客導向 → 堅定顧客導向信念與市場導向思維。
- 2.行銷環境 → 必須不斷檢視內外部環境的變化與趨勢。
- 3.環境商機與威脅 → 能夠預見或洞見商機何在及可能威脅或瓶頸。
- 4.行銷S-T-P → 發展精準、有效的S-T-P架構體系。

（1～4：市場調查、行銷研究及資料數據分析）

- 5.行銷組合策略 8P/1S/2C/1B → 規劃設計、行銷組合、策略及執行計畫。
- 6.行銷預算 → 編制合理、合宜的行銷預算。
- 7.行銷執行力 → 展開行銷執行力。
- 8.行銷績效 → 考核行銷績效成果並調整因應。
- 9.行銷最終目標 → 行銷勝出、顧客滿意、品牌鞏固、市場保持領先、企業形象提升、穩定獲利及實踐顧客導向。

Unit 1-14 行銷問題解決方法

投入很多心力、人力、財力及時間才擬定的行銷策略，卻於執行中遇到難題，企業要如何因應，才不會前功盡棄？這時如何化危機為轉機，就是必要課題。

一、行銷問題解決步驟

行銷策略執行發生問題時，請遵循以下步驟，很快就找到問題點予以解決：

(一) 行銷問題定義或釐清：包括問題是什麼、重不重要、優不先、迫不迫切、戰術或戰略、短期或長期、表面或本質，以及是一時偶發或持續非偶發等。

(二) 行銷問題分析：包括1.蒐集資料；2.訪談內外部各相關人員；3.到現場第一線了解；4.以數據資料為佐證；5.納入不同觀點、各種角度、客觀及全方位的觀點，要丟棄本位主義及自私主義；6.要借助各專家學者的專長，以及7.必要時要委外（Outsourcing）協助支援。

(三) 行銷問題解決方案：包括1.提出多種不同思考角度的解決方案；2.考慮不同階段性採行的方案；3.進行成本／效益的評估比較分析；4.問題的有效性把握與可行性的確認；5.跨部門／跨單位討論；6.參考借鏡國外先進國家或大型企業的作法及經驗，向標竿企業學習，以及7.運用外部人脈關係。

(四) 成立專案小組：公司必須成立行銷專案小組或指定某部門負責，這樣才能專注發掘問題所在並面對因應，如此一來，才能化險為夷。

(五) 展開團隊執行力：這也是凝聚企業向心力的重要時刻，唯有全體總動員，災難也能成為祝福。

(六) 保持警覺：隨時觀察及追蹤執行狀況與問題是否得到解決的程度，然後再進行必要的調整。

二、從思考力看行銷問題的解決

我們也可從6W/3H/1E的十個思考力來看行銷問題的解決方式，但礙於版面，我們先介紹6W，至於3H/1E則說明如右。

(一) What：你到底要做什麼事？想達成什麼目標？想解決什麼問題？

(二) Why：你為何要如此做？為何選這個方案？為何是這種分析觀點？是什麼原因造成？支撐的資料或數據是什麼？

(三) Who：誰去執行？負責的單位及人員是誰？夠不夠水準？帶得動人嗎？

(四) Where：在哪裡執行計畫？在哪裡解決問題？為什麼是這裡？

(五) Whom：對象目標是誰？為何是他們？了解並洞察執行對象了嗎？

(六) When：何時啟動？何時完成？各階段工作時程表分工如何？關鍵查核點何在？

整合行銷問題解決

Q	W	A	R
問題 Question	原因 Why	對策方案 Answer	結果 Result

- 品牌老化
- 經濟不景氣
- 低價競爭
- 新產品威脅
- 科技改變
- 新產品太少
- 市占率下降
- 競爭者太多
- 大打廣告戰
- 業績衰退
- 通路改變
- 行銷預算太少

策略行銷企劃致勝訣竅

7項分析力及規劃力＋10項管理思考點

7項分析力及規劃力

1. 商機何在？ Where is Money？ Where is Opportunity？
2. 分析競爭者，找出空間何在？
3. 此行業的關鍵成功因素何在？
4. 要進入何種利基市場？
5. 應如何執行S-T-P架構？
6. 如何執行行銷組合策略的作法？
7. 應如何執行品牌化的經營？

＋

10項管理思考點

1. What
2. Why
3. Who
4. When
5. Where
6. Whom
7. How to do
8. How much
9. How long
10. Effectiveness

知識補充站

什麼是3H/1E？

3H 是指以下三點：1.How to do：如何執行？何者優先、重要？作法有何創新？有效嗎？可行嗎？方案有多個選擇嗎？有彈性備案嗎？風險度如何？成功率如何？2.How much：值得做嗎？要花多少錢？預算多少？要投入多少人力？損益預估又如何？3.How long：要在多長的時間內規劃、執行及檢討。

而1E 則是指Effectiveness （Evaluation）：效益與效果評估為何？有形與無形效益何在？成本與效益多方案的分析何者較優？戰略性與戰術性的差別何在？

第2篇

顧客滿意經營理論篇

第2章

顧客滿意經營是什麼

章節體系架構 

Unit 2-1 顧客滿意經營的全體架構與經營要素

由於時代潮流的變化、環境的變遷，市場已趨近成熟時代，市場的主導權由原來的賣方市場一變而為買方市場的顧客手中，怎樣才能使顧客滿意是企業永續的關鍵，企業的經營目的亦應把顧客滿意度列為最高目的。

顧客滿意經營是把企業最終目的排在「使顧客滿意之上」，站在顧客立場、顧客優先、提高顧客滿意為目標，謀求賣出滿意給顧客，博取對公司忠心顧客，成為永久固定顧客，繼續不斷購用本公司的產品與服務，企業才能永續。

一、顧客滿意經營發展的背景

顧客滿意（Customer Satisfaction, CS）經營發展的背景，包括下列三大因素：

(一) 顧客是戰略性議題：將顧客滿意經營放置在企業經營真正的戰略性優先地位的時代，已經來臨。而「顧客」議題，其實就是「戰略性」議題，應該把顧客放在戰略性層次來看待。

(二) 建立與顧客的長期關係：現代的經營，必須把「與顧客長期安定關係」及「提高顧客高附加價值」兩者加以雙重重視。

(三) 回到顧客滿意原點去思考：在面對今天高度競爭時代中，企業經營的根本，應該「回到顧客滿意原點」加以深度思考。

以上三點重要因素，促成了「顧客滿意經營」發展的關鍵背景。

二、顧客滿意經營的結構要素

全方位的顧客滿意經營面向，主要有下列六大結構面向要素：

(一) 經營理念與願景：包括顧客導向的實踐。

(二) 戰略：行銷五大基本要素，包括產品戰略（Product）、訂價戰略（Price）、通路戰略（Place）、推廣戰略（Promotion），以及服務戰略（Service）。在這五大戰略領域，必須確保它的競爭優勢及優越性才行。

(三) 提升顧客價值：企業應從各種領域，努力、不斷的設法提升顧客所能體會到的價值，使其感到物有所值及物超所值。

(四) 與顧客關係建立及保持：企業應持續性（sustain）維繫並保持其顧客的良好互動關係。

(五) 顧客滿意經營展開的工作與組織能力：包括全面品質控管、領導、權限下授、抱怨處理、效率化、對顧客滿意重視的企業文化、情報共有化，以及其他等各項具體工作。

(六) 支撐的工作：包括對顧客滿意的重視，以及對顧客滿意度資料庫的加以活用等兩項的支撐工作。

顧客滿意經營發展的背景

顧客滿意經營的最適手法

1.放置在企業經營真正的戰略性優先地位的時代

2.與顧客長期安定關係及與顧客高附加價值的雙重重視

3.在高度競爭時代中，應回到顧客滿意的原點上思考

顧客滿意經營的要素

1.經營理念與願景（顧客導向實踐）

2.戰略：行銷4大基本要素

① 產品（Product）

② 訂價（Price）

③ 通路（Place）

④ 推廣（Promotion）－優位性確保

3.顧客價值 顧客滿意（CS）

顧客

4.與顧客的關係建立及保持

5.CS經營展開的工作與組織能力

① 全面品質控管

② 領導

③ 權限下授

④ 抱怨處理

⑤ 效率化

⑥ 對顧客滿意重視的文化

⑦ 情報共有化

⑧ 其他

6.支撐的工作

① 對顧客滿意的重視

② 顧客滿意度資料庫的活用

Unit 2-2 顧客滿意經營是全體員工必須的努力

研究調查發現，顧客滿意與公司獲利、股價及績效成正相關，許多學者因而建議將顧客滿意度納入企業品質管理的一部分。企業也從善如流，從1990年代開始，很多企業將顧客滿意度納入發展策略中，並強調顧客導向的經營方針。以往企業認為，唯有第一線的服務人員才需要奉行「顧客至上」的觀念，但是現今顧客滿意已經逐漸跨越部門的隔閡，成為全體員工的共識。

一、顧客滿意與品質觀念

達成顧客滿意的重要觀念，其實就是品質（Quality）兩個字。企業對顧客所提供的產品與服務，若其品質水準達到或超越顧客所期待時，則顧客滿意度就會高。因此，高品質水準是企業必須關注及在意的。

二、「顧客滿意」是企業全體員工共同努力後的成果

顧客滿意與否，主要是針對企業所提供的產品與服務品質水準的綜合性感受之結果。但是，這個背後，卻是依靠著企業的技術能力、行銷業務組織、製造能力、員工教育水平、經營團隊的領導、企業正確的經營理念、企業願景戰略、各項作業的SOP、會員經營、商品開發，以及幕僚單位的支援協助等。公司全面向與全體部門及員工都必須共同努力後，才能得到高顧客滿意的結果及成果。絕對不是某個單一部門或仰賴服務部門就可以了。

三、建立「顧客對我們的信賴」是顧客滿意經營的核心關鍵

真正的顧客滿意經營，其核心本質點，一言以蔽之，即是在於建立顧客對我們的信賴、對企業品牌的信賴。而要建立顧客對企業的良好信賴，則必由全體部門真正實踐「顧客導向」經營，不管在產品力與服務力，都要貫徹落實以站在顧客情境，實踐顧客美好感受體驗的結果。因此，「信賴」是企業經營的根基。

四、業績提升、顧客信賴與CS經營三角互動關係

談到企業整體經營重點，最主要有如右圖所示的三角互動關係。這三個支撐支柱，包括顧客滿意經營、顧客信賴，以及業績提升。

如果能夠做到CS經營，則顧客必會對企業產生信賴感，以及企業的業績也會得到提升，這些都是正面循環。如果企業業績能夠提升，獲得利潤，則更能投資更多的人力、物力及財力在企業各種硬體及軟體上，那麼企業顧客滿意經營及顧客對企業也會更加增強，這也是有利的正面循環。同樣的，如果做好顧客對企業的信賴，則CS經營及企業的業績，也會更容易達成。

顧客滿意與品質觀念

產品高品質

服務高品質

顧客滿意經營是企業全體員工共同努力

顧客滿意（CS）經營的責任

1. 研發技術
2. 商業設計
3. 零組件採購
4. 製造生產
5. 品管
6. 倉儲物流配送
7. 行銷廣告
8. 業務銷售
9. 客戶服務
10. 門市店經營
11. 各幕僚單位

必須共同負起CS經營任務

團隊能力與努力，才能打造出高顧客滿意度

顧客滿意（CS）經營點（Point）

顧客滿意經營（CS經營）

建立顧客對我們的信賴

信賴是企業生存的根本

顧客信賴

企業生存根本！

CS經營的核心點！

Unit 2-3 顧客滿意經營的扮演者關係

顧客滿意經營的扮演者面向關係，如右圖所示，大致有三點，茲說明之。

一、企業與第一線人員之間

這是一種內部雙向的關聯，簡單來說，企業要努力做好下列六個面向：

(一) 職場環境：提供良好的職場環境給員工。

(二) 企業文化：高階領導人要建立優良、正面、公平、公正、公開、以顧客至上、以顧客為導向的優質企業文化。

(三) 溝通：做好企業與員工彼此間的良好互動溝通，特別是在顧客滿意經營的理念、信條、政策、制度與計畫推動之有效溝通上。

(四) 領導力：做好各階層領導幹部及第一線基層幹部對領導力的有效率及有效能發揮，特別是在顧客滿意經營的重點工作上。

(五) 培訓：企業要做好對第一線員工及幕僚客服人員對他們的完整顧客滿意經營的各種培訓、教育訓練或實作訓練，以全面提升第一線員工的服務水平。

(六) 制度與SOP：企業應做好顧客滿意經營的各種標準化作業流程及制度。

二、第一線人員與顧客之間

企業應要求直營門市店、經銷店、加盟店、零售店、代理店、百貨公司專櫃，以及業務人員代表等第一線人員與顧客之間的接觸、洽談、溝通、說服及銷售產品上，必須做好下列重要事項，才能促成較高的成交率及業績目標，包括：

(一) 接待方面：做好接待顧客的禮貌、禮儀、笑容、誠懇的態度，以及令人舒服的身體語言表現。

(二) 專業知識方面：做好與顧客交談及對話的專業產品知識、專業操作技能與豐富的行業經驗，讓顧客產生信服力及信賴感。

(三) 服務方面：做好既定的服務工作及顧客要求的額外服務，使顧客高度滿意我們的服務品質水準。

三、顧客與企業之間

在企業與顧客之間，企業還要注意到做好下列事項：

(一) 對顧客的抱怨：做好應對與有效解決的政策與相關制度及規定。

(二) 對顧客滿意度的調查：應定期或經常性的進行，以了解顧客對我們所提供的各項產品與服務品質及水準程度的滿意度，以作為改善、精進的對策參考。

(三) 廣告宣傳：企業如有合理的行銷預算支援，也應考慮做一些廣告宣傳與公關報導活動，以建立在顧客心目中，優良且高知名度的企業品牌或產品品牌。

顧客滿意經營的3個扮演者關係

直線人員與幕僚人員做好CS經營

Unit 2-4 營收及獲利VS.顧客滿意度

前文我們提到企業如果能夠做到顧客滿意經營，則顧客必會對企業產生信賴感，以及企業的業績也會得到提升。本文則更進一步說明營收及獲利增加與顧客滿意度提升，確有其密切關聯性。

一、成長企業與不振企業的區別

凡是成長企業必是顧客滿意的企業，而不振企業也必是顧客不滿意的企業。以下是成長企業與不振企業之間的很大區別：

	成長企業	不振企業
1.發想起點	‧以顧客為中心	‧以公司自身為中心
2.服務目的	‧以感動顧客為優先	‧以公司利益為優先
3.顧客滿意度	‧顧客滿意！	‧顧客不滿意！

上表顯示，凡是成長型企業，必是堅持這樣以顧客為中心，以感動顧客為優先的核心經營理念。

二、營收及獲利增加與顧客滿意度提升有密切相關

企業要營收及獲利的增加，如右圖所示，必須仰賴於三大增加因子：

(一) 來客數增加：包括新客人要增加，以及既有客人多來幾次兩要項。

(二) 購買數量增加：要增加對客人有吸引力的產品。

(三) 單價增加：要增加有價值性的商品。

企業如果想達成上述三項增加因子，就必須仰賴於公司的產品力強大，以及服務力強大。

企業如能徹底做大、做強、做好產品力及服務力，則顧客滿意度必會很高，顧客的回流必會很高。

三、產品的涵義是包括服務的

從顧客滿意經營的角度來看產品的涵義，就有很大不同。以往傳統觀念，企業認為顧客之所以會購買他們的產品，是因為他們的產品符合顧客需要；但現代最新的觀念，則是不只提供讓顧客滿意的產品，還要加上讓顧客滿意的服務，也就是說，企業如果不能在服務滿足顧客，則再好的產品也會淪為不為顧客滿意的物品。

簡單來說，企業所有人員及幹部必須建立最新、最正確的觀念，即是公司行銷產品給顧客，不只是物品、商品本身而已，而且更要同時做好各種完美的、頂級的、貼心的服務制度與服務對待。唯有如此，顧客才會對這樣的產品或品牌，有一個美好的印象與口碑，對公司的長期、永續經營，才會有很大助益。

成長企業與不振企業的區別

成長企業		不振企業
・以顧客為中心	發想起點	・以公司自身為中心
・感動顧客	服務的目的	・以公司利益為優先
顧客滿意！		顧客不滿意！

營收及獲利增加與顧客滿意度提升有密切相關性

營收及獲利增加 ＝

1.來客數增加
・新客人增加
・既有客人多來幾次

×

2.購買量增加
・增加有魅力產品

×

3.單價增加
・增加有價值性商品

→ ①產品力 ＋ ②服務力 ＝ ③顧客滿意度很高

產品的涵義，是包括服務的

傳統觀念：產品＝產品

最新觀念：產品＝物品＋服務

Unit 2-5 從顧客滿意經營考量SWOT分析

公司在制定顧客滿意經營的政策、願景、戰略、戰術、計畫等之前，最好先做一番完整的SWOT分析，以確實掌握一些基本狀況的分析並了解自身的優劣勢及外部環境狀況。

一、使用SWOT分析做好顧客滿意經營

我們可從顧客滿意經營的觀點，考量如何使用SWOT來分析如何做好顧客滿意經營。實務上，SWOT分析是大家耳熟能詳的分析工具，如右圖所示並說明如下：

(一) Strength（S）── 優勢、強項：應注意本企業在顧客滿意經營的優勢、強項的經營資源有哪些、是哪些部分。包括顧客滿意經營的產品、人才、組織、財力、情報資訊等，與競爭對手的比較狀況是如何。要認清自身的競爭優勢。

(二) Weakness（W）── 劣勢、弱項：應注意本企業在顧客滿意經營的劣勢、弱項的經營資源有哪些、是哪些部分。要認清自身的競爭劣勢。

(三) Opportunity（O）── 市場機會點：應洞察本企業在顧客滿意經營上的外在環境存在之機會有哪些、在哪裡；然後加以有效掌握這些機會、變化與趨勢，從而有效提升及強化本公司在顧客滿意經營之發展機會。

(四) Threat（T）── 市場威脅點：企業應主動洞察我們面對外部環境有關顧客滿意經營上之可能及已經帶來的威脅點何在、發自何處，以及這些威脅對本企業所帶來之不利影響將為何、企業未來的因應之道又為何。

綜合而言，經過這樣詳實的顧客滿意經營SWOT分析之後，即可知道並決定如何提升本公司「顧客滿意經營」的努力方向及應採取之各種政策、戰略、組織、人力、預算及具體計畫之所在了。

二、顧客滿意經營的中心課題

簡單來說，顧客對本公司的滿意，歸納起來，其實只有兩大核心課題，茲說明如下：

(一) 對公司（或對品牌）的信賴感：對公司／品牌的信賴（trust）感，一旦堅實的建立起來，就代表顧客們對本公司的產品與服務品質及水準保證，達到一定滿意水準以上。所以，顧客對我們公司之所以「信賴」，就代表了對我們根本上的肯定、口碑與喜愛及忠誠了。

(二) 公司人才育成：公司大部分的產品製造及服務提供，基本上就是仰賴公司全體部門的全體員工的素質水準；凡是高素質的人力，所展現出來的產品力及服務力，就一定會使顧客感到很滿意。

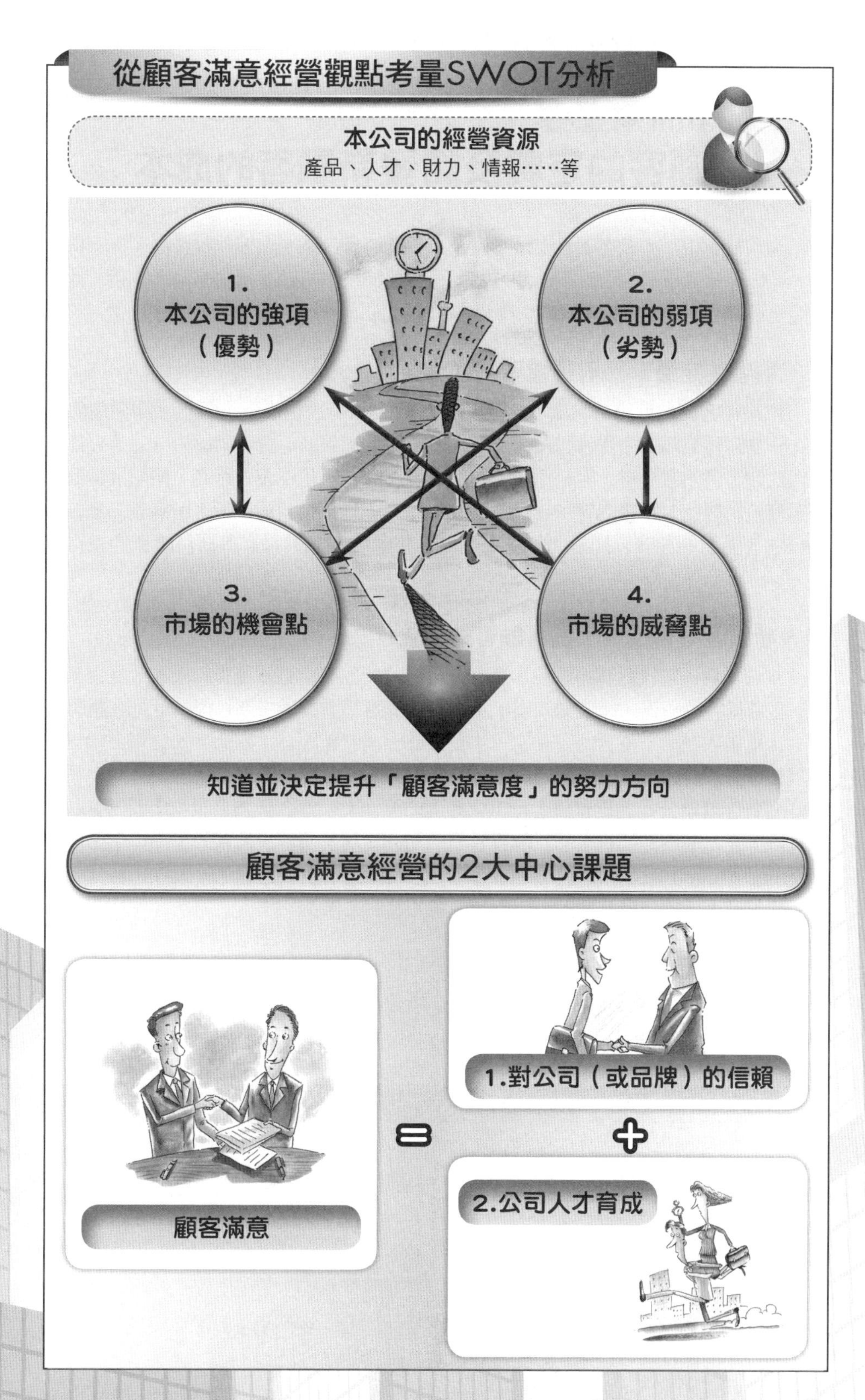
從顧客滿意經營觀點考量SWOT分析
本公司的經營資源
產品、人才、財力、情報……等
1.
本公司的強項
（優勢）
2.
本公司的弱項
（劣勢）
3.
市場的機會點
4.
市場的威脅點
知道並決定提升「顧客滿意度」的努力方向
顧客滿意經營的2大中心課題
顧客滿意
1.對公司（或品牌）的信賴
2.公司人才育成

Unit 2-6 顧客的定義及開發新顧客的成本

現代社會中，「顧客就是上帝」是企業界的流行口號。在客戶服務中，有一種說法，「顧客永遠是對的」。不過各方有不同的解釋，例如顧客兩字的個別定義。他們可能是最終的消費者、代理人或供應鏈內的中間人。

一、顧客的定義——五種重要的顧客

如果從宏觀角度來看，顧客滿意經營的顧客，可以包括下列五種不同類型的顧客，一是公司外部的消費者與顧客。二是競爭對手的外部消費者與顧客。三是外部上游供應商，例如原物料、零組件、半成品等供應商。四是下游通路商，例如批發商、經銷商、代理商、零售商等。五是公司內部顧客，也就是公司員工；所謂有滿意的員工，才有滿意的顧客，即是此意。上述這五種顧客，企業都必須同時讓他們獲得滿意。

二、新顧客獲得成本，是舊顧客的五倍

根據業界一項統計資料顯示，企業獲得一位新顧客所必須花費的成本，是企業維繫一位舊顧客的五倍。這就顯示出：企業顧客滿意經營的最主要目標，就是在維繫舊顧客，這是放在第一位置的。其次，才是去外面開發新顧客。如此，才會事半功倍，並且是最有效能與效率的行動之舉。

舊顧客就是公司的既有顧客及忠誠顧客的意涵；一個企業如果能夠鞏固既有顧客為忠誠顧客，並讓他們終生都能購買我們公司的產品及服務，那就成了「終生價值（Lifetime Value）顧客」，也是企業應該追求及努力的重要目標了。所以，現代企業對「忠誠顧客」的經營及鞏固，已成為行銷的重點工作了。

三、一對一行銷與大眾行銷之區別

在現代顧客滿意經營的時代裡，行銷的方式已從大眾行銷（Mass Marketing），轉向到一對一行銷（One to One Marketing）的方式。這兩者之區別，如下表所示：

一對一行銷	大眾行銷
1.以顧客為中心	1.以產品為中心
2.對顧客占有率的重視	2.對市場占有率的重視
3.對權力下放	3.中央集權
4.以高度資訊情報為基礎	4.以大量生產系統為基礎

上述一對一行銷的方式，係著重以「個別化」及「客製化」的深度模式，來經營顧客對企業的滿意度，以達到顧客占有率的重視及強化。

對企業的相關廣義顧客

2.競爭對手的外部消費者與顧客
1.公司的外部消費者與顧客
3.外部上游供應商
5.公司內部顧客（即員工）
4.下游通路商（批發商、經銷商、零售商）

新顧客獲得成本，是舊顧客的5倍

5倍　新顧客獲得成本

1倍　既有顧客維持成本

1對1行銷與大眾化行銷之區別比較

	One to One Marketing	Mass Marketing
1.	 ·以顧客為中心	 ·以產品為中心
2.	 ·對顧客占有率的重視	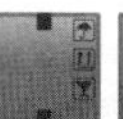 ·對市場占有率重視
3.	 ·權力下放	 ·中央集權
4.	 ·以高度資訊情報為基礎	 ·以大量生產系統為基礎

第3章

日本的顧客滿意經營

章節體系架構

Unit 3-1 日本經營品質賞審查評分結構

1990年代的泡沫經濟讓日本企業對於品質管理觀念有重新的思考，領悟到顧客的重要性。品質管理觀念因而從原來的製造導向轉變為服務導向；而立意於表揚管理結構的改革及持續改善企業之「日本經營品質賞」（Japan Quality Award, JQA），也因此於1995年12月設立，並正式推動。JQA的有效推動，對日本企業顧客滿意（CS）經營的同步推動，也帶來了正面積極的鼓勵。其實，經營品質賞就等於顧客滿意經營的相同涵義及內容。

一、日本經營品質賞審查基準概念

日本經營品質賞審查的基準概念，乃是參考美國國家品質獎制定，由核心精神發展出四個基本理念，包括顧客本位、企業獨特優勢和能力、重視員工、與社會間的協調，並延伸出七大重要的思考方法，包括顧客評價的創造、經營幹部的領導能力、工作流程的持續改善、對顧客及市場迅速的回應、協力精神的工作任務、人才的育成與能力開發，以及善盡企業社會責任。

二、日本經營品質賞的審查基準評分結構

日本經營品質賞的審查基準評分結構項目，主要區分三大方向與八個項目：

(一) 方向性與推動力（合計占250分）：包括經營願景與領導，以及資訊情報的共有化與活用兩個項目。在經營願景與領導方面，占170分，由領導發揮的工作100分、社會的責任與企業倫理70分所組成。而資訊情報的共有化與活用方面，占80分，由情報的選擇與共有化30分、競合比較與標準30分，以及情報的分析與活用20分所組成。

(二) 業務系統運作（合計占450分）：包括對顧客及市場的理解與回應、流程管理、人才開發與學習環境，以及戰略的策定及展開四個項目。在對顧客及市場的理解與回應方面，占150分，由對顧客及市場的理解70分、對顧客的回應40分、顧客滿意的明確化40分所組成。在流程管理方面，占110分，由基礎業務流程的管理50分、支援業務流程的管理30分、與供應商的協力關係30分所組成。在人才開發與學習環境方面，占110分，由人才計畫的立案20分、學習環境30分、員工的教育／訓練／啟發30分、員工的滿意度30分所組成。在戰略的策定及展開方面，占80分，由戰略的策定40分、戰略的展開40分所組成。

(三) 目標與成果（合計占300分）：包括顧客滿意，以及企業活動成果兩個項目。在顧客滿意方面，占100分，主要是對顧客滿意度與市場的評價。在企業活動成果方面，占200分，由社會的責任與企業倫理的成果40分、人才開發與學習環境的成果40分、創新活動的成果60分、事業的成果60分所組成。

日本經營品質賞的審查基準評分結構

方向性與推進力

1.經營願景與領導（170分）

業務系統

6.對顧客及市場的理解及回應（150分）

5.流程管理（110分）

4.人才開發及學習環境（110分）

3.戰略的策定及展開（80分）

目標與成果

8.顧客滿意（100分）

7.企業活動的成果（200分）

<情報基盤>

2.資訊情報的共有化與活用（80分）

日本經營品質賞審查基準

審查類別項目	配分	
1.經營願景與領導		170分
①領導發揮的工作	100分	
②社會的責任與企業倫理	70分	
2.資訊情報的共有化與活動		80分
①情報的選擇與共有化	30分	
②競合比較與標準	30分	
③情報的分析與活用	20分	
3.戰略的策定與展開		80分
①戰略的策定	40分	
②戰略的展開	40分	
4.人才開發與學習環境		110分
①人才計畫的立案	20分	
②學習環境	30分	
③員工的教育、訓練與啟發	30分	
④員工的滿意度	30分	
5.作業流程管理		110分
①基礎業務流程的管理	50分	
②支援業務流程的管理	30分	
③與供應商的協力關係	30分	
6.對顧客與市場的理解及應對		150分
①對顧客及市場的理解	70分	
②對顧客的回應	40分	
③顧客滿意的明確化	40分	
7.企業活動的成果		200分
①社會的責任與企業倫理的成果	40分	
②人才開發與學習環境的成果	40分	
③創新活動的成果	60分	
④事業的成果	60分	
8.顧客滿意		100分
顧客滿意度與市場的評價		
總計		1000分

Unit 3-2 日本經營品質賞的顧客滿意經營模式

對應前文介紹的日本經營品質賞的顧客滿意經營模式（Business Model），主要有下列重要內容可資因應。

一、顧客滿意經營模式

(一) 優勢性建構的戰略：例如目標顧客的明確化、低價格戰略、顧客服務品質提升戰略、高品質及高價格戰略或平價戰略、交期縮短戰略，以及其他諸如差異化戰略、獨家戰略等。

(二) 對應日本經營品質賞的顧客滿意經營工作。

(三) 非常強的領導下的優勢經營：包括下列四個面向，一是提升員工滿意度，則會使員工高興。二是提升顧客滿意度，則會使顧客高興。三是獲得上游及下游業者的協助，則會使周邊業者高興。四是善盡社會責任與企業倫理，則會使社會高興。

(四) 業績提升與企業價值提升。

(五) 大眾股東高興。

在這個經營模式中，主要強調三個重點，茲說明如下：

首先，企業要建構各種面向的競爭優勢性之戰略作為，並實質達成，以期長期擁有這些競爭優勢與特色為支撐。這些戰略面向，包括有高品質戰略、高價戰略、平價戰略、交期戰略、服務品質戰略、目標客層明確戰略、差異化特色戰略等。

其次，企業要有一個非常強的領導經營。由於有優越及有效能的領導，所以企業各部門及各員工都能提振工作士氣與精神，做好全方位面對顧客的各種優質、貼心與精緻服務。

最後，顧客滿意經營最終目的，追求的就是員工滿意、顧客滿意及大眾股東滿意；這些高滿意度就會促使企業的股價高、企業價值高及業績與獲利不斷提升之效果達成。

二、顧客滿意經營是非常廣泛的

談到顧客滿意經營的面向，其實是非常廣泛的；它不只是面對既有消費者、顧客群的滿意而已；而且對未來潛在顧客的滿意，以及競爭對手顧客的滿意，都要同等重視及關注。甚至企業的上游供應商、下游通路商、內部員工，以及外部大眾股東與整體社會百姓的滿意，也都是企業經營所必須面對及做好的工作目標。唯有站在高戰略層次來看待這樣的顧客滿意經營，才算是一個有效能的CS經營術。

對應日本經營品質賞的顧客滿意經營模式

① 優勢性建構的戰略

例如：①目標顧客的明確化　②低價格戰略　③顧客服務品質提升戰略
④高品質、高價格戰略　⑤交期縮短　⑥其他

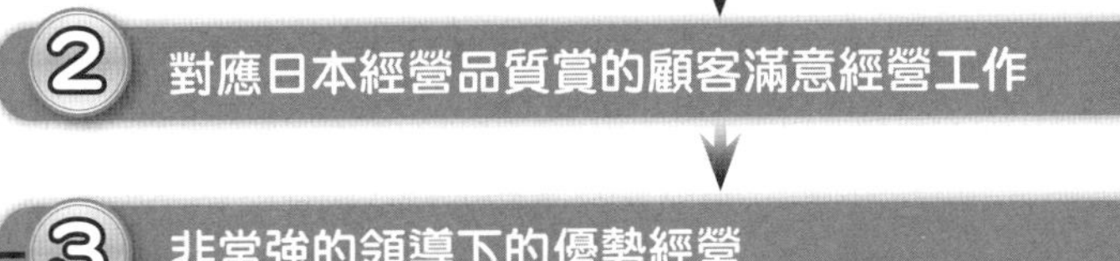

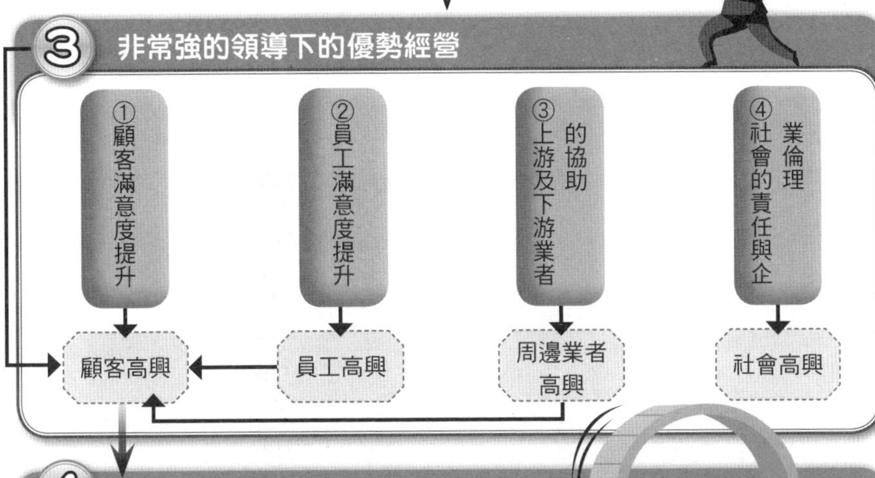

④ 業績提升
企業價值增大

⑤ 大眾股東高興

顧客滿意經營是非常廣泛的

1.顧客滿足
①本公司顧客
②競爭對手顧客
③上游供應商
④下游通路商
⑤本公司員工

2.未來潛在顧客的滿意

3.股東的滿意

4.社會的滿意

第 4 章

真實的顧客滿意經營

章節體系架構 ▼

Unit 4-1 顧客滿意經營的實踐工作與領導

公司管理遇到的各種事件或狀況，都可以用顧客滿意經營的手法解決，不只有在面對顧客、提供服務時需要，在公司創始的經營策略就必須納入，落實在各項制度上，進而形成組織文化。顧客滿意必須是公司最優先要達成的事項，公司營運的最終目的，要擁有忠誠顧客以達成永續經營。

一、顧客滿意經營的方向與工作

(一) 四大戰略優勢的建立：關於顧客滿意經營工作的首要之務，即在建立企業根本經營的四大戰略優勢，包括產品力競爭優勢、價格力競爭優勢、通路力競爭優勢，以及銷售推廣力競爭優勢。唯有這四個競爭優勢並同做好、做大及做強，企業顧客滿意經營才能奠下根基。

(二) 展開的工作：在具體的展開工作方面，包括全面的品質管理、領導力展現、顧客滿意重視的企業文化、權力下授、抱怨處理，以及其他事項等。

(三) 支撐的工作：主要是顧客滿意度把握的方法，以及顧客滿意資料的活用方法兩項。

二、關於顧客滿意經營的領導

在具體實踐顧客滿意經營，必須仰賴各級主管的強大領導力不可。唯有企業展現強大的領導力（leadership-power），才能策劃及執行好顧客滿意經營的成果。

(一) 策劃的領導力：在策劃組合的領導力展現方面，要針對下列四個面向進行，一是對CS理念、願景與顧客價值的策定。二是對CS經營戰略的策定。三是對CS經營組織內部展開工作的建構。四是對CS經營全體支持的工作建構。

(二) 日常業務的領導力：在日常業務方面，主要領導力的呈現，要注意到下列兩項，一是必須要有直接聽到顧客聲音的機會。二是必須與全體員工做好溝通及傳播。

小博士解說

為何一定要強大領導力？

企業要落實顧客滿意經營，為何非得仰賴強大領導力不可？主要在避免「顧客至上」淪為口號。因為若是由高階管理者的觀點分析，策略形成之前，就考慮顧客的期望與需求，在最高管理者的腦海中，早已認同顧客滿意的使命，並且親身實踐，落實在管理中，即使困難也不考慮退縮，這樣就能創造出顧客喜愛的價值。

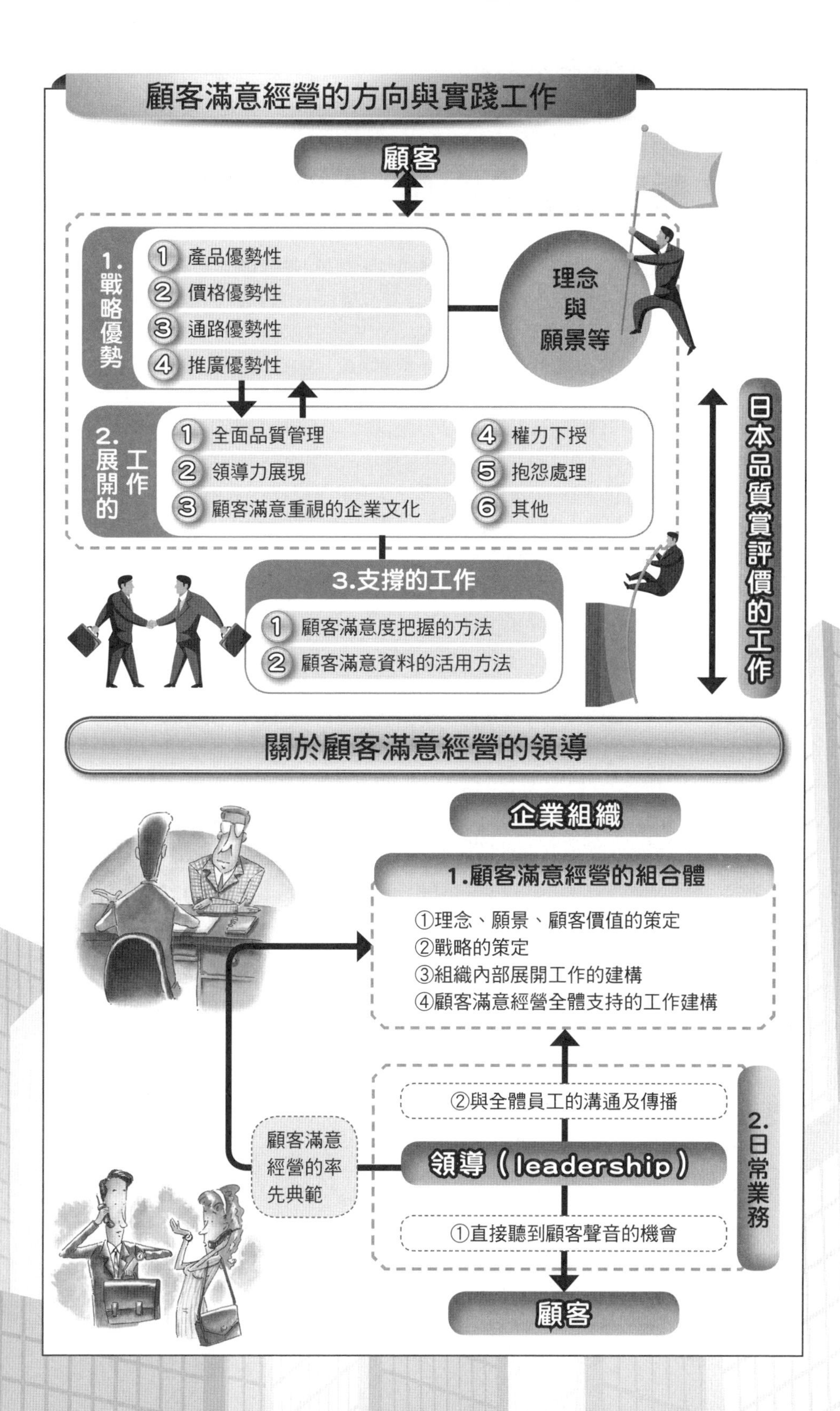
顧客滿意經營的方向與實踐工作
顧客
1.戰略優勢
①產品優勢性
②價格優勢性
③通路優勢性
④推廣優勢性
理念與願景等
2.展開的工作
①全面品質管理
②領導力展現
③顧客滿意重視的企業文化
④權力下授
⑤抱怨處理
⑥其他
3.支撐的工作
①顧客滿意度把握的方法
②顧客滿意資料的活用方法
日本品質賞評價的工作
關於顧客滿意經營的領導
企業組織
1.顧客滿意經營的組合體
①理念、願景、顧客價值的策定
②戰略的策定
③組織內部展開工作的建構
④顧客滿意經營全體支持的工作建構
②與全體員工的溝通及傳播
顧客滿意經營的率先典範
領導（leadership）
①直接聽到顧客聲音的機會
2.日常業務
顧客

Unit 4-2 顧客滿意經營的企業文化塑造

要做好顧客滿意經營的實際執行面，還要注意到最高階領導人或高階管理團隊，如何塑造出企業內部及面對全體員工的優良顧客導向的「企業文化」（Corporate Culture）才行。

而這方面的醞釀，要從下列四個面向著手做起，才會有CS經營的企業文化展現。

一、企業理念

企業經營理念是企業生存與發展的無形根本力量與精神。每個企業都有其生存發展不同的企業理念。

例如：有些企業強調「顧客第一」、「品質至上」、「研發領先」、「貼近市場」、「創新領先」、「勤勞樸實」、「誠實為先」、「創造顧客幸福」、「美化人生」、「持續革新」、「幸福企業」等。

二、顧客價值

要讓顧客滿意，除了現有產品與服務帶給顧客美好體驗之外，最重要的是要能為顧客創造價值（Value），要讓顧客有物超所值感。

因此，公司所有部門，從研發、技術、採購、設計、生產、品管、物流、銷售、行銷、售後服務等各專業領域，都要讓顧客感受到他的每一次使用的感覺與體驗，都有嶄新或革新的高附加價值或可觀的進步在裡面。這就是企業要不斷堅持創造顧客所可感受到的價值。

三、願景

企業最高階主管一定要彰顯出並訂定出公司發展極致的願景（Vision）為何，在組織中建立共同的價值、信念和目標，來引導組織成員行為，凝聚團體共識，促進組織的進步與發展。

例如：台積電的願景為「全球最先進的晶圓科技製造廠」。又如：王品集團的願景為「全台第一的各式餐飲品牌的領航者」。

有了這些願景，才能為顧客CS經營帶來永恆的趨動力。

四、戰略

最後則是戰略（Strategy）布局與戰略方針。包括行銷4P戰略、企業發展範疇戰略、差異化戰略、低成本戰略、高附加價值創新戰略等。戰略指導著、影響著企業CS經營的貫徹。

醞釀顧客滿意的企業文化
1.企業理念
2.顧客價值
3.願景
4.戰略
醞釀顧客滿意
的企業文化

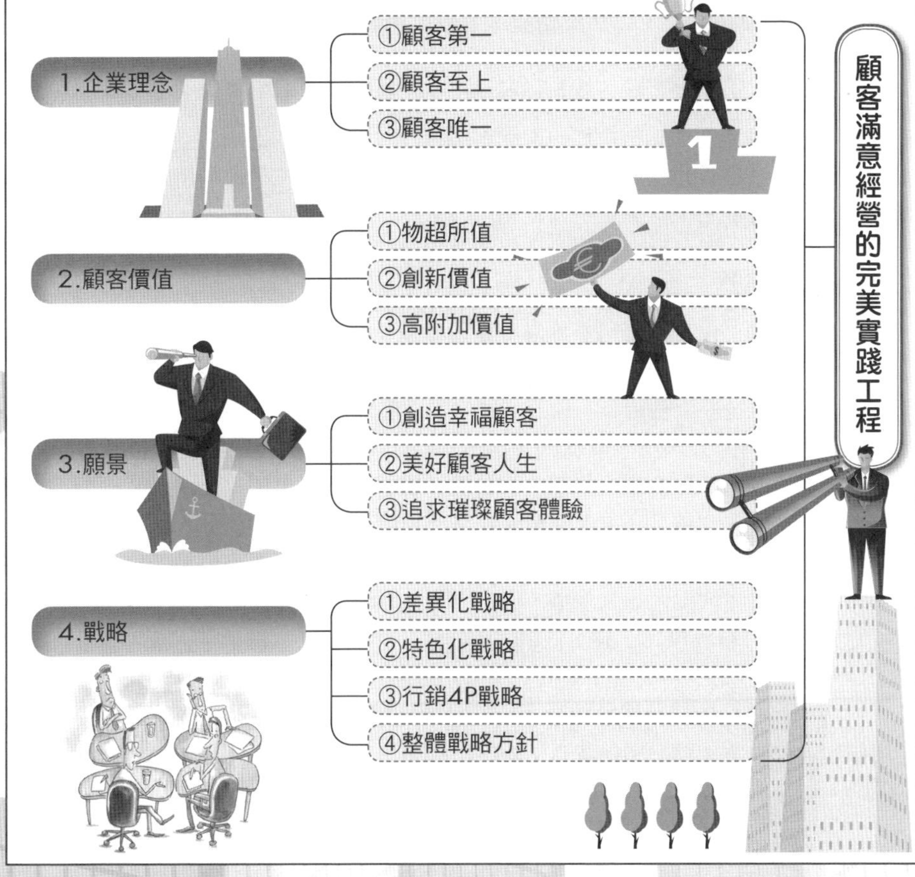
顧客滿意經營完美實踐的4大工程
1.企業理念
①顧客第一
②顧客至上
③顧客唯一
2.顧客價值
①物超所值
②創新價值
③高附加價值
3.願景
①創造幸福顧客
②美好顧客人生
③追求璀璨顧客體驗
4.戰略
①差異化戰略
②特色化戰略
③行銷4P戰略
④整體戰略方針
顧客滿意經營的完美實踐工程

Unit 4-3 顧客滿意經營的權力下授與抱怨處理

研究顯示，當顧客的抱怨獲得公司適當處理時，顧客對公司的忠誠度會不減反增。因此，如何在顧客抱怨的第一線現場即能化解顧客心中的不滿，甚至帶著滿心歡喜地離開，而且期待再次光臨，則有待管理者的智慧了。

一、顧客滿意經營必須將權力下授

在實踐顧客滿意經營的具體工作上，必須將公司中高階幹部的權力下授給基層的第一線主管與第一線員工。也就是說，必須形成如右圖所示的倒三角形組織體。

這個組織體顯示，面對大眾顧客，第一線的幹部及員工，就是公司的最大代表，他們可以有足夠的授權權力處理與顧客之間的交易與應對措施，例如退費、換貨、小額賠償等。

員工必須明確知道自己能夠為顧客做什麼，超出他們權限範圍的，員工也知道正確的往上呈報處理。

這些第一線的員工，包括業務員、直營門市店、加盟門市店、專櫃小姐／先生們、事務管理員、客服人員、技術維修員等。

而高階及中堅幹部在倒三角形組織體中的任務，則是努力做好下列五件事情，以支援第一線的員工們：一是打造一個顧客滿意經營的企業文化；二是對第一線員工信賴的堅定心；三是建立顧客導向的人事系統；四是執行倒三角形的組織結構；五是情報共有化資訊系統的建置。

二、抱怨的處理

對顧客抱怨的處理，是顧客滿意經營的重要一環。若顧客抱怨處理不好，則可能造成不良的後果有二：一是顧客可能離去，不再回來了；二是顧客在外面散播對公司不好的壞口碑。這些累積起來，對公司就是很大的傷害。

如右圖所示，公司可能會從門市店、加盟店、客服中心、業務員及通路商等場所接受到顧客的抱怨。有些小抱怨，也許第一線員工就可以加以解決；有些則不能解決，必須及時反映到總公司來處理，而其處理步驟有三：

(一) 成立顧客抱怨處理中心：公司需要設立一個可以接收來自第一線的各種抱怨的處理中心，這樣抱怨才能夠彙整。

(二) 歸納分析抱怨並呈報：針對這些抱怨，加以整理、歸納、分析，並呈報給上級。

(三) 高階決策團隊的因應對策：中、高階管理團隊針對上述抱怨之呈報，加以提出因應與處理對策，期能順利解決，消弭這些抱怨，不再出現。

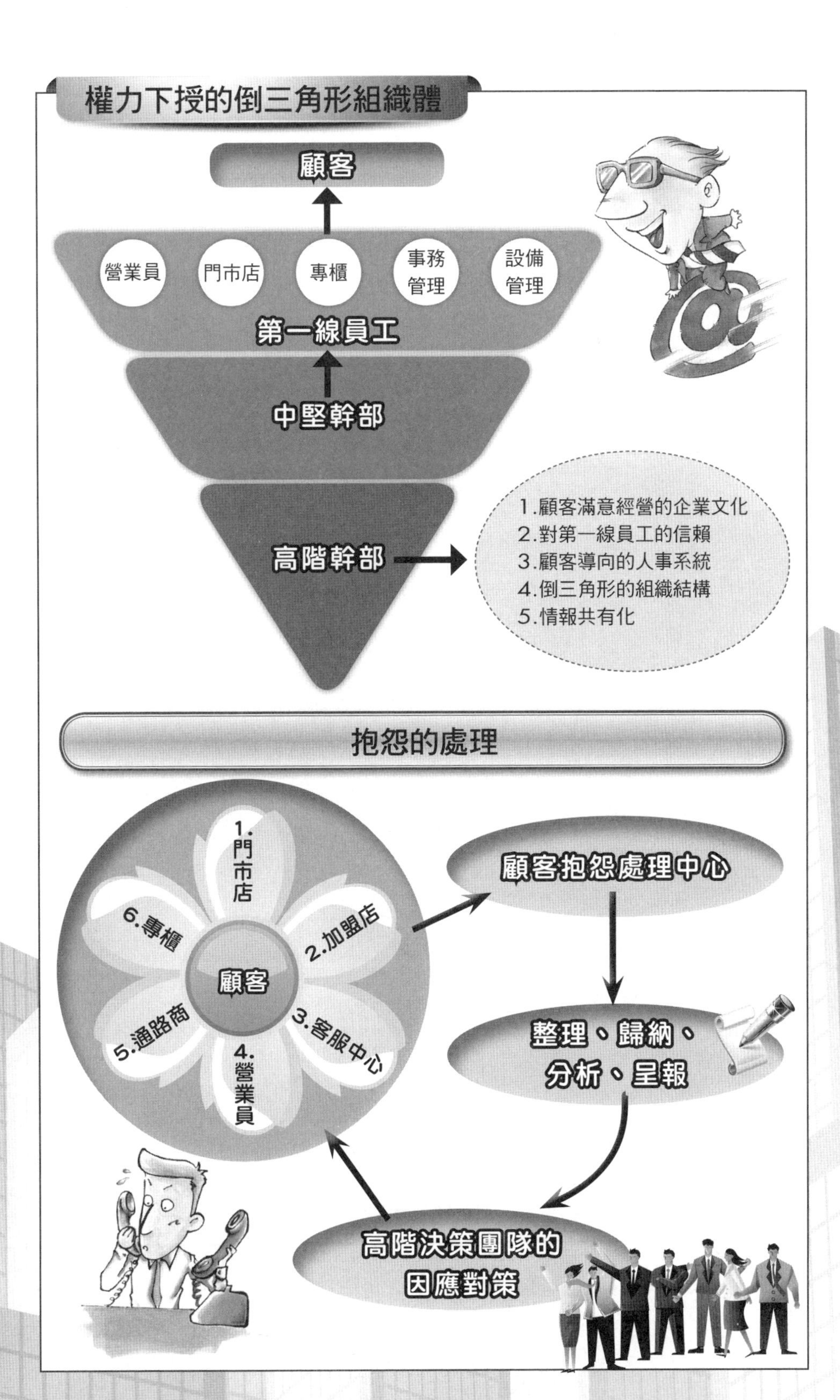
權力下授的倒三角形組織體
顧客
營業員
門市店
專櫃
事務管理
設備管理
第一線員工
中堅幹部
高階幹部
1.顧客滿意經營的企業文化
2.對第一線員工的信賴
3.顧客導向的人事系統
4.倒三角形的組織結構
5.情報共有化
抱怨的處理
1.門市店
2.加盟店
3.客服中心
4.營業員
5.通路商
6.專櫃
顧客
顧客抱怨處理中心
整理、歸納、分析、呈報
高階決策團隊的因應對策

第5章

顧客滿意度調查與掌握

章節體系架構 

Unit 5-1 量化與質化的兩種市調類別

行銷決策的重要參考「市場調查」（Market Survey）（簡稱市調或民調），對企業非常重要。市場調查比較偏重在行銷管理領域。但實務上，除了行銷市場調查外，還有「產業調查」，也就是針對整個產業或特定某個行業所進行的調查研究工作。本章所介紹的市場調查，將比較偏重及運用在行銷管理與策略管理領域。

那麼市調的重要性到底在哪裡？簡單來說，市調就是提供公司高階經理人作為「行銷決策」參考之用。那「行銷決策」又是什麼？舉凡與行銷或業務行為相關的任何重要決策，包括售價決策、通路決策、OEM大客戶決策、產品上市決策、包裝改變決策、品牌決策、售後服務決策、公益活動決策、保證決策、配送物流決策及消費者購買行為等，均在此範圍內，由市場調查所得到科學化的數據，就是「消費決策」的重要依據。

一、市場調查應掌握的原則

市場調查為求其數據資料的有效性及可用性，必須掌握下列四項原則：

(一) 真實性：亦即正確性。市調從研究設計、問卷設計、執行及統計分析等均應審慎從事，全程追蹤。另外，針對結果，也不能作假，或是報喜不報憂，矇蔽討好上級長官。

(二) 比較性：指與自己及競爭者做比較。市調必須做到比較性，才會看出自己的進退狀況。因此，市調內容必須有自己與競爭者的比較，以及自己現在與過去的比較。

(三) 連續性：市調應具有長期連續性，定期做、持續做，才能隨時發現問題，不斷解決問題，甚至成為創新點子的來源。

(四) 一致性：如果是相同的市調主題，其問卷內容，每一次應盡量一致，才能與歷次做比較對照與分析。

二、問卷量化調查的方式

屬於定量調查的問卷調查方法，大概依不同的需求與進行方式，可以區分為直接面談調查法、留置問卷填寫法、郵寄調查法、電話訪問調查法、集體問卷填寫法、電腦網路調查法六種方法。詳細內容及其優缺點比較請見右圖解說。

三、定性質化調查的方式

為了尋求質化的調查，不適宜用大量樣本的電話訪問或問卷訪問，而須改採面對面的個別或團體的焦點訪談方式，才能取得消費者心中的真正想法、看法、需求與認知。而這不是在電話中可以立即回答的。

定量（量化）調查方式

1.直接面談調查法

內容：調查員以個別面談的方式問問題。
優點：可確認回答者是不是本人，以及其回答內容的精確度。
缺點：成本花費高。

2.留置問卷填寫法

內容：調查員將問卷交給對方，過幾天訪問時再收回。
優點：調查對象多的時候有效。
缺點：不知道回答者是不是受訪者。

3.郵寄調查法

內容：基本上以郵件發送，以回郵方式回答。
優點：調查對象為分散的狀況有效。
缺點：回收率不佳（5%左右），缺乏代表性。

4.電話訪問調查法

內容：調查員以打電話的方式問問題。
優點：很快就知道答案，費用便宜，可適用於全國性。
缺點：局限於問題的數量與深入內涵。

5.集體問卷填寫法

內容：將調查對象集合在一起，進行問卷調查。
優點：可確認回答者是不是本人，以及其回答內容的精確度。
缺點：成本花費高。

6.電腦網路調查法

內容：對電腦通信，網際網路上不特定的人選，以公開討論等方式實施進行。
優點：成本便宜，速度快。
缺點：關於電腦狂熱分子之類的傾向者，其答案不可當作一般常態性，易造成特殊的回答。

定性（質化）調查方式

定性調查法

1. 室內一對一深入訪談法
2. 室內焦點團體討論會議（FGI或FGD）
3. 到零售店定點訪談法
4. 到消費者家庭去觀察他們的生活進行及談話了解
5. 到消費現場實地去觀察、思考、分析及訪談

知識補充站

市調內容九大類別

1.市場規模大小及潛力研究調查；2.產品調查；3.競爭市場調查；4.消費者購買行為研究調查；5.廣告及促銷市調；6.顧客滿意度調查；7.銷售研究調查；8.通路研究調查，以及9.行銷環境變化研究調查。

Unit 5-2 顧客滿意度的調查方法及其注意要點

一般來說，顧客滿意度的調查方法，比較常用的有下列五種方法；而調查時也有其應注意的要點。

一、顧客滿意度調查方法

(一) 問卷填寫調查法：問卷填寫調查法是最傳統的調查法，又可區分為三種方式來執行：一是室內填寫法；二是郵寄填寫法；三是街上訪問填寫法。

(二) 電話訪問法：電話訪問法是利用打電話到家中或行動電話上的調查訪問法；比較容易大量接觸消費群母體的方法。可包括針對既有的會員顧客群、針對外部一般社會大眾、針對外部特定消費族群三個面向。

(三) 焦點團體座談會法：焦點團體座談會（Focus Group Interview , FGI；Focus Group Discussion, FGD）是一種小型的、深度的、質化的一種消費者意見表達的調查方法；每一場座談會不超過十個人，但可以充分表達意見與看法。

(四) 網路調查法：隨著網路的普及化、網路消費購買的持續擴增，以及網路消費者的不斷成長，使得廠商透過網路問卷方式，進行簡易調查法，已成為一種趨勢。主要優點是快速及成本較低。

(五) 其他調查方法：除上述四種主要市場調查或顧客滿意度調查方法之外，廠商也有包括下列至少四種的其他調查方法，一是客服中心的每日來電意見紀錄。二是到第一線去做現場觀察與訪談，也稱為「實地調查」（Field Survey）。三是來自業務員彙集的資訊情報。四是來自下游通路商的資訊情報。

二、顧客滿意調查注意要點

(一) 關於顧客滿意度的把握：原則上包括下列五種，一是對顧客滿意度及顧客期待、競爭對手滿意度的相對評價。二是對總合滿意度的重視。三是潛在顧客及競爭對手顧客為對象。四是對定點觀測的重視。五是對資料填寫的重視。其中總合滿意度的定義為，對環境中可區分因子之滿意的總合。如愉悅感的滿意度便是一種整體性的感覺，會因在不同的時間及地點而有明顯的差別，而且依照使用者當時的心情、年齡、體驗等情況而定，且與使用者之偏好及事前的期望有關。

(二) 顧客滿意調查的方向：調查的方向主要有二，一是考量市調的巨觀及微觀性；一是最高經營者的理解及參與。

(三) 顧客滿意調查Know-How的導入：可藉助外部專業單位及人員在這方面的專業知識，予以活用在公司對顧客滿意度之調查。

(四) 顧客滿意調查結果的活用：公司經由上述的調查方法及注意事項所得到的顧客滿意資料，應由全公司活用，才不會白白浪費人力、物力、財力。

顧客滿意度調查方法

滿意度調查方法

1. 問卷調查法
   - ①街訪填寫
   - ②室內填寫
   - ③郵寄填寫
2. 電話訪問法
   - ①針對會員
   - ②針對一般大眾
3. 焦點團體座談會
   - （FGI／FGD）
4. 其他方法
   - ①客服中心紀錄
   - ②到第一線現場觀察
   - ③業務員資訊
   - ④通路商資訊
5. 網路調查法（線上調查法）

顧客滿意調查注意要點

1. 關於顧客滿意度的把握

①對顧客滿意度及顧客期待、競爭對手滿意度的相對評價
②對總合滿意度的重視
③潛在顧客及競爭對手顧客為對象
④對定點觀測的重視
⑤對資料填寫的重視

2. 顧客滿意調查的方向

⑥考量市場調查的巨觀及微觀性
⑦最高經營者的理解及參與

3. 顧客滿意調查Know-How的導入

⑨外部專業單位及人員的活用

4. 顧客滿意調查結果的活用

⑧顧客滿意資料的全公司活用

Unit 5-3 顧客滿意調查的步驟與項目

對顧客滿意調查的步驟，大致可歸納為下列五個程序；然而調查項目，卻沒有一定的制式標準，主要原因在於行業性的不同。

如果將業別單單區分為製造業與服務業就有些不同的設計，倘再依屬性細分業別，調查項目更是不同，因此本文僅以現今最熱門的網購業為例，說明顧客滿意調查可能包括哪些調查項目，以供參考。

一、顧客滿意調查的步驟

(一) 市場調查的設計規劃：包括下列五種，一是針對委外市調公司的選定；二是調查費用預算的估算及同意；三是調查時程表、期限的了解及估計；四是調查方法的分析與確定；五是調查在統計使用軟體的了解。

(二) 問卷的設計與做成：包括下列兩種，一是問卷大綱初步的討論及研訂；二是問卷細部內容設計的研訂及討論與修正定案完成。

(三) 市調的展開執行：細部問卷內容完成後，經過試測並最後修正後，即可正式進行較大規模的落實執行。

(四) 提出統計、歸納及分析報告：問卷執行完成後，即可進行輸入統計、歸納及撰寫分析報告。

(五) 結果簡報及活用：首先將市調結果報告，向上級長官或高階主管提出總結報告或簡報，以及相關對公司各種營運面的各種建議與對策。另外，必須將此資訊與資料數據及整份報告內容，上傳至公司相關知識庫，讓此資訊為公司共有化查詢與了解；讓大家有此資訊情報，並加以採取活用與使用。

二、顧客滿意調查的調查項目

對顧客滿意調查的調查項目，以製造業及服務業區分來看，就有些不同設計項目；再來，各行業別的不同，其項目內容也有很大不同。例如，大飯店、航空公司、餐飲業、金融業、3C產品業、遊樂業、百貨公司、速食業、大賣場、3C賣場、電視業、食品飲料業等都有不同調查項目的內容重點，很難有一個標準化固定通用的項目。

如果對現在比較常使用的網購業來說，其顧客滿意度調查的針對項目，可能至少包括對產品的滿意度（產品品質、產品多元化）、對價格的滿意度、對送貨速度的滿意度、對促銷活動的滿意度、對網頁資訊系統操作流程設計的滿意度、對客戶服務查詢回覆的滿意度、對結帳方式的滿意度、對退貨方式的滿意度、對整體感受的滿意度等九種。這些調查項目及其內容的設計，都要從5W/3H/1E思考點出發，才能切入要點。

顧客滿意調查的步驟

1.市場調查的設計規劃 → 2.問卷的設計與做成 → 3.市調的展開執行 → 4.提出統計、歸納及分析報告 → 5.結果報告及活用

1.市場調查的設計規劃：
①委外市調公司的選定
②調查費用
③調查時程表
④調查方法
⑤統計使用軟體

5.結果報告及活用：
①總結報告與建議撰寫
②舉行簡報會議
③資訊、資料的共有化
④將此資訊加以靈活使用

顧客滿意調查的調查項目參考

① 對產品與服務的評價
①品質 ②價格
③交期 ④營業員

② 對技術的評價
①技術的支援狀況
②新產品開發狀況

③ 對通路商的評價

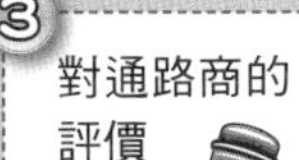

④ 總合評價

顧客滿意度調查的5W/3H/1E思考

5W
① Who：調查的對象是誰
② When：何時應調查
③ What：調查哪些項目內容
④ Why：為何要調查此項目
⑤ Where：調查哪些地區

3H
⑥ How to Do：如何調查、調查方法
⑦ How Much：要花多少錢調查
⑧ How Long：要調查多久

1E
⑨ Effectiveness：調查結果的效益為何

Unit 5-4 神祕客──現場調查考核服務水準

什麼是神祕客？台灣檢驗科技公司（SGS）專案經理林居宏表示，神祕客查核是在現場員工不知情的情況下，由查核員扮演一般消費者，依照業者提供的制式查檢表，對公司提供的服務品質，落實查核，並且提供親身感受服務後的滿意度報告。

一、什麼人可以成為神祕客？

究竟什麼樣的人可以成為神祕客？林居宏表示，以SGS為例，近幾年來在全台培訓了約五十位取得認證的神祕客。從為數不多的神祕客可以了解，想當一位神祕客，並不是一件容易的事。首先，身為一位合格的神祕客須有十年以上的工作經驗，以及一定的生活品味。其次，至少須具備包括富正義感、樂於助人、細心、完美主義等四項人格特質。

除此之外，尚且必須參加為期三天，總時數超過24小時的培訓課程。

二、神祕客對企業的功能

每個月，SGS都會接到企業提出神祕客稽核的需求。他指出，對服務業來說，神祕客查核有積極面和消極面。積極面的目的是改善營運，例如了解客戶對公司提供服務的滿意度；希望藉由有經驗的專業稽核員於查核的過程中，以消費者的觀點提出需要改善的建議；在消極面，則是了解員工是否落實公司的服務規範；並讓現場服務員工能在日常工作中，保有一定的警覺性。

三、神祕客的執行

林居宏表示，企業邀請神祕客時，必須提供考核項目，內容多元，平均約二、三十項，神祕客要用細膩的觀察力，將考核項目記在心裡。例如考核便利商店，從進門時店員有無問好、燈光夠不夠充足、食物排列是否適宜、到結帳離開等過程約10分鐘，他需要將考核的問題記在心裡，在現場快速檢視後，用電腦打字，填寫長達二、三十頁的查核報告書，回覆的內容更要精闢入理。

對外，神祕客是一種考核，深入企業會發現，它代表的是企業的服務品質及教育訓練是否落實。林居宏指出，許多公司邀請神祕客前往考核服務水準，卻說不出考核事項，只能提出約略的綱要，例如服務熱忱、微笑等，但這些都是很主觀的感受，「怎麼樣的寒暄是及格的，必須要有服務標準作業流程。我們會要求他們提供服務標準書，將所有的服務規範寫得清清楚楚。」

有些企業因此才發現，原來公司的制度是不完善的，於是派人到SGS參加相關課程，了解服務流程，撰寫適合公司的服務標準書。

什麼是神祕客？

1.公司自己派出假扮顧客

2.公司委託專業單位派出假扮顧客

神祕客（專業訓練）

①自己門市店專櫃
②加盟店
③零售賣場
④經銷店
⑤自己營業場所

展開服務品質調查，並回報

神祕客的資格

想要取得合格的神祕客資格，必須參加為期三天，總時數超過24小時的培訓課程。課程內容相當多元，在專業部分，包括服務業品質管理、神祕客查核技巧、計畫編製、查檢表製作等；另外，須具備普通職能，包括電腦中打及文字表達能力等。

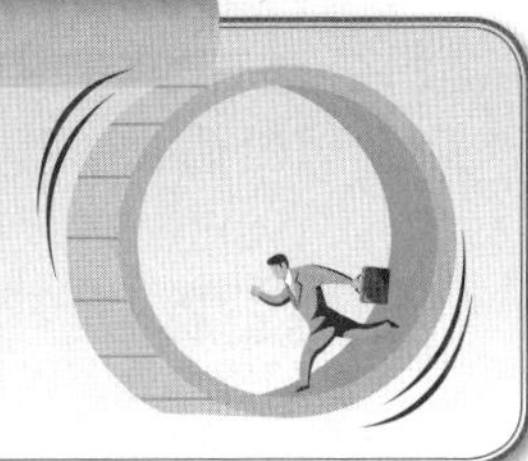

神祕客的功能

神祕客2大功能

1.積極面

①了解各第一線門市店對顧客的服務品質
②提出對公司各項改善建議
③做好對第一線從業人員保持適當壓力與警覺性

2.消極面

①了解第一線從業人員是否都遵守公司所制定的標準作業準則（SOP）
②作為員工考核的指標之一

Unit 5-5 顧客滿意度調查案例之一：某公司會員滿意度電話訪問問卷內容

調查對象：近三個月有消費的會員1,000份

○○○先生（小姐），您好！我是○○購物台的訪問員，我姓劉，我們正在進行會員對節目、商品、客戶服務等方面滿意度的電話訪問，耽誤您幾分鐘請教您一些問題。謝謝！

PART 1 各項服務滿意度

調查對象：全體受訪者

1. 請問您覺得○○購物台【銷售的商品】有沒有吸引力？
(01)非常有吸引力 (02)還算有吸引力 (03)不太有吸引力
(04)完全沒吸引力 (98)不知道／無意見

調查對象：全體受訪者

2. 請問您滿不滿意○○購物台【商品品質】？
(01)非常滿意 (02)還算滿意 (03)不太滿意 (04)非常不滿意
(98)不知道／無意見

調查對象：全體受訪者

3. 請問您滿不滿意【訂購專線人員服務態度】？
(01)非常滿意 (02)還算滿意 (03)不太滿意 (04)非常不滿意
(98)不知道／無意見 (97)沒接觸過

調查對象：全體受訪者

4. 請問您滿不滿意【客服人員的問題解決能力】？
(01)非常滿意 (02)還算滿意 (03)不太滿意 (04)非常不滿意
(98)不知道／無意見 (97)沒接觸過

調查對象：全體受訪者

5. 請問您滿不滿意【送貨速度】？
(01)非常滿意 (02)還算滿意 (03)不太滿意 (04)非常不滿意
(98)不知道／無意見

調查對象：全體受訪者

6. 請問您滿不滿意【節目呈現方式】？
(01)非常滿意 (02)還算滿意 (03)不太滿意 (04)非常不滿意
(98)不知道／無意見

調查對象：全體受訪者

7. 請問您滿不滿意○○購物台的【促銷活動】？

(01)非常滿意　(02)還算滿意　(03)不太滿意　(04)非常不滿意
(98)不知道／無意見

調查對象：全體受訪者

8. 整體來說，請問您對○○購物台滿不滿意？

(01)非常滿意　(02)還算滿意　(03)不太滿意　(04)非常不滿意
(98)不知道／無意見

PART 2 ○○會員再購意願

調查對象：全體受訪者

9. 請問您未來購買○○購物台商品的意願為何，會不會再購買？

(01)一定會　(02)還算會　(03)不會　(98)不知道／無意見

調查對象：未來不會再購買

10. 請問您不會再購買的原因為何？

____

____

調查對象：未來會再購買

11. 請問您希望○○未來多提供下列哪類商品？（可複選，最多三項）

(01)3C用品　(02)日常用品　(03)美妝、保健用品
(04)流行服飾及紡品　(05)珠寶鑽石　(06)名牌精品
(98)不知道／無意見

PART 3 電視購物競爭與偏好分析

調查對象：全體受訪者

12. 請問您最近三個月還有在哪些電視購物台買東西？（可複選）

(01)富邦MOMO　(02)東森購物　(03)VIVA　(98)都沒有

調查對象：Q12有回答其中一家購物台者

13. 請問您最常在哪家電視購物台買東西？（單選）（選項自動列出近三個月有消費的購物台）

(01) ○○　(02)富邦MOMO　(03)東森購物　(04)VIVA　(98)不知道

調查對象：Q12回答98或Q13有回答特定購物台者

14. 請問您偏好在《上題回答的購物台》買東西的主要原因為何？

(01)介紹的商品較符合需求　(02)價格較便宜　(03)商品品質較好
(04)商品種類較多　(05)該公司品牌有保障　(06)介紹商品較清楚詳細
(07)轉台習慣　(08)客戶服務較好　(09)送貨速度較快
(10)親友是員工　(11)網路查詢商品較快速方便　(12)節目有直播

(13)介紹的產品能見度較高　(14)退換貨不囉唆　(97)其他（請說明）
(98)不知道／無意見

調查對象：全體受訪者

15. 請問您有沒有型錄購物經驗？常不常？
(01)經常　(02)偶爾　(03)很少　(04)沒有過

調查對象：全體受訪者

16. 請問您有沒有網路購物經驗？常不常？
(01)經常　(02)偶爾　(03)很少　(04)沒有過

調查對象：有型錄購物經驗者

17. 請問您最近三個月有沒有在電視購物型錄上買過東西？在哪幾家電視購物型錄上買過東西？（複選）
(01) ○○　(02)富邦MOMO　(03)東森購物　(98)沒有

調查對象：Q17至少回答2家以上型錄者

18. 那您最常在哪家電視購物型錄消費？（單選）（選項自動列出近三個月有消費的型錄）
(01)○○　(02)富邦MOMO　(03)東森購物　(98)不知道

調查對象：Q17只回答1家購物型錄或Q18有回答特定型錄者

19. 請問您偏好在《上題回答的型錄》買東西的主要原因為何？
(01)介紹的商品較符合需求　(02)價格較便宜　(03)商品品質較好
(04)商品種類較多　(05)該公司品牌有保障　(06)介紹商品較清楚詳細
(07)轉台習慣　(08)客戶服務較好　(09)送貨速度較快
(10)親友是員工　(11)網路查詢商品較快速方便　(12)節目有直播
(13)介紹的產品能見度較高　(14)退換貨不囉唆　(97)其他（請說明）
(98)不知道／無意見

調查對象：有網路購物經驗者

20. 請問您最近三個月有沒有在電視購物網站買過東西？在哪幾家電視購物網站上買過東西？（複選）
(01)○○（○○百貨）　(02)momo shop（富邦購物網）
(03)ETMall（東森購物網）　(04)VIVA　(05)不知道

調查對象：Q20至少回答2家以上網站者

21. 那您最常在哪家電視購物型錄消費？（單選）（選項自動列出近三個月有消費的網站）
(01)○○（○○百貨）　(02)momo shop（富邦購物網）
(03)ETMall（東森購物網）　(04)VIVA　(05)不知道

調查對象：Q20只回答1家網站或Q21有回答特定網站者

22. 請問您偏好在《上題回答的網站》買東西的主要原因為何？
(01)介紹的商品較符合需求　(02)價格較便宜　(03)商品品質較好

(04)商品種類較多　(05)該公司品牌有保障　(06)介紹商品較清楚詳細
(07)轉台習慣　(08)客戶服務較好　(09)送貨速度較快
(10)親友是員工　(11)網路查詢商品較快速方便　(12)節目有直播
(13)介紹的產品能見度較高　(14)退換貨不囉唆　(97)其他（請說明）
(98)不知道／無意見

調查對象：全體受訪者

23. 就《隨機輪替提示**01-03**選項》三種購物方式來說，請問您比較偏好哪一種？

(01)電視購物　(02)網路購物　(03)型錄購物　(98)不知道／無意見

PART 4 基本資料

調查對象：全體受訪者

24. 您這裡是位於哪一個縣市？

(01)新北市　(02)台北市　(03)台中市　(04)台南市　(05)高雄市
(06)宜蘭縣　(07)桃園縣　(08)新竹縣　(09)苗栗縣　(10)彰化縣
(11)南投縣　(12)雲林縣　(13)嘉義縣　(14)屏東縣　(15)台東縣
(16)花蓮縣　(17)澎湖縣　(18)基隆市　(19)新竹市　(20)嘉義市
(21)金門縣　(22)連江縣

調查對象：全體受訪者

25. 請問您的年齡大約多少？

(01)18～24歲　(02)25～29歲　(03)30～39歲　(04)40～49歲
(05)50～59歲　(06)60歲以上　(98)拒答

調查對象：全體受訪者

26. 請問您目前的職業是什麼？

(01)白領（公司行號、行政機關職員／業務代表／尉級以上官階）
(02)藍領（工人／作業員／送貨員／司機／農林漁牧／水電工／尉級以下官階）
(03)投資經營者（商店老闆／工商企業投資者）
(04)專業技術人員（律師／會計師／醫師／建築師／老師）
(05)學生　(06)家庭主婦　(07)待業中／無業／退休　(08)自由業
(97)其他（請註明）　(98)拒答

調查對象：全體受訪者

27. 受訪者性別？

(01)男　(02)女

～我們的訪問到此結束，謝謝您接受我的訪問～

Unit 5-6 顧客滿意度調查案例之二：某家電公司大型冰箱顧客網路調查填卷內容

問卷描述：這是一份關於消費者對白物家電需求的調查，希望藉由您提供寶貴的意見作為統計分析之用。您所填答的內容僅供研究，所有資料絕對保密，敬請放心填答。為感謝您在百忙之中抽空填答，將在調查結束後抽出20位幸運兒，贈送200元的△△△提貨券。請在問卷填寫後留下您的電話或E-mail，以便中獎事宜的通知。

填寫期限：〇〇年11月11日～〇〇年11月22日

問卷填寫份數：

一、冰箱

1. 對下列【冰箱】品牌的喜好？（必填）

題目	非常喜歡	喜歡	沒有特別感覺	不喜歡	非常不喜歡
Panasonic（台灣松下／國際）	○	○	○	○	○
HITACHI日立	○	○	○	○	○
Toshiba東芝	○	○	○	○	○
SANYO三洋	○	○	○	○	○
SAMPO聲寶	○	○	○	○	○
TECO東元	○	○	○	○	○
TATUNG大同	○	○	○	○	○
LG	○	○	○	○	○
SAMSUNG三星	○	○	○	○	○

2. 家中目前使用的冰箱型式？（必填）

□冷凍室在上方　□冷凍室在中間或下方　□冷凍室在左側（對開式）

3. 家中（最常用、最大台）冰箱的容量：（必填）

〇150公升以下　〇151～250公升　〇251～350公升
〇351～450公升　〇451～550公升　〇551～600公升
〇601公升以上

4. 家中使用的冰箱品牌：（必填）

□Panasonic（台灣松下／國際） □日立 □東芝 □三洋 □聲寶
□東元 □大同 □LG □其它

5. 家中擁有冰箱台數（含小冰箱）：（必填）

○1台 ○2台 ○3台 ○4台及以上

6. 最常使用的冰箱放置在：（必填）

○獨立廚房 ○廚房＋餐廳 ○餐廳＋客廳 ○房間 ○其它

7. 家中買菜頻率？（必填）

○每天1次 ○一週2～3次 ○一週1次 ○很少買菜

8. 家中通常買菜的地點？（必填）

□傳統市場 □大賣場（如：家樂福、愛買、大潤發、COSTCO好市多）
□超市 □其它

9. 家中開伙頻率？（必填）

○每天 ○一週5～6天 ○一週3～4天 ○一週1～2天
○很少開伙，外食居多

10. 家中冰箱經常保持的狀態：（必填）

題目	經常放滿	維持適中	東西很少
冷凍室	○	○	○
冷藏室	○	○	○
蔬果室	○	○	○

11. 家中冰箱容量是否足夠使用？（必填）

○是 ○否

12. 冰箱使用的困擾？（必填）

□門棚瓶罐不夠放 □COSTCO的超大瓶罐門棚放不下
□整體容量不足 □冷藏室不夠大 □冷凍室太小 □蔬果室太小
□抗菌脫臭不佳 □食品常放到過期或壞掉 □小物多擺放雜亂
□冰箱不夠冷 □冷度不均 □噪音／異音 □內部清理麻煩
□製冰速度慢 □其他，或自行輸入________________

13. 選購冰箱時重視的項目（最多5項）：（必填）

選擇限制：最多只能選5個選項
□省電／節能標章（能源效率1~2級） □大容量 □價格 □機能
□品牌 □外觀 □尺寸符合需求 □靜音 □售後服務 □產地

14. 重視的冰箱機能是（最多5項）：（必填）

選擇限制：最多只能選5個選項

□蔬果保鮮 □脫臭 □抗菌 □自動製冰 □大冷藏室 □大蔬果室

□大冷凍室 □靜音 □內裝的配置 □瓶罐收納量 □好拿放

□易清理材質 □環保新冷媒 □其他，或請自行輸入＿＿＿＿＿＿

15. 冰箱的外觀式樣與使用性，您比較重視哪一個？（必填）

○外觀式樣 ○使用性

16. 對於中大型上冷凍冰箱（冷凍室在上方）的【能源效率級數】和【價格】，您會優先考慮的是？（必填）

○能源效率級數1級 ○價格便宜就好

○會先試算省的電費是否划算再考慮能源效率較佳機種

17. 中大型上冷凍「變頻」冰箱【能源效率級數】由3級提升為1級但價格提高2,000元，您的接受度如何？（必填）

○可以 ○還好 ○不能

18. 若能源級數同為3級的中大型上冷凍冰箱，「變頻」較「非變頻」機種價格貴3,000元（但「變頻」機種較恆溫、靜音），您會選擇？（必填）

○「變頻」機種 ○「非變頻」機種

19. 下次最可能購買或優先考慮哪一個品牌的冰箱？（必填）

○Panasonic（台灣松下／國際） ○日立 ○東芝 ○三洋

○聲寶 ○東元 ○大同 ○LG ○其它

20. 下次會考慮選購的冰箱形式、門數？（必填）

○冷凍室在上方的冰箱 ○冷凍室在下方的2門

○冷凍室在中間或下方的多門（3~6門） ○冷凍室在左側（對開式）

21. 下次會選購的冰箱容量？（必填）

○150公升以下 ○151～250公升 ○251～350公升

○351～450公升 ○451～550公升 ○551～600公升

○601公升以上

22. 下次選購冰箱時考慮的購買價？（必填）

○20,000元以下 ○20,000～25,000元 ○25,000～30,000元

○30,000～35,000元 ○35,000～40,000元 ○40,000～45,000元

○45,000～50,000元 ○50,000元以上 ○只要喜歡不在乎價格

23. 下次購買冰箱時，會選購「變頻」機種？（必填）

○一定會 ○不會 ○不一定

24. 「大陸生產」的冷（暖）氣機，您會購買嗎？（必填）

○會 ○不會 ○不一定

25. 性別：（必填）

○男 ○女

26. 年齡：（必填）

○19歲以下　○20～29歲　○30～39歲　○40～49歲　○50～59歲
○60歲以上

27. 居住地區：（必填）

○北北基（大台北地區）　○桃竹苗　○中彰投　○雲嘉南
○高屏澎離島　○宜花東

28. 職業：（必填）

○上班族　○自營者　○兼職　○學生　○家管　○退休　○其它

29. 婚姻狀況：（必填）

○已婚　○未婚

30. 家庭型態：（必填）

○單身　○夫婦2人　○二代　○三代以上　○其它

31. 同住人數（含本人）：（必填）

○1人　○2人　○3人　○4人　○5人　○6人　○7人及以上

32. 住宅型態：（必填）

○公寓（5樓以下無電梯）　○電梯公寓（6～12樓）
○大樓（13～15樓）　○超高大樓（16樓以上）　○透天厝／別墅

33. 住宅屋齡：（必填）

○1年未滿　○1年～5年未滿　○6年～10年未滿　○10年～20年未滿
○20年～30年未滿　○30年以上　○不清楚

34. 住宅坪數：（必填）

○20坪未滿　○21～40坪未滿　○41～60坪未滿　○61～80坪未滿
○81～100坪未滿　○101坪以上

35. 廚房型態：（必填）

○獨立廚房　○廚房＋餐廳　○廚房＋餐廳＋客廳　○其它

36. 全家年收入：（必填）

○60萬元以下　○61～100萬元　○101～199萬元　○200萬元以上

37. 連絡人、電話或E-MAIL信箱：（必填）

____

〔送出〕〔清除〕

Unit 5-7 顧客滿意度調查案例之三：某餐飲連鎖店店內顧客問卷填寫內容

您好：
您的建議，我們在意，
〇〇〇會努力做得更好，
謝謝您的支持！

請在選項內　畫記☒　　　**桌號**________　　　**月**___**日**

1. 請問您這是第一次到〇〇〇用餐嗎？
□是（請跳到第3題）　□否

2. 請問您最近半年總共到〇〇〇用餐幾次？（含本次）
□1次　□2次　□3次　□4次　□5次以上

3. 請問您是如何知道本店？（可複選）
□以前來過　□媒體報導　□網路資訊
□親友介紹　□廣告文宣　□路過
□簡訊　□其它________

4. 請問您今天到〇〇〇用餐的目的是？（單選）
□家庭聚餐　□朋友聚餐　□商務聚餐
□結婚紀念　□約會　□慶生
□其它________

5. 請問您個人今天點的主餐是？（單選）
□香蒜瓦片牛肉　□洋蔥炙烤牛肉　□嫩煎豚排
□陶板鮪魚　□陶板雞　□陶板海陸
□酥烤鴨胸　□和風嫩牛肉

6. 您今天用餐後的感覺是……（單選）

	非常滿意	滿意	普通	差	很差
主餐	□	□	□	□	□
前菜	□	□	□	□	□
沙拉	□	□	□	□	□
湯類	□	□	□	□	□
飯糰	□	□	□	□	□
甜點	□	□	□	□	□
飲料	□	□	□	□	□
服務	□	□	□	□	□
整潔	□	□	□	□	□

7. 您認為本店最吸引人的兩項特色是？（複選）

□菜色多樣化　□服務好　□價格合理　□好吃
□氣氛好　□其它＿＿＿＿＿＿＿＿＿＿

8. 請問您會不會介紹朋友來本店用餐？

□會　□不會

9. 請問您對本店或服務人員的建議是……

＿＿＿＿＿＿＿＿＿＿＿＿＿＿＿＿＿＿＿＿＿＿＿＿＿＿＿＿＿＿
＿＿＿＿＿＿＿＿＿＿＿＿＿＿＿＿＿＿＿＿＿＿＿＿＿＿＿＿＿＿
＿＿＿＿＿＿＿＿＿＿＿＿＿＿＿＿＿＿＿＿＿＿＿＿＿＿＿＿＿＿
＿＿＿＿＿＿＿＿＿＿＿＿＿＿＿＿＿＿＿＿＿＿＿＿＿＿＿＿＿＿

我同意基於行銷、服務之目的，提供以下資料作為貴企業聯繫使用。
（如欲更正、刪除，請洽服務專線　0800－△△△－△△△）

姓　　名：＿＿＿＿＿＿＿＿＿＿　□男　□女
（本人親簽）
年　　齡：□19歲以下　□20~24歲　□25~29歲　□30~34歲
　　　　　□35~39歲　□40~44歲　□45~49歲　□50歲以上
生　　日：＿＿月＿＿日　結婚紀念日：＿＿月＿＿日
電話：（手機）＿＿＿＿＿＿＿＿　(H)＿＿＿＿＿＿＿＿

Unit 5-8 顧客滿意度調查案例之四：某旅遊公司顧客問卷填寫內容

顧客滿意度調查表

非常感謝您接受○○旅遊商務部安排的行程與服務，衷心地祝福您旅程愉快！為追求更卓越的商務服務品質，請將您寶貴的意見詳填本表提供給我們，成為雄獅商務持續成長改進之依據與動力，謝謝您！

顧客基本資料

姓　　名：______________ 公　司：____________ 部門：__________

職　　稱：______________ 電　話：______________________________

服務人員：____________ E-MAIL：______________________________

服務流程滿意度

以下針對○○服務人員為您所提供服務的流程中，希望能匯集您寶貴的意見，供我們做參考：

1. 請問當您撥打電話提出差旅需求，服務人員在多久的時間接聽您的電話？

○立即接聽　○3響以內　○6響以內　○9響以內

○無人接聽　○無撥打（若無撥打，請直接回答問題4）

2. 請問當您在電話提出相關詢問時，您對於服務人員的服務熱忱及親切態度，是否感到滿意？

○很滿意　○滿意　○普通　○不滿意　○很不滿意

3. 請問當您在電話提出相關詢問時，您對於服務人員的專業知識及作業效率，是否感到滿意？

○很滿意　○滿意　○普通　○不滿意　○很不滿意

4. 請問當您提出差旅需求時，我們在多久的時間將訂位結果以電話、傳真或電子郵件回覆給您？

○2小時以內　○6小時以內　○12小時以內　○24小時以內

○24小時以上

5. 請問我們有無在您訂機位時，提醒您開票期限？

○有　　○沒有

6. 請問我們有無在您訂機位時，提醒您有關機票限制的詳細說明？
○有　　　○沒有
7. 請問我們有無在您訂機位時，提醒您有關護照效期及是否須辦理之簽證？
○有　　　○沒有
8. 請問我們有無在您申辦簽證時，提醒您所需之相關訊息？
○無申辦　○有　　　○沒有
9. 請問我們是否在您確認開票後，兩個工作天之內，將機票交至您手上？
○有　　　○沒有
10. 請問當您在此行程有特別需要額外的專業建議時，服務人員有無提供相關資訊供您做參考？
○無特別需求　○有　○沒有
11. 請問在您出發後，當您有撥打緊急聯絡電話，對於服務人員的服務是否滿意？
○無撥打　○很滿意　○滿意　○普通　○不滿意　○很不滿意

整體滿意度

12. 您對這次行程的安排及我們的服務是否滿意？
○很滿意　○滿意　○普通　○不滿意　○很不滿意

對我們的期許＿＿＿＿＿＿＿＿＿＿＿＿＿＿＿＿＿＿＿＿＿＿＿

最需要改善項目

原因為＿＿＿＿＿＿＿＿＿＿＿＿＿＿＿＿＿＿＿＿＿＿＿＿＿

最值得稱許項目

原因為＿＿＿＿＿＿＿＿＿＿＿＿＿＿＿＿＿＿＿＿＿＿＿＿＿

〔送出〕

感謝您的配合，敬祝您旅途平安愉快！

○○商務部　總經理　△△△　敬上

第6章

顧客滿意資料的活用

章節體系架構 

Unit 6-1 活用顧客滿意資料的實踐經營

企業不論以何種方式對顧客進行滿意度調查，無非是想從這些回答進一步了解企業本身有哪些優勢，以及需要改善之處，以滿足顧客需求，贏得顧客再次光臨的機會。

問題是這些調查如果只是以粗淺方式了解顧客對各項營運項目的滿意度比例，就失去其實質意義了。那麼應該怎麼做呢？

一、顧客滿意經營的基礎，即是對顧客滿意資料的活用

對顧客滿意調查實施的企業是非常多的，但是大部分企業及相關人員，只是運用其簡單的百分比，粗淺了解各項營運項目的滿意度百分比，以判斷各營運與各服務水準的好壞程度。

由於現代資訊（IT）情報系統軟體及硬體設備均非常發達；因此在各種統計處理及資料庫處理等均可以對顧客滿意資料，從各種層面加以有效運用。

企業從高階經營者角度，或是從行銷企劃部門、營業部門、研發部門、生產部門、品管部門、維修技術部門、客服中心部門、直營門市店部門、專櫃業務部門、品牌部門、公關宣傳部門等諸多部門的角度與層面，來加以做各種對應活用與制定各種工作計畫對策。

二、活用顧客滿意資料庫，是CS經營的實踐

(一) CS資料庫的建立：首先，建立有效、精準、正確與長期累積性的顧客滿意資料庫（Database），正是企業要落實貫徹CS經營的重要基礎工作，少了這一個基礎，服務業的CS經營就只是表象，而無法深入。

因此，企業的行銷部門或會員經營部門，必須有計畫性的、長期性的、累積性的，以及不斷更新性的建立好與顧客滿意相關的各種統計數據、調查數據、分析數據及趨勢數據等基礎工作。

(二) 建立優勢性為目標的戰略立案：其次，企業高階經營單位與主管，必須建立具有特色與差異化競爭優勢為目標的各種戰略企劃立案。包括產品力、通路力、訂價力、銷售推廣力、品牌宣傳力、現場服務力、客服中心服務力、人員銷售組織力、創新改革力等之各種戰略目標與戰略企劃的訂定與立案。

(三) 具體工作的展開：接著，即是針對CS經營具體工作的展開，包括全面品質管理推動；各階層領導力提升；對第一線現場人員與基層主管的權力下授（授權），以使權責一致性；建立並執行對CS經營的評價考核系統推動，以做好CS管考工作任務，以及第一線基層人員在日常業務的活用等五種具體工作。

(四) 推動並提升CS經營的實踐。

顧客滿意經營的基礎，即是對顧客滿意資料的活用

1.對顧客滿意調查實施的企業非常多，但是能夠有效加以活用的卻是少的。

2.現代資訊情報系統、統計處理及資料庫等均可使顧客滿意資料加以活用。

3.從經營者端、行銷部門、營業部門、研發部門、生產部門、品管部門等，均可加以活用。

活用顧客滿意資料庫，是CS經營的實踐

活用顧客滿意資料的實踐經營

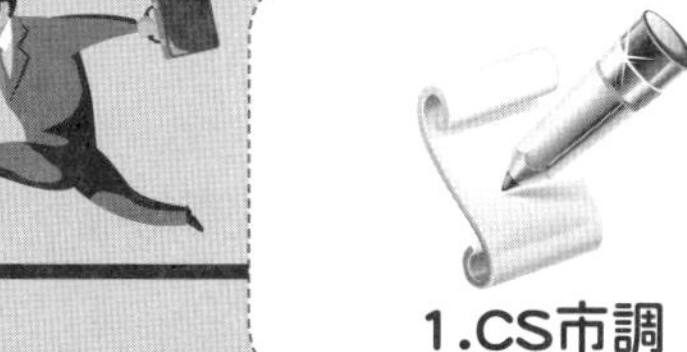

2.CS資料庫 ← **1.CS市調**

支撐CS經營的工作

3.建立優勢性為目標的戰略立案

4.具體工作的展開

①全面品質管理
②領導力
③權力下授
④對CS經營的評價考核系統
⑤第一線人員日常業務的活用

5.CS經營的實踐

Unit 6-2 顧客滿意資料庫的三大構成

企業所實施的顧客滿意問卷資料如果不加以活用，那麼這些資料本身並沒有什麼意義，除非企業可將它轉化為顧客知識來管理，也就是「管理顧客與某特定企業有關的任何知識」，才具有創造價值的功能。

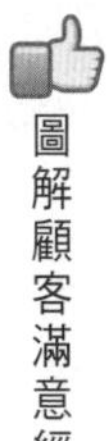

這種知識並非單純的顧客資料，還要包括公司與顧客往來的各項紀錄，以及互動的過程。

一、顧客滿意資料庫的構成

一個完整的顧客滿意經營資料庫內容的三大構成組合，應包括如下：

(一) 基本資料（定量與定性資料）：

1.顧客屬性資料：包括顧客的姓名、地址、手機號碼、生日、網址、偏好、職業種類等。

2.顧客實績資料：包括顧客對本公司各種類產品或各種服務的購買金額、購買次數及其百分比等狀況。

3.產業經濟資料：包括企業所在的整個產業、市場規模、市場產值、市場成長率及競爭主力對手狀況等。

(二) 顧客滿意度資料：

1.定量資料：歷年來歷次調查顧客滿意度數據或顧客在第一線營運單位所填寫的顧客滿意度資料數據。

2.定性資料：包括顧客所填寫出來或回答出來的各種顧客自身的偏好、興趣項目、特殊個性、習性、家庭狀況、個人特別需求等。

(三) 機動補入資料：此係指由第一線接觸人員，在營業現場機動、彈性、隨時的填入或輸入必要的顧客客製化一對一的定性資料。

二、顧客滿意經營活用的區隔戰略案例

如右圖所示，係從顧客資料庫中，找出顧客區隔化戰略行動的案例，如下列五大步驟：

(一) 顧客資料庫搜尋。

(二) 顧客區隔化戰略立案（Segmentation）。

(三) 行動與計畫：主要包括下列三種行動與計畫，一是發掘新顧客的區隔市場。二是針對不同的區隔市場，提供不同的產品與服務。三是提供個別性VIP顧客服務。

(四) 顧客滿意度提升。

(五) 業績提升。

顧客滿意資料庫3大構成

1.基本資料
定量、定性資料

①顧客屬性資料	顧客的姓名、地址、手機號碼、生日、網址、偏好、……
②顧客實績資料	產品、服務等種類別購買營收額、次數等狀況
③產業經濟資料	包括整個產業、市場、競爭對手資料

2.顧客滿意度資料

①定量資料	歷次調查的顧客滿意度數據
②定性資料	顧客偏好、興趣、習性、個性、……

3.機動補入資料
定性資料

由第一線接觸人員機動、彈性填入必要的定性資料

顧客滿意活用的區隔戰略案例

1.顧客資料庫搜尋

↓

2.顧客區隔化戰略立案

↓

3.計畫與行動

① 發掘新顧客的區隔市場

② 針對不同的區隔市場，提供不同的產品與服務

③ 提供個別性VIP顧客的服務

↓

4.顧客滿意度提升

↓

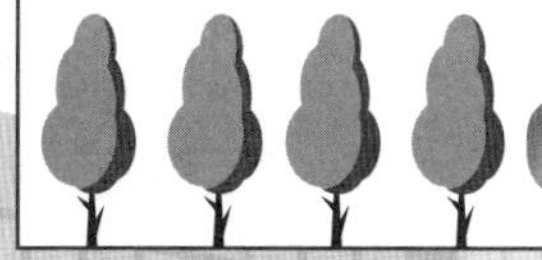

5.業績提升

第7章

顧客感動經營

章節體系架構 

Unit 7-1　從顧客滿意經營到顧客感動經營的升級

Unit 7-2　顧客感動經營的有利連鎖效應

Unit 7-3　顧客感動的要素與其推動步驟

Unit 7-4　員工滿意是顧客感動經營的基礎

Unit 7-1 從顧客滿意經營到顧客感動經營的升級

微利時代，削價競爭已成常態，但並非長久之計，這時企業要如何因應呢？

一、從低價格競爭到服務競爭

近幾來台灣歷經低經濟成長率的外在經濟環境，而企業的競爭武器，除了產品力不斷創新領先外，就只剩下低價格競爭與服務競爭了。

但低價格競爭，對某些資訊、電腦、手機、家電、數位產品等品類，的確是朝價格日益下降的趨勢，但對大部分日常消費品而言，未必就是低價格競爭才能致勝。何況，企業經營如果陷入持續性的降價或低價格競爭的話，企業的利潤率一定會被稀釋侵蝕而降低，導致企業獲利減少，對企業長期發展當然是不利的。

因此，用長遠經營角度來看，企業經營的根基，一定要定位在「服務競爭」、「顧客滿意競爭」，以及「顧客感動競爭」的層次上是較為明智的。

二、從顧客滿意經營到顧客感動經營

過去長久以來，我們都重視並強調「顧客滿意經營」，但未來的競爭方向，一定要昇華到「顧客感動經營」方向，才有持續性的競爭優勢。但是要怎麼做呢？

在顧客滿意經營方面，基本上要做到下列兩項，一是以顧客的理性為訴求。二是比較著重在產品品質、價格等要素。

然後昇華到顧客感動經營方面，則要做到以顧客的感情為訴求，以及比較著重在心理、心境層次的要素兩要項。

簡單來說，企業的行銷4P活動及頂級服務活動，一定要從過去對顧客的理性、物質面，全力轉向、提升、昇華到顧客的感情、心理，以及感動面；徹底做到「顧客感動經營」，能做到這種境界，企業可稱得上十分優秀成功了。

三、令顧客感動的三種對象

不管對服務業或製造業而言，從顧客立場上來看，會令顧客感動的對象，大致以下列三種為主：

(一) 對服務人員的感動：顧客對現場或幕後服務人員的服務品質水準，受到深深感動。

(二) 對商品的感動：顧客對公司所提供的產品品質水準、創新水準、物超所值感，以及高效益值（即高CP值；Consumer-Performance, CP）等，受到深深感動。

(三) 對空間環境的感動：顧客對公司所提供的賣場環境、門市店環境、服務場所環境、休閒娛樂環境，以及VIP貴賓室環境之裝潢、設施高級感與頂級感，受到深深感動。

從低價格競爭到服務競爭

顧客滿意與顧客感動的關係

2.顧客感動（Customer Delight）經營

① 以顧客的感情為訴求
② 屬心理、心境層次的要素

1.顧客滿意（Customer Satisfaction）經營

① 以顧客的理性為訴求
② 屬產品品質、價格等要素

令顧客感動的3種對象

感動！感動！

1.對服務人員的感動

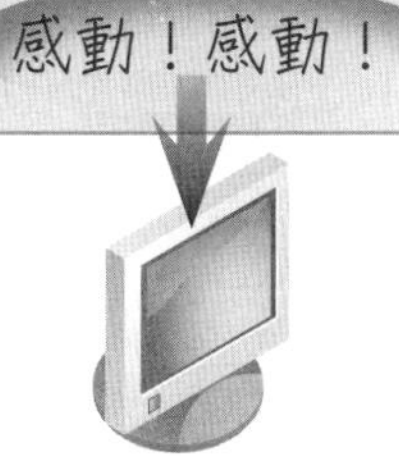

2.對商品的感動

3.對空間環境的感動

Unit 7-2 顧客感動經營的有利連鎖效應

企業如果能徹底實踐顧客感動經營，可知會產生什麼有利的連鎖效應嗎？

一、顧客感動經營的有利連鎖經營

企業顧客感動經營的追求與實踐，必會對企業帶來正面與有利的影響效益。如右圖所示，茲說明如下：

(一) 經營生涯顧客：顧客感動經營的實踐，會使顧客的回頭率、再購率顯著提高，然後進一步成為所謂的「生涯顧客」（life-time-customer）或稱「終生顧客」、「一生顧客」；能夠成為這樣的顧客，可說是企業經營顧客的極致。

(二) 口碑行銷創造新顧客：顧客感動經營的實踐，會使既有顧客向其身邊的親朋好友或同事、同學宣傳這家企業的產品或服務有多好；如此一來，形成了向外傳播外溢的口碑行銷效果；然後也就間接的創造了潛在與實質的新顧客了。

(三) 確保企業經營成長：透過上述兩種模式的擴散，在既有顧客方面形成了回頭率高的終生顧客；另一方面，經由好的口碑向外傳播效果，衍生出不少新顧客來本公司，如此良性循環下去，最終就產生了營收額增大及獲利增大、企業規模不斷成長壯大的兩種主要效果。

二、顧客的不同三種層次顧客

如果以忠誠度來看，一位消費者或顧客，對公司的貢獻價值，可以區分成如右圖所示的三種層次顧客，一是一般顧客（general-customer）。二是持續性購買的顧客（repeat-customer），或稱再購率提升中的顧客。三是生涯購買顧客（loyalty-customer），或稱為「一生忠誠顧客」。

當然，企業全體部門及全體員工努力的終極目標，就是如何將初階的一般性顧客，形成為高階的生涯顧客，這樣就能更加鞏固公司每年的固定的營收業績及獲利了。

三、從AIDMA模式到AIDMA-DS模式

傳統引起顧客購買的既有模式，即是AIDMA模式，即從引起顧客的注意（Attention）→引發顧客有興趣（Interest）→激發顧客有些需求（Desire）→創造對此品牌的記憶（Memory）→然後刺激顧客採取實際行動購買此產品或此服務（Action）。

但是，新模式則再增加兩項，即達成顧客體驗後的感動感受（Delight），然後，顧客即會將此好感受，透過網路撰文或口頭講話，將之分享並推薦給他的親朋好友或同事或同學等（Share），最後，創造出更多的新顧客群。

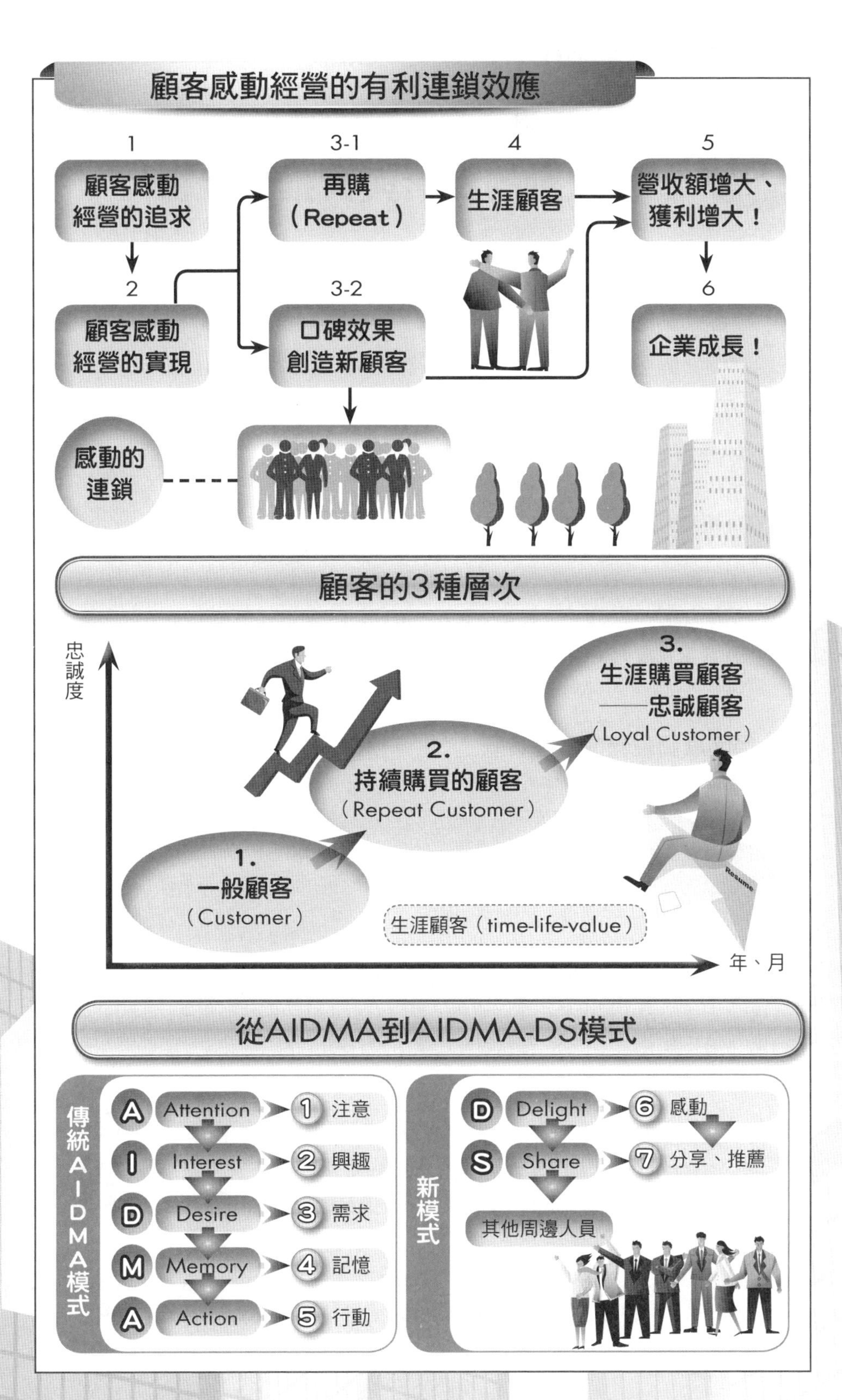
顧客感動經營的有利連鎖效應
1
顧客感動經營的追求
2
顧客感動經營的實現
3-1
再購（Repeat）
3-2
口碑效果創造新顧客
4
生涯顧客
5
營收額增大、獲利增大！
6
企業成長！
感動的連鎖
顧客的3種層次
忠誠度
1. 一般顧客（Customer）
2. 持續購買的顧客（Repeat Customer）
3. 生涯購買顧客——忠誠顧客（Loyal Customer）
生涯顧客（time-life-value）
年、月
從AIDMA到AIDMA-DS模式
傳統AIDMA模式
A Attention ① 注意
I Interest ② 興趣
D Desire ③ 需求
M Memory ④ 記憶
A Action ⑤ 行動
新模式
D Delight ⑥ 感動
S Share ⑦ 分享、推薦
其他周邊人員

Unit 7-3 顧客感動的要素與其推動步驟

無論是商品或服務，只有貼近顧客需求，讓顧客感動才能吸引顧客的眼睛。

一、顧客感動的要素

企業推動顧客感動，重點在於三大要素與核心，茲說明如下：

(一) 產品力（Product）：

1.硬體價值展現：包括產品的功能、品質、性能、安全性、耐久性、壽命性等。

2.軟體價值展現：包括產品的外觀設計、包裝、色彩、便利性、說明會、品名、個性、風格等。

(二) 服務力（Service）：

1.店內氣氛：包括高級、快樂、具特色化、享受的氣氛感受。

2.接客服務：包括招呼、禮貌、笑容、服裝、專業知識等。

3.售後服務：包括及時、快速、完整、維修技術等。

(三) 企業形象力（Corporate Image）：包括企業的社會貢獻活動、企業的環保活動等。

二、顧客感動經營的推動步驟

企業要推動顧客感動經營，基本上有下列五個步驟，一是顧客感動經營理念的確立。二是顧客感動mind的釀成。三是顧客滿意度調查規劃、實施及分析。四是服務的改善計畫與實施。五是改善結果的考核。最後，即是使顧客感動的實現。

而在公司顧客感動經營理念的建立上，應有下列三個階段，一是理念確立。二是理念的共有、認同。三是理念的實踐。

三、顧客對事前期待與事後使用結果的各種比較

顧客對本公司所提供的產品或服務，必定會有事前的期待與事後結果的兩項對比及比較，因此會出現由下列三種結果所衍生出的五種不同結果：

- 事後結果 < 事前期待：顧客會感到不滿意
- 事後結果 ＝ 事前期待：顧客感到普普通通
- 事後結果 > 事前期待：顧客感到滿意，甚至會感動

因此，綜述之，企業必須努力在所提供的產品、服務、現場環境、人員素質、訂價、通路、廣告宣傳等各項水準上，讓顧客感受到「事後結果」的良好，到極佳的成果上。

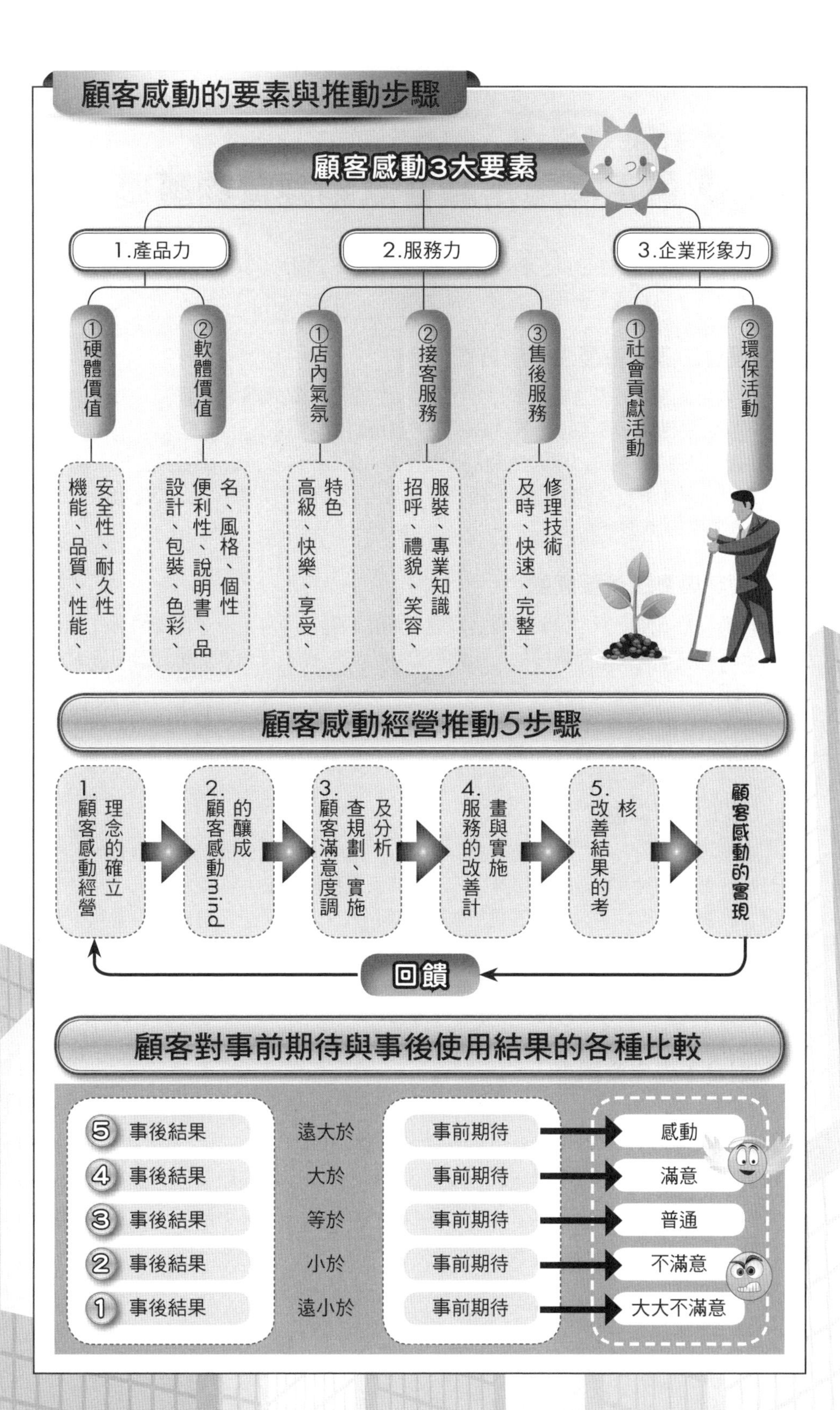

顧客感動的要素與推動步驟
顧客感動3大要素
1.產品力
2.服務力
3.企業形象力
①硬體價值
②軟體價值
①店內氣氛
②接客服務
③售後服務
①社會貢獻活動
②環保活動
安全性、耐久性
機能、品質、性能、
名、風格、個性
便利性、說明書、品
設計、包裝、色彩、
特色
高級、快樂、享受、
服裝、專業知識
招呼、禮貌、笑容、
修理技術
及時、快速、完整、
顧客感動經營推動5步驟
1.顧客感動經營理念的確立
2.顧客感動mind的釀成
3.顧客滿意度調查規劃、實施及分析
4.服務的改善計畫與實施
5.改善結果的考核
顧客感動的實現
回饋
顧客對事前期待與事後使用結果的各種比較
⑤ 事後結果 遠大於 事前期待 感動
④ 事後結果 大於 事前期待 滿意
③ 事後結果 等於 事前期待 普通
② 事後結果 小於 事前期待 不滿意
① 事後結果 遠小於 事前期待 大大不滿意

Unit 7-4 員工滿意是顧客感動經營的基礎

企業高階管理團隊必須了解、注意並認同到「員工滿意」（Employee Satisfaction, ES）是企業在執行並貫徹顧客感動經營上的根本基礎。

一、讓員工滿意會產生什麼好處？

如果企業讓員工滿意度不斷提升，那麼員工對工作的熱忱就會提高、員工對公司的信賴感也會提高、員工也比較甘心多努力付出貢獻。

以上這三點都會使公司的生產力及服務力不斷提升；然後，顧客滿意度及顧客感動即會提高與實現。最終，企業的營收、獲利也同步得到擴增，而企業也可以步入正面有利的持續性成長。

二、顧客與員工皆要感動

企業經營不僅要努力做到讓顧客滿意及顧客感動，同時，企業也要做到員工滿意及員工感動。如果員工能夠感動，那麼對公司忠誠的員工及死忠效命付出的員工即會同步增加。

因此，企業高階經營團隊，必須同步努力做好、做到顧客與員工皆能受到感動的極致目標才行。這是根本的重要信念與認知。

三、員工如何滿意？

企業可在下列九項工作上努力做好，員工即會漸趨滿意及感動，包括1.企業要有好的薪獎與福利制度；2.企業要對第一線營業及服務的員工，將權力下授——授權及分權，讓他們能夠代表公司；3.員工都可以獲得成長；4.員工都可以獲得晉升；5.企業有好的培訓制度；6.在公司發展有前途的深深感受知覺；7.企業要建立優良、正派、公正、公平的優質企業文化；8.企業每年都要有正常與良好的獲利，是一家能穩定賺錢的企業感受，以及最後9.企業要打造出它的良好企業形象及企業社會責任。

四、對員工滿意度調查

企業應該每年至少一次定期進行全體員工對公司整體面向的滿意度調查，並加以統計與分析，了解全體員工對公司各面向的滿意度百分比是如何，並且針對不夠滿意的項目，提出改革精進對策與作法。盡可能使員工對公司的整體滿意度至少有80%以上，甚至90%以上。至於，對員工滿意度調查項目內容，可以包括組織面、領導面、企業文化面、個人工作面、薪獎／福利面、勞動條件面、發展前途面、晉升面，以及培訓面等九個面向。

員工滿意是顧客感動經營的基礎

1.員工滿意度的提升
- ①對工作提高熱忱
- ②對公司的信賴

2.生產力及服務提升
- ①產品品質
- ②服務品質

→ 3.顧客感動的實現 → 4.營收及獲利提升 → 5.企業成長

Price

顧客與員工皆要感動

1.顧客感動 Customer Delight
- 顧客幸福的追求
- 忠誠顧客的增加

2.員工感動 Employee Delight
- 員工幸福的追求
- 忠誠員工的增加

企業

員工如何滿意與感動

員工滿意 Employee Satisfaction

1.好的薪獎與福利制度
2.權力下授、授權、分權
3.人員可以成長
4.人員可以晉升
5.好的培訓制度
6.在公司發展有前途
7.好的企業文化
8.公司能正常獲利
9.好的企業形象

滿意兼顧的3個面向

感動創造企業

1.顧客滿意度調查（CS調查）
2.員工滿意度調查（ES調查）
3.周邊企業伙伴調查（Business Partner）

第8章

顧客關係管理

章節體系架構 

Unit 8-1 CRM推動之原因及目標

CRM（Customer Relationship Management, CRM）的中文，即是顧客關係管理之意。為何企業要經營顧客關係管理呢？以下我們來探討之。

一、為何要有CRM？

(一) 從本質面看：顧客是企業存在的理由，企業的目的就在創造顧客，顧客是企業營收與獲利的唯一來源（註：彼得．杜拉克名言）。所以，顧客爭奪戰是企業爭戰的唯一本質。

(二) 從競爭面看：市場競爭者眾，各行各業已處在高度激烈競爭環境中。每個競爭對手都在進步、都在創新，都在使出刺激手段搶奪顧客及瓜分市場。

(三) 從顧客面看：顧客也不斷的進步，顧客的需求不斷變化，顧客要求水準也愈來愈高。企業必須以顧客為中心，隨時且不斷的滿足顧客高水準的需求。

(四) 從IT資訊科技面看：現代化資訊軟硬體功能不斷的革新及進步，成為可以有效運用的行銷科技工具。

(五) 從公司自身面看：公司亦強烈體會到，唯有不斷的強化及提升自身以「顧客為中心」的行銷核心競爭能力，才能在競爭者群中，突出領先而致勝。

二、CRM的目的／目標何在？

(一) 不斷提升「精準行銷」之目標：使行銷各種活動成本支出最合理之下，達成最精準與最有效果的行銷企劃活動。

(二) 不斷提升「顧客滿意度」之目標：顧客永遠不會100%的滿意，也不斷改變他的滿意程度及內涵。透過CRM機制，旨在不斷提升顧客的滿意度，並對我們產生好口碑及好的評價。滿意度的進步是永無止境的。

(三) 不斷提升「品牌忠誠度」之目標：顧客滿意度並不完全等同顧客忠誠度，有時顧客雖表面表示滿意，但卻不會在行為上、再購率上及心理上有高的忠誠度展現。因此，運用CRM機制，亦希望能力求提升顧客對我們品牌完全始終如一的忠誠度。而不會成為品牌的不斷嚐新、嚐鮮或比價的移轉者。

(四) 不斷提升「行銷績效」之目標：CRM的數據化效益目標，當然也要呈現在營收、獲利、市占率、市場領導品牌等可量化的績效目標上面才可以。

(五) 不斷提升「企業形象」之目標：企業形象與企業聲譽是企業生命的根本力量，CRM亦希望創造更多忠誠顧客，對我們企業有更好的形象評價。

(六) 不斷「鞏固既有顧客並開發新顧客」之目標：CRM一方面要鞏固（solid）及留住（retention）既有顧客，盡量使流失比例降到最低。另一方面也要開發更多的新顧客，使企業成長上去，不斷刷新紀錄創新高。

CRM全方位架構8大項目

1.Why
為何要有CRM

2.What Purpose
CRM的目的／目標何在

3.How to Do
CRM的作法——全方位面向的思考

4.What Direction
CRM 4大行銷原則的掌握及滿足顧客

5.How to Do
CRM的IT執行內容

6.Whom
對誰做CRM

7.Who
誰負責CRM

8.Others
CRM相關中英名詞

CRM6大目標

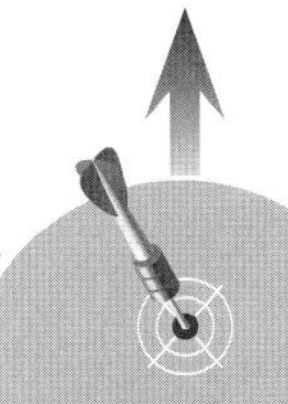

CRM的目標

1.不斷提升「精準行銷」目標

2.不斷提升「顧客滿意度」目標

3.不斷提升「品牌忠誠度」目標

4.不斷提升「行銷績效」目標

5.不斷提升「企業形象」目標

6.不斷「鞏固既有顧客並開發新顧客」之目標

營收、獲利、市占率、市場領導品牌等可量化的績效目標，應適度的加以評量／衡量／計算；然後，才能跟CRM的投入成本做分析比較。

Unit 8-2 推動CRM的相關面向與原則

企業要如何滿足顧客？全方位考量及行銷原則的掌握，乃是一定要的作法。

一、CRM的作法——全方位面向的思考

CRM（顧客關係管理）應用在執行面，可分成下列四大面向進行，一是IT技術面，包括資料蒐集（Data Collection）、資料倉儲（Data Warehouse）、資料探勘（Data Mining）三種。二是行銷企劃與業務銷售面，包括產品力提升（Product）、品牌力提升（Branding）、價格力提升（Pricing）、廣告力提升（Advertising）、促銷力提升（Promotion）、人員銷售力提升（Professional Sales）、作業流動力提升（Processing）、服務力提升／客服中心（Service）、媒體公關力提升（PR）、活動行銷力提升（Event Marketing）、網路行銷力提升（On Line Marketing）、實體環境力提升（Physical Environment）十二種。三是會員經營面，包括會員卡、聯名卡、會員分級經營 、會員服務經營、會員行銷經營五種。四是經營策略面，包括顧客導向策略、顧客滿意策略、顧客忠誠策略、企業形象策略四種。

CRM必須從上所述四個大面向思考相關的具體作法細節與計畫。而這要看各行各業而有不同的重點，各公司也有不同的狀況。但是，唯有思慮周密的「同時」均能考慮到這四個方向，同時採取有效的作法及方案，才會產生出最完美的CRM成效出來。

二、CRM四大行銷原則的掌握

不管是CRM也好，行銷4P活動也好，都必須在下列四個原則上滿足顧客，一是尊榮行銷原則，即讓顧客感受到更高的尊榮感。二是價值行銷原則，即讓顧客感受到更多的物超所值感。三是服務行銷原則，即讓顧客感受到更美好的服務感。四是感動行銷原則，即讓顧客感受到更多驚奇與感動。五是客製化行銷原則，即讓顧客感受到唯一對他的。

三、對誰做與誰負責CRM？

CRM必須透過IT技術應用系統架構與操作，才能推動CRM；然而企業究竟要對誰做CRM？我們將之分類為B2C（Business to Consumer）與B2B（Business to Business）兩種。B2C主要是針對一般消費大眾；而B2B則是針對企業型顧客，例如IBM、HP、微軟、Intel、Dell、銀行融資、華碩、鴻海、大藥廠、食品飲料廠等。至於誰負責CRM？實際上，會有幾個部門涉及到CRM機制的操作及應用，包括CRM資訊部、CRM經營分析部、業務部、會員經營部、行銷企劃部、經營企劃部、客服中心部七個部門。

CRM的5大行銷原則

CRM運用的4大面向

CRM運用的面向

1. IT資訊技術面
2. 會員經營面
3. 經營策略面
4. 行銷企劃面

推動CRM的相關部門

1. 資訊部
2. 第一線業務單位
3. 行銷企劃部
4. 會員經營部

較適用CRM的行業

1. 金控銀行業（信用卡）
2. 人壽保險業
3. 電信業（行動電話）
4. 百貨公司業
5. 電視購物業
6. 直銷（傳銷）業
7. 大飯店業
8. 超市業
9. 餐飲連鎖業
10. 書店連鎖業
11. 藥妝店連鎖業
12. 休閒娛樂業
13. 量販店業
14. 購物中心業
15. 名牌精品業
16. 其他服務業

Unit 8-3 CRM實現的四個步驟與顧客戰略

有了全方位對CRM的考量及行銷4P原則的掌握後，再來就是如何使CRM實踐的問題了。

一、實現CRM的四個步驟層次

(一) 戰略層面（戰略思考面）：以顧客為基礎的事業經營模式考量，並整合行銷、營業及服務等作業流程，力求創造對顧客差別化對待。

(二) 知識層面（顧客了解面）：深入對目標顧客群的理解及洞察，而提供他們所要的產品及服務，滿足他們的需求。

(三) 業務流程及組織層面（戰術規劃面）：整合企業的行銷4P、業務、人及組織的流程規劃，並從中創造顧客所感受到的價值。

(四) Solution及Technology層面（執行方面）：從與顧客的關鍵接觸點中，做完美的服務。包括現場店面的接觸、客服中心接觸、業務員接觸，以及電話、傳真、E-mail、手機等多元管道的接觸點服務。

二、CRM就是企業的「顧客戰略」

CRM就其本質而言，就是指「顧客戰略」，就是要真確的了解、分析及掌握下列三點，一是顧客到底是誰？二是顧客要什麼？三是如何做到顧客想要的？然後再進一步了解、分析及掌握下圖相關細項。

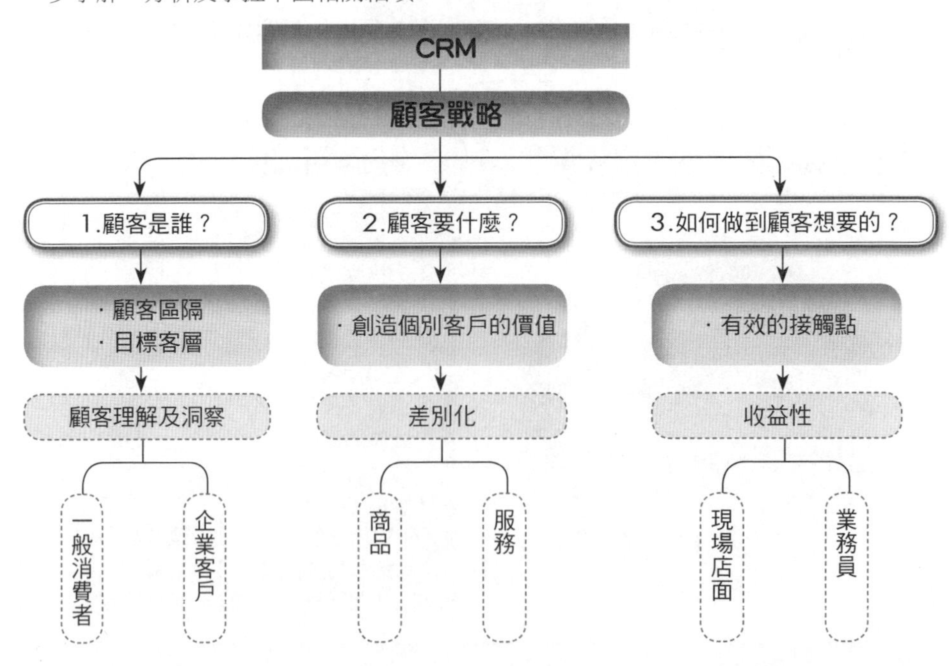

實現CRM的4個步驟層次

Start →

01 戰略層面

顧客戰略是什麼？

02 知識層面

對顧客輪廓（Profile）的理解與洞察

03 戰術規劃面（業務流程及組織面）

對行銷4P、對組織、對人的安排妥當。

04 執行力面

④ 業務員　③ 客服中心　② 現場店面　① e化行銷（e-marketing）

從這些關鍵接觸點中，做完美的服務。

↑_End

CRM：就是企業的顧客戰略

CRM：企業的顧客戰略

1.顧客到底是誰？

2.顧客要什麼？

3.如何做到顧客想要的？

Unit 8-4 顧客資料是CRM的基軸

隨著電腦和網路技術的發展，顧客購買方式、企業銷售模式發生了巨大的改變。對於任何企業而言，顧客是企業發展的基礎，是企業實現贏利的關鍵。企業在市場競爭中不斷提高自身核心競爭力的同時，也愈來愈關注顧客滿意度與顧客忠誠度的提升。顧客的滿意和忠誠不是透過簡單的價格競爭即能得來，而是要靠資料庫和顧客關係管理（CRM）系統，從與顧客的交流互動中更好地了解顧客需求來實現。

一、顧客資料庫是CRM的基軸

CRM的基軸所在內涵，就是「顧客資料庫」（Database），必須多方與多管道蒐集到更多、更新與更完整的顧客資料，否則無法進行顧客關係管理與會員有效經營，也無法進行後續的8P/1S/1C的行銷組合計畫及行動，最後並無法長期維繫住與顧客的良好及忠誠關係。

上述8P/1S/1C的行銷組合計畫及行動，包括產品規劃、訂價規劃、促銷規劃、通路規劃、活動規劃、廣告規劃、服務規劃、現場環境規劃、作業流程規劃、經營模式規劃、人員銷售規劃等。

二、與顧客的接觸點

企業有很多日常工作與管道，來與往來顧客進行接觸，如下列至少有十二項具體管道，可以接觸到或面對顧客的面孔或聽取其聲音或經由網站看到其意見與反應。

上述十二項具體管道稱之為「與顧客的接觸點」（Contact Point），包括客服中心電話、業務人員面對面、店面服務人員面對面、總機、傳真、電子郵件（E-mail）、DM宣傳單、ATM機、手機、電子商務（EC）、網站、展示會／展覽會，以及其他資訊等。

三、CRM系統要區別出優良顧客

CRM系統的重要目的之一，就是透過顧客倉儲、顧客區隔、顧客分析，以及顧客採礦等程序，以區別出本公司或本店、本館的優良顧客、貢獻度大顧客、有效顧客、信用好顧客出來。然後針對這些經常來購買，或購買金額較大的優良顧客，提出更為優惠、尊榮，與一對一客製化的對待及接待。

同樣地，透過上述程序，也能區別出哪些是本公司或本店、本館的非優良顧客、貢獻度小顧客、不太有效顧客、信用不好顧客出來。然後針對這些不經常來購買，或購買金額較小的非優良顧客，一般對待即可。

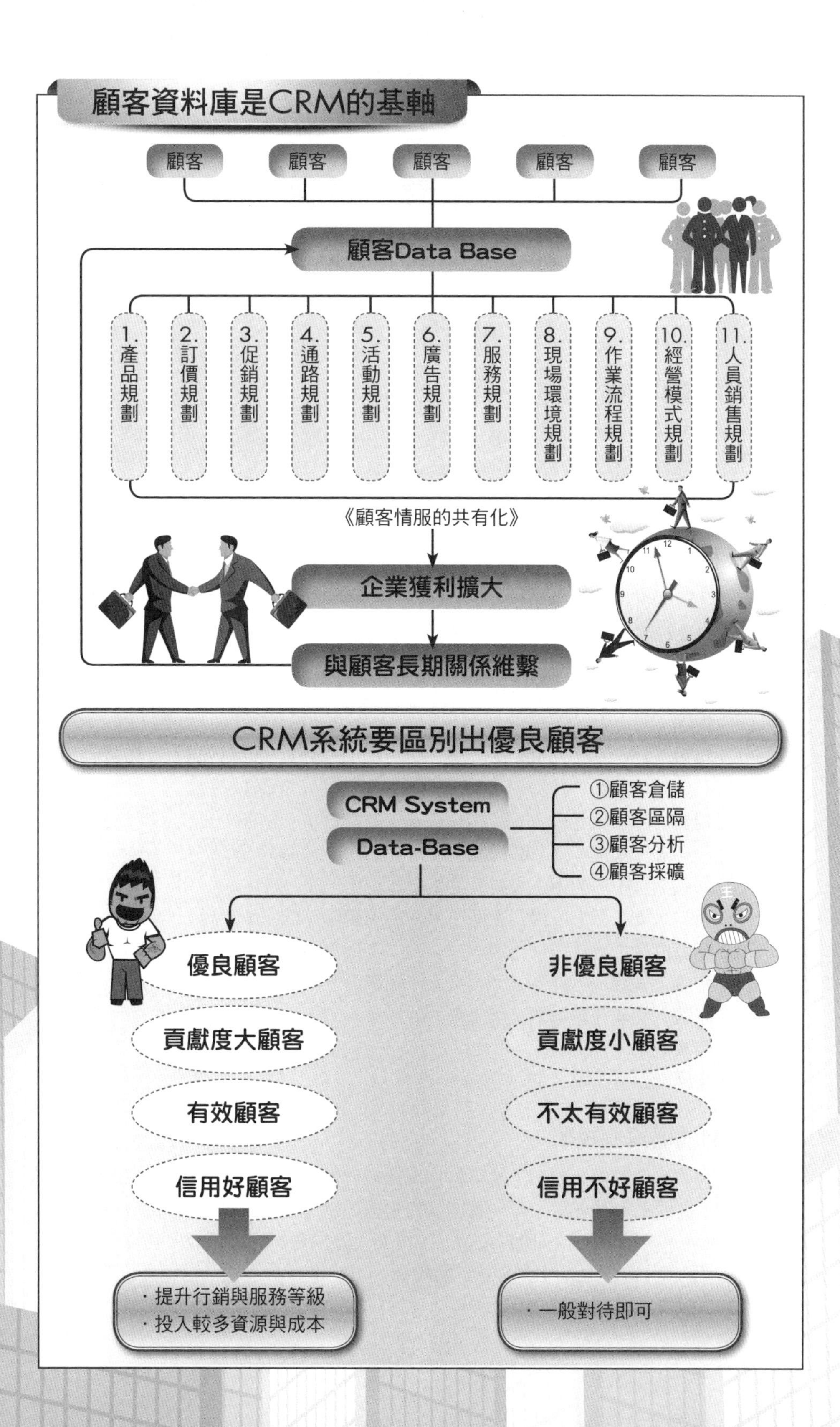
顧客資料庫是CRM的基軸
顧客
顧客
顧客
顧客
顧客
顧客Data Base
1.產品規劃
2.訂價規劃
3.促銷規劃
4.通路規劃
5.活動規劃
6.廣告規劃
7.服務規劃
8.現場環境規劃
9.作業流程規劃
10.經營模式規劃
11.人員銷售規劃
《顧客情服的共有化》
企業獲利擴大
與顧客長期關係維繫
CRM系統要區別出優良顧客
CRM System
Data-Base
①顧客倉儲
②顧客區隔
③顧客分析
④顧客採礦
優良顧客
貢獻度大顧客
有效顧客
信用好顧客
非優良顧客
貢獻度小顧客
不太有效顧客
信用不好顧客
・提升行銷與服務等級
・投入較多資源與成本
・一般對待即可

Unit 8-5 資料採礦的意義、功能及步驟

由於資訊科技的進步，網路的無遠弗屆，企業得以大量的蒐集及儲存資料。但累積的大量資料不僅占用空間，並無法直接增加企業的價值，人們逐漸體會到大量資料並非就是大量的資訊，資料分析與萃取乃勢在必行。

一、何謂資料採礦？

所謂資料採礦（Data Mining）是從堆積如山的資料倉儲中，挖掘有價值的資訊情報，並發現有效的規則性及關聯性，然後施展各種行銷手法，以達成預定的目標或解決相關的問題點。

二、資料採礦的功能——區隔市場

資料採礦的功能主要是對顧客加以分組（Grouping）或區隔化（Segmentation）。其區隔變數，主要可區分成人口統計變數（定量）、地理區域變數（北部／中部／南部）、心理與消費行為變數（定性）、生活型態與價值觀（定性）四大類區隔變數。其中以下列人口統計變數為主軸：

(一) 性別：男、女。

(二) 年齡：15~20歲；20歲代（20~29歲）；30歲代（30~39歲）；40歲代（40~49歲）；50歲代（50~59歲）；60歲代（60~69歲）；70歲以上。

(三) 職業：學生、家庭主婦、退休人員（銀髮族）、白領上班族、藍領上班族、自由業、店老闆、專技人員、軍公教人員。

(四) 學歷：國中、高中、專科、大學、研究所。

(五) 所得水準：個人所得／家庭所得／所得範圍（低／中／高）。

(六) 家庭成員：小孩、父母親。

(七) 種族（省籍）：外省人、客家人、閩南人、原住民。

(八) 宗教：佛教、基督教、天主教。

(九) 政黨取向。

(十) 婚姻：已／未婚。

三、資料採礦案例說明

以電視購物業為例，經由上述資料採礦抓取出最優顧客群定量輪廓（Profile），可能是：「女性、家庭主婦、有一個10歲內小孩、中等學歷（專科／高中）、中等家庭所得（8萬元、年齡在30~40歲之間）。再如，經由資料採礦抓取出其資訊3C大賣場、對資訊3C商品類的最優顧客群定量輪廓，可能是：「男性、白領上班族、高學歷（大學、研究所）、未婚、中高所得、年齡在23～35歲之間。」

資料採礦3步驟

1.行銷目標的確定（目標設定）

EX：提升促銷活動反應率	EX：提升型錄回應率0.5%	EX：提升忠誠顧客來店次數

2.資料準備

・資料的選擇	・資料的前處理

Database

3.資料採礦（Data Mining）

資料採礦統計	+	技術處理進行

4-1.顧客區隔（Segmentation）

4-2.目標行銷作業（Targeting）

資料採礦的目標

Unit 8-6
資料採礦的功能、效益及RFM分析法

資料採礦通常涉及套用演算法與統計分析資料，這是發現關鍵商機和洞察商務處理程序的方法。

無論是企業想嘗試決定市場區隔、進行市場研究分析，還是預測薯條促銷將賣出大量熱狗的可能性，靈活運用資料採礦的功能，可提供決策者使用，以做出最適當且最具效益的決策方案。

一、資料採礦功能的理解

資料採礦（Data Mining）主要具有四大重要功能，一是區隔化，也稱區隔顧客群（Segmentation）；二是聯結分析（Link Analysis）；三是判別；四是預測。我們以預測將來的優良顧客層購買行動為例說明如下：

第一步：對優良顧客的Segmentation。在龐大的顧客資料庫中，如何有效的將優良顧客區分出來，包括依據購入總金額高的、購買頻率高的為指標。例如區分為A、B、C、D等四群（Cluster）顧客群。

第二步：利用Link分析。分析這些優良顧客群過去的購買履歷狀況，例如：

顧客A群：經常購入X、Y兩大類商品，各占多少比例。

顧客B群：經常購入X、Y、Z三類商品，各占多少比例。

第三步：對優良顧客屬性的模組化；亦即，對優良顧客的購買行動，加以預測（判別預測）。例如，可從年齡、性別、職業、年收入四面向，來判別優良顧客屬性的行為，得到的可能是：「25～30歲、男性、白領上班族、年收入在50～70萬之間。」

然後針對他們所需要的產品進行各種促銷活動，或新品開發，或一對一宣傳。另外，亦可針對這類屬性的顧客，爭取成為新顧客。

二、資料採礦的分析用途（效益發揮）有哪些？

資料採礦（Data Mining）的效益發揮，可用兩種層面來看待，一是基礎分析效益；二是促進行銷各種應用實戰效益。這兩種層面的詳細內容如右圖所示。

三、以RFM分析為基礎的資料庫行銷

資料庫行銷的分析基礎，就是所謂的RFM分析方法。何謂RFM分析方法的意涵呢？如下所述並舉例說明如右圖。

R：Recently，即是最近什麼期間內有購買？

F：Frequently，即是買了多少次？

M：Monetary Value，即是合計買了多少錢？

資料採礦的分析效益

1.基礎分析效益

①RFM分析
②顧客分級分析
③商品群Profile分析
④顧客群Profile分析
⑤顧客購買行動分類分析
⑥季節性消費行為分析
⑦顧客忠誠度行為分析

2.促進行銷各種應用實戰

①業務銷售促進
②SP促銷活動促進
③商品開發方向促進
④回應率促進（型錄、網路、預購、預訂）
⑤通路活動促進
⑥Event活動促進
⑦提升服務活動促進
⑧獲取新客戶促進
⑨挽回舊客戶促進
⑩提升顧客忠誠度促進
⑪提升顧客滿意度促進

何謂RFM分析法

R Recently（最近什麼期間內有購買）

F Frequently（買了多少次）

M Monetary Value（買了多少錢）

RFM分析法例舉

R：1個月內／3個月內／6個月內／9個月內／1年內
F：買1次／買2次／買3次／買4次／買5次
M：1萬元以內／1～2萬元／2～3萬／3～4萬／4萬以上

RFM分析可以計算出5×5×5＝125個顧客群的區隔面貌（即顧客Group化或Segment化）。

RFM案例：

	R		F		M		合計得點
	最近購買日		過去1年購買次數		過去1年購買金額		
消費者A	30天前	得3點	5次	得3點	21萬元	得4點	得10點
消費者B	20天前	4點	2次	1點	5萬元	1點	6點
消費者C	60天前	1點	5次	3點	4萬元	5點	9點
消費者D	10天前	5點	5次	1點	1萬元	3點	9點

根據RFM分析，消費者A，為最優良顧客

Unit 8-7 CRM應用成功企業個案分析

最近日本有一家新創業的Dr.Ci:Labo中小型企業的化妝品及美容機器設備銷售公司，近五年來，連續在營收及獲利均有顯著成長。2012年營收額預計可有150億日圓及獲利30億日圓，目前員工人數為250人。這家公司係以皮膚科醫生創新研發保養肌膚為專用化妝美容保養品主軸，並切入此領域的護膚利基新市場。

Dr.Ci:Labo從2004年開始導入CRM系統，對顧客實施新的商品開發及促銷溝通方法後，獲利率均能維持在20%的高水準。該公司在皮膚科專業醫師協力下，開發出護膚的美容保養品，受到消費者的高度好評。

一、建立一般及特殊性兩大資料庫

該公司導入CRM系統，首先有兩大資料庫系統。一是一般性的「顧客管理基礎資料庫」。這個資料庫，主要以蒐集銷售情報、顧客情報、商品情報三種資料庫，希望對此資料倉儲（Data Warehouse）展開一元化管理。

另一個CRM系統是比較特殊且具特色的，即該公司建立「肌膚診斷資料庫」，目前已累積15萬人次的顧客肌膚診斷結果的資料庫。由於該公司導入肌膚診斷資料庫，並且適當的提出對顧客應該使用哪一種護膚保養品之後，該公司在此類產品的購買率呈現二倍成長，其效果遠勝於廣告支出的效果。

二、CRM的兩大用途功能

該公司在建立各種來源管道的顧客資料倉儲之後，再進行OLAP（On Line分析處理）系統，以及行銷部門的資料開採（Data Mining）系統。而該公司目前成功的運用CRM系統，主要呈現在兩個大方向。

第一個用途是對於新商品開發及既有產品的改善，產生非常好的效果。因為在數十萬筆資料倉儲及資料開採過程中，可以發現顧客對本公司產品使用後的效果評價、優缺點建言等，可作為既有商品的強化之用。另外，對於顧客的新問題點，亦有助於開發出新產品，以解決顧客對肌膚問題保養及治療的問題需求。另對於衍生出健康食品及保健藥品的新多角化商品事業領域的拓展，也能從這些顧客資料庫的心聲及潛在需求，而獲得反應、假設、規劃、執行及檢證等行銷程序。

第二個用途功能則是對於顧客會員SP促銷正確有效的運用。該公司依據顧客不同的年齡層、購入次數、購入商品別、生活型態、肌膚不同性質、工作方式等，將每月寄發給會員誌刊物，加以區別歸納為2～4種不同的編製方式及促銷方案。此種精細區分方法，主要目的乃在於摸索出最有效果的訴求方式、想要的商品需求，以及最後的購買商品回應率之有效提升之目的。

CRM系統導入架構

日本Dr. Ci:Labo醫學美容公司實例

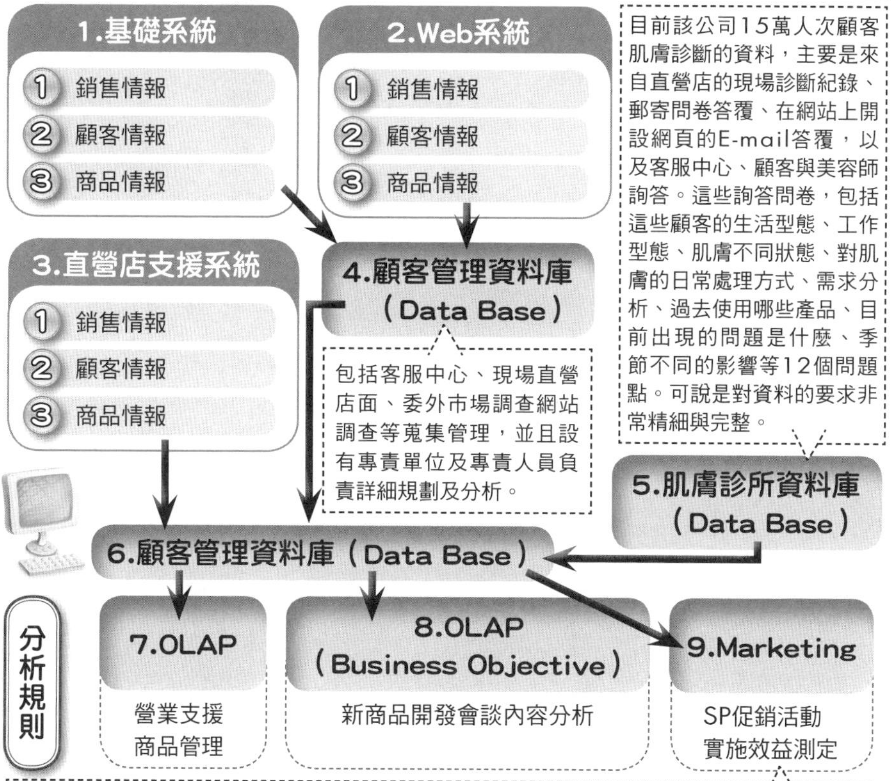

1.基礎系統
① 銷售情報
② 顧客情報
③ 商品情報

2.Web系統
① 銷售情報
② 顧客情報
③ 商品情報

目前該公司15萬人次顧客肌膚診斷的資料，主要是來自直營店的現場診斷紀錄、郵寄問卷答覆、在網站上開設網頁的E-mail答覆，以及客服中心、顧客與美容師詢答。這些詢答問卷，包括這些顧客的生活型態、工作型態、肌膚不同狀態、對肌膚的日常處理方式、需求分析、過去使用哪些產品、目前出現的問題是什麼、季節不同的影響等12個問題點。可說是對資料的要求非常精細與完整。

3.直營店支援系統
① 銷售情報
② 顧客情報
③ 商品情報

4.顧客管理資料庫（Data Base）

包括客服中心、現場直營店面、委外市場調查網站調查等蒐集管理，並且設有專責單位及專責人員負責詳細規劃及分析。

5.肌膚診所資料庫（Data Base）

6.顧客管理資料庫（Data Base）

分析規則

7.OLAP
營業支援
商品管理

8.OLAP（Business Objective）
新商品開發會談內容分析

9.Marketing
SP促銷活動
實施效益測定

傾聽顧客需求，全員成為「行銷人」

Dr. Ci:Labo公司要求任何新進員工，包括客服、業務及幕僚人員等，均必須具備護膚及保養的專門知識，通過測試後，才可以正式任用。該公司總經理石原智美，長久以來即要求營業人員、客服中心人員、幕僚人員及推動CRM部門人員，務必要盡可能親自聆聽到顧客對自身肌膚感覺的聲音，加以重視，並且有計畫、有系統、有執行作為的充分有效蒐集及運用。然後創造出來在新商品的開發的創意、販促活動的創意及事業版圖擴大的最好依據來源，並且要納入每週主管級的「擴大經營會報」上提出反省、分析、評估、處理及應用對策。換言之，石原智美總經理希望透過這套精密資料的CRM系統的活用，成為公司的特殊組織文化及企業文化，深入全體員工的思路意識及行動意識。她說：「希望達成公司全員都是Marketer（行銷人）的目標。」

知識補充站

發掘顧客更多「潛在性需求」

Dr. Ci:Labo公司，五年前是以型錄販賣為主，目前會員人數已超過190萬人，重購率非常高，平均每位會員每年訂購額為5～10萬日圓。該公司最近也展開直營店的開設，希望達到虛實通路合一的互補效益，以及加速擴大Dr. Ci:Labo的肌膚保養品品牌知名度，加速公司營運的飛躍成長，能從中小型企業，步向中型企業的規模目標。由於這套CRM系統的導入，實現了有效率的新商品提案及既有商品改善提案，發掘了更多顧客的「潛在性需求」，迎合了個別化與客製化的忠誠顧客對象，最終對公司營收與獲利的持續年年成長，帶來顯著的效益。這是一個CRM應用成功的個案分析，值得國內企業及行銷界專業人士作為借鏡參考。

第3篇

實務上的顧客滿意經營

第9章

二十一個顧客滿意經營實戰案例

章節體系架構▼

Unit 9-1

統一超商：優質服務手冊，讓優質服務不打烊

過去《遠見》服務業調查中，便利商店業接受調查的，通常只有四家，每年的冠軍也不太令人意外，不是統一超商，就是全家。直到2004年11月，在《遠見》服務品質調查中，統一超商以三分之差敗給了全家，讓統一超商員工感到極大挫敗，第二名等於最後一名。即使《遠見》一再強調，調查完全公正，但成績公布不到兩天，評分不公平、題目有問題等負面情緒仍塞爆了內部網站。

一、專責人員編出「優質服務36計」

當時統一超商總經理徐重仁聽到這些消息，語重心長地說，「不要人家講你不好，就覺得不相信、不公平，把它當成未來的目標，趕快去改善」。後來徐重仁走到第一線找問題，要求編纂服務手冊。

臨危受命的前統一超商營運企劃部部長、現任商場事業部部長陳政南，大費周章找來美國7-ELEVEN標準作業手冊，並輔以顧客服務中心的客訴個案，花了半年編出任何人一看就懂的「優質服務手冊」，總共36個章節，被稱為「服務36計」。

二、全面投入第一線人員的服務訓練，並派出內部神祕客每週抽查門市店

但光有SOP還不夠，陳政南回想，《遠見》每次成績揭曉後，都向他提出同樣的缺失報告，問題都出在各分店的服務品質落差太大，嚴重拉下整體平均分數。

對於將近4,800家分店散布全台，甚至還進駐離島與高山海角，這的確是嚴峻的挑戰。服務人員和店家都有新舊的組合，又分早中晚三班，光要求每天超過一萬個第一線員工背好標準作業程序，就是一大工程，更別提還要他們保持微笑、主動觀察客人需求。因此，陳政男決定先從訓練著手。

從《遠見》第一次派神祕客抽查便利商店服務後，統一超商第二年也找來集團內的首席管理顧問，每星期抽查150家門市的服務品質。每個月，600份門市抽查報告匯整後交到陳政南手上，表現不錯的門市，提交經革會表揚，至於表現不好的門市店長與服務人員，就請該區顧問進行特訓。

三、利用教育訓練短片，拉抬B、C級門市店晉升A級績優店

除了簡化門市工作，2011年統一超商也致力於門市全面A級化。這幾年來，營業企劃部都會依照每季委外神祕客的服務評比，把全台將近4,800個門市，分成服務A、B、C級店，其中A級占50%，C級占2～3%，其餘都屬於B級。

為讓B、C級店服務快速跟上，總部每月拍一至兩部片長15到20分鐘的短片，定時發送到各門市，給新進員工觀看。陳瑞堂的唯一要求是，影片要有趣，讓人印象深刻。就這樣靠著全方位加強，讓7-ELEVEN服務不打烊。

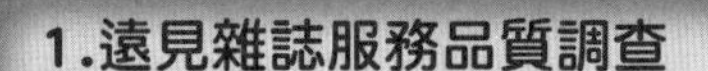

統一超商服務改革歷程

1.遠見雜誌服務品質調查 → 便利商店居第2名，落後全家

2.總經理徐重仁 → 親赴第一線，找問題

他認為，連鎖店如果沒有「軌道」，不太容易經營得好。他所謂的軌道，就是系統化制度，但又不是全定型化，而是有軌道遵循後，再做變通。

3.要求 → 編製門市店SOP（標準作業手冊）

4.編出 → 圖像式「優質服務手冊」36個章節（又稱服務36計）

除例行訓練，額外要求營業部最前線、專門輔導「創造業績」的全台六區的區顧問，史無前例地投入第一線的服務訓練。

5.投入第一線的門市店人員的服務訓練

6.抽查（委外神祕客） →
- 展開每週150家店抽查
- 每月計有600份門市店抽查報告

7.分級 →
- A級店：占50%
- C級店：占3%
- B級店：占47%

※針對B級與C級店要求加強服務品質提升

為讓B、C級店服務快速跟上，徐重仁突發奇想地，「應該有一個莒光日教學」，讓訓練影像化，讓門市裡眾多七、八年級工讀生容易吸收。總部每月拍一至兩部片長15到20分鐘的短片，定時發送到各門市，給新進員工觀看。

8.結果 → 終於奪回第1名

統一超商服務品質提升祕訣

1. 編製SOP手冊與製作影帶
2. 門市店人員培訓加強
3. 全台6大區區顧問負起督導任務
4. 派出神祕客巡迴抽查

→ C級店 ↓ B級店 ↓ A級店

→ 並列入區顧問考績內。
- B級、C級店要求特訓，
- 表揚A級店及區顧問。

→ 質的A級店水準！
- 期勉全店服務品質邁向優

Unit 9-2 新光三越：將標準程式做到極致，員工服務水準一致化

說新光三越是《遠見》服務業調查的超級模範生，一點也不為過。九年的百貨服務抽測，新光三越就勇奪四次第一，除了遺傳自日本母公司的服務基因，每年不斷微調創新，也是服務功力大增的原因。如果你以為服務只能從開店後開始，那就錯了。在新光三越，服務是打從顧客出門想著要來的那一刻就開始。

一、首創「顧客服務指導員」，督導並訓練維持店內高品質服務水準

師承自日本伙伴，新光三越向來以細膩貼心的服務，輕易擄獲消費者的芳心。從首創「顧客服務指導員」，負責督導訓練店內服務品質，到利用顧客服務月刊，橫向分享各分店服務經驗，甚至在週年慶前集合委外人員，包括清潔工、警衛分批訓練；服務種子在每年的微調創新下發芽茁壯。

二、課長級以上主管輪流做示範，帶動第一線員工

以往早上11點百貨公司營業前半小時，是第一線專櫃小姐、服務人員的上班時間。不過，從2008年7月起，還有一群人比第一線員工更早抵達門口。每個星期五、六、日的早上10點至10點半，分布在全台灣17家店的新光三越課長以上的主管，輪流排班在出入口，拿著珍珠板做成的「您好，早安」、「辛苦了」海報，對員工們微笑道早安。「剛開始員工們丈二金剛摸不著頭腦，也不大會回應，」發起人新光三越南西店人力資源部副理王湘婷笑著說，「後來第一線員工才明白主管的誠意，開始把接收到的情感，轉化為對客人的笑容。」

三、開店前五分鐘練習四大用語，並分享優良案例，落實第一線服務品質

「從教育訓練開始就不馬虎」，管理新光三越17家店第一線服務的王湘婷認為，不能只讓新進人員聽懂，必須讓他們用行動表現出來，還要讓他們教會別人。她也深知，坐在教室上課三天和一年每天五分鐘訓練，時間相同，但後者效果一定比前者好。於是把握開店前五分鐘，輪流做四大用語練習、優良案例分享等。

四、自行組成85人神祕客小組，每月進行全台稽核，評分標準很嚴格

為掌握現場狀況，2008年新光三越也組成85人神祕客小組，每月三次跨店、跨城市，進行全省稽核。評分標準很嚴格，光是笑容，給分都有一定的依據。

五、每天蒐集顧客的抱怨及意見，成為各店教材並做好精進改善參考

新光三越每天會蒐集顧客意見，不論抱怨或建議，都提供各店長，店長們可以看前一天所有分店的遭遇，包括怎麼解決的方法，立刻成為每間分店的教材。

新光三越常保百貨公司服務品質第一名的祕訣

服務是打從顧客出門想著要來的那一刻就開始
學建築出身的新光三越總經理吳昕達，對賣場停車場入口特別挑剔，因為開車族顧客的第一印象並非店門，而是停車場入口，他認為只要顧客在到店過程出現差錯，對新光三越的印象就會打折扣。

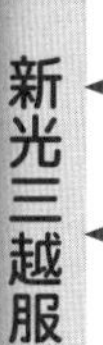

1. 首創「顧客服務指導員」，負責督訓店內服務品質。
2. 各店課長級以上主管輪流在大門外做示範，帶動第一線店員員工。
3. 各店開店前5分鐘，練習4大用語，並做優良案例分享，落實第一線服務品質。
   新光三越和其他百貨公司在服務最大的不同是，對細節絕不妥協。
4. 自行組成85人神祕客小組，每個月進行全台各店稽核，評分標準很嚴格。

①真心誠意的微笑	5分	●●●●●
②有笑似沒笑，牙齒露出來	4分	●●●●○
③只有眼睛笑	3分	●●●○○
④不笑或擺臭臉	0分	○○○○○

5. 每天蒐集各店顧客的抱怨及意見，成為各店教材並做好精進改善參考。
   即使是發生過一次的特殊案例，也會把它列入標準作業程序。例如衣蝶百貨併入新光三越時，就是靠著標準服務手冊，讓衣蝶四個館內的人員，在半年內擁有相同的服務水準。

對百貨公司來說，落實第一線服務最大的難題是，除了少數自營專櫃和服務台人員，店內2千到3千個專櫃人員都是廠商僱用，再加上委外的警衛和清潔人員，人數眾多，流動率高，實在不是件容易的事。曾擔過新光三越台中店店長的吳昕陽說，當時最讓他傷腦筋的是，如何把一個訊息傳達給店內5千名員工知道，又得讓員工回答客人的話術一致，更何況現在全省擁有17個館，員工已達2.5萬人。

全台2.5萬名員工，同步提升服務品質

全台17個大館！ → 公司內部員工加外部專櫃廠商員工，合計2.5萬人！ → 要求高標準且一致性的優質服務品質！

服務細膩周到

1. 顧客入店前等候時間　2. 顧客在店中逛或買　3. 顧客準備離店

貼心、設想周到、主動的各種顧客服務！
↓
讓顧客留下好印象與美好回憶！
↓
就是好服務！

為減少顧客等待的不耐，新光三越在開店半小時前，夏天提供冰咖啡，冬天奉上熱茶；此外，還推出娃娃車給手抱嬰孩的婦女使用，或發送DM讓顧客打發時間。

2009年開始，服務的觸角也延伸到容易被忽略的地方。例如，不定期在櫃位配置上做些小調整，放寬走道、拉高天花板或導入陽光。或許多數消費者很難說出有什麼具體改變，但確實有客人到了別的賣場，就開始懷念新光三越：「給顧客一個記憶，也是種服務。」吳昕達滿意地說。

Unit 9-3 玉山銀行：想盡辦法讓顧客感受到服務的真諦 Part I

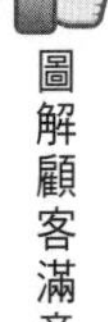

踏進任何一家玉山銀行，乾淨明亮的粉綠色調透著清新，手上著白手套的男女行員親切微笑，迎面就是15度鞠躬，另一側的警衛亦朝氣地站著，服務導引、噓寒問暖、奉茶。從進門開始，玉山銀行就想盡辦法讓客人感受到服務的真締。

一、決定從服務創造差異化，價格是初賽，服務才是決賽

沒有財團背景的玉山銀行，創立之初就發現，台灣的銀行顧客，是亞太地區忠誠度最低的一群，而且台灣各家銀行的商品大同小異，價格戰非長久之計。為此，玉山銀行決定從服務創造差異化。

「價格是初賽，服務才是決賽，真誠的服務，才能讓顧客感動，留住他們的心，」創業元老之一、前玉山銀行總經理杜武林說。這點，兩年前加入經營團隊的玉山銀行董事長曾國烈印象深刻。曾任金管會銀行局長的他，多年前第一次踏入玉山銀行，行員馬上主動向他問候，並引導他到櫃台，更全程看著他填寫開戶單據，遇有問題，立刻主動協助。

二、服務，已經成為玉山銀行企業文化的DNA

「服務，已經落實到玉山銀行的文化裡，是我們的DNA，」曾國烈認同地說，玉山二十年的品牌，超過許多百年銀行。也因此，從培育人才、建立制度，到發展資訊系統，全部鎖定服務這個主軸。

如何讓員工願意且樂意為顧客多做一點，一直是服務業的一大難題，玉山決定從選對的人開始。徵聘員工時，玉山特別著重服務熱忱。杜武林分析，服務是玉山的最高指導原則，要發自內心，不怕苦、不怕累。過去徵才考試尚未網路化時，玉山舉辦徵才考試，總會吸引近1.5萬人報考，每到最後一科考試結束時，玉山高層都會帶領各級行員列隊歡送考生，除鞠躬感謝考生來考試，也祝福他們一切順利，許多考生見到這等陣仗，還不敢走過去。「這是震撼教育，可以接受的人再進來，」面對記者的訝異，也是創行元老的前總經理侯永雄理所當然地說，藉此讓有意進入玉山的人知道，這就是玉山的文化——彼此尊重、沒有身段。

三、領先同業創設顧客服務部及大廳接待員服務制度，並傳授服務經

玉山銀行從顧客需求出發的堅持，屢帶來令人眼睛一亮的作法。首先，領先同業設置顧客服務部及大廳接待員服務制。從創行開始，玉山就在入口處安排一位行員導引，襄理以下都要輪值。為了落實全員做好服務，除了日常服務禮儀訓練與選拔服務模範之外，也培訓顧客服務師，以種子球員精神，成為各個單位的服務尖兵。

玉山銀行：服務成為企業文化的NDA

・玉山銀行行員15度鞠躬迎客人
・警衛導引及奉茶

・價格是初賽，服務才是決賽

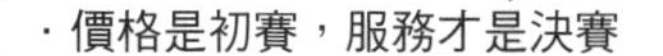

・真誠的服務才能讓顧客感動，留住他們的心！

・服務，已成為玉山銀行企業文化的DNA

・從培育人才、建立制度，到發展資訊系統，全部都鎖定服務這個主軸！

制度上重團隊合作，沒有個人英雄，每個同仁都是英雄。例如理財員沒有抽佣制度，客戶買多少基金和薪資無關，只在年終考核時，按分行績效，才反映到理專的年終獎金。

玉山銀行全方位的精緻服務體系

「玉山的溝通沒時差」，高層有任何決策，最慢隔天早上的朝會就會傳達到全體員工；有時，甚至當日下午就會傳達到各單位，迅速凝聚共識。

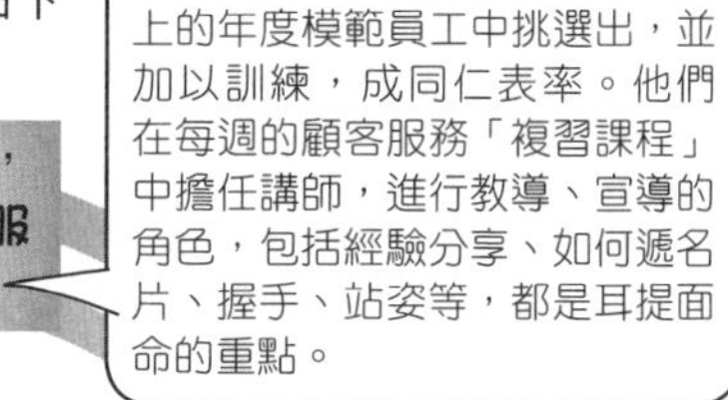

「顧客服務師」是從當選三季以上的年度模範員工中挑選出，並加以訓練，成同仁表率。他們在每週的顧客服務「複習課程」中擔任講師，進行教導、宣導的角色，包括經驗分享、如何遞名片、握手、站姿等，都是耳提面命的重點。

玉山銀行全方位的精緻服務體系

1.成立顧客服務部，挑選優良「**顧客服務師**」。

2.招聘具有「服務特質」的優良人才。

3.內部制度建立，亦以「服務」為最高宗旨而制定。

4.新進人員要經過「顧客服務」專業課程的培訓，並通過考試才行。

5.資訊系統規劃與建置，亦須以「服務」為最高前提。

6.「顧客滿意服務」，已成為玉山銀行的企業文化表現與DNA。

Unit 9-4 玉山銀行：想盡辦法讓顧客感受到服務的真諦Part II

玉山銀行的服務是一條永無止境的路；沒有句點，沒有最好，只有更好。

四、雨天貼心遞熱茶，過客成為顧客——服務是永無止境的追求

對員工而言，服務是永無止境的追求。如果在下雨的冬日街頭等人超過半小時，看到有人出來迎接你進銀行喝熱茶躲雨，會不會感動？曾有老外因為這份感動，幾天後就成客戶。杜武林以「服務沒有句點，沒有最好，只有更好，是一條永無止境的道路」，表達追求更好服務品質的堅持。

五、服務是一種態度，是許下的承諾，更是一種修行與認同價價值觀

「服務是玉山人的DNA，源於一顆溫暖的心。」玉山金控暨玉山銀行總經理黃男州詮釋，玉山服務與眾不同之處，在於所有玉山人心中時時刻刻都體認到，要提供最好服務來解決顧客問題，掌握每個關鍵時刻，從親切態度與專業服務到滿足顧客需求，甚至超越顧客預期，真正讓顧客感受到玉山的用心。

玉山相信服務是一種生活態度，是許下的承諾，更是一種修行，唯有如此，才能自然而然發自內心提供顧客最好的服務。服務的價值來自於服務人員與顧客互動時的正面態度，帶給顧客深刻而美好的經驗，創造服務人員與顧客的雙贏。服務是建構在人與人互信的基礎上，顯現在外的服務需要背後許多的努力與付出，因此，服務也是一種道德，服務業是發揚人性光輝的良心事業。

六、新進人員必須經過半年培訓

擁有正確的人生價值觀與服務觀，是差異化服務的開始。玉山認為從挑選人才開始，除了專業外，更要重視團隊合作與認同服務的價值觀。玉山的新進人員必須經過接近半年的訓練，內容包括企業文化、顧客服務、金融專業、電腦操作、銀行技能、人文藝術及第一線實習等課程。

七、金融業的模範生，服務業的標竿

服務的典範隨著時代不斷演進，從產品價值的較量、服務價值的競爭到整體解決方案的提供，在現代，想要擁有卓越的服務，不僅是禮貌周到及做好顧客關係管理，還必須透過可量化、可視化的管理，玉山稱之為「顧客服務的新價值」，包含硬體、軟體、金融專業、服務效率、顧客價值等五大面向。

金融產品大同小異，差別在於誰能做到更好的服務。黃男州總經理強調「沒有最好、只有更好」，玉山將會不斷地自我挑戰、自我超越，朝「金融業的模範生，服務業的標竿」的願景繼續邁進。

玉山人的DNA

任何一位客戶打語音專線，需要專人服務，會聽到行員親切喊出客戶姓氏，即使過了幾天再打去，不同人接，也能立刻喊出客戶稱謂，正是玉山所謂的「服務沒有斷電，沒有打折，也沒有時間、區域之分」。甚至，行員還會依照客戶需求，說出對應的問候語。例如客戶詢問出國事宜，行員在服務最後會說出「祝您路途愉快」等。
曾有一位要嫁女兒的官員，急著換50萬元新鈔，洽詢多家銀行都沒有著落，最後找上玉山。當下該分行也沒有，但行員馬上打電話為他調來。他滿意地說：「你想不成為他們的顧客都很難！」

超越顧客預期的服務 → 是玉山人的DNA → 源於一顆溫暖的心！／是對顧客的永遠承諾

玉山銀行：顧客服務5大面向

1.硬體
窗明几淨、衣著整潔是對顧客最基本的尊重。

2.軟體
彎腰點頭只是服務的開始，關鍵在於發自內心的服務熱忱。

5.價值（顧客）

顧客服務
包括基本禮儀與綜合演練，培育真心關懷的服務熱忱，傳承玉山的服務價值觀。

3.專業（金融）

4.效率（服務）

更好的服務水準

金融產品大同小異

差別在於：誰能做到更好的服務！

玉山從選才開始，匯聚一群重視團隊合作與認同服務價值觀的伙伴，透過制度的建立、人才的培育與身體力行的實踐，將服務內化為一種習慣，無時無刻發自內心提供顧客滿意的服務。

玉山銀行——金融業模範生

玉山銀行

- **金融業的模範生！**
- **服務業的標竿！**

Unit 9-5 肯德基：把顧客當老闆，像五星飯店認得客人

旗下擁有必勝客（Pizza Hut）、Taco Bell、肯德基的百勝餐飲集團董事長兼執行長諾瓦克（David Novak），就特別鼓勵第一線服務人員以心待人。

一、第一線服務人員，以心待人；推出冠軍計畫

後來肯德基就把以心待人的文化放進一個獨特平台，衍生出不同的工具來訓練員工，這個平台稱為「C.H.A.M.P.S.」（冠軍計畫）。在冠軍計畫的服務準則裡，具備了美觀整潔、真誠友善、準確無誤等元素，不只如此，早在二十多年前，總部就聘請顧問公司訓練神祕客，到全世界肯德基稽核。

十年前，百勝餐飲集團接手台灣肯德基後，又在肯德基炸雞的十一種神奇香料外，增加另一種獨家配方，那就是「為客瘋狂」的待客信念。意思是，客人永遠是對的，不要跟客人爭，愈爭愈吃虧。「我不是老闆，你們的老闆就是客人，如果沒有他們把錢放進我們的口袋，我們怎麼會有工作好做呢？」黃錦鴻總經理總是這樣告訴員工。

二、內部設立「優化」部門，不斷精進服務品質水準

最大的困難常在於，大多數現場服務人員，高達九成都是兼職。在餐廳他們是臨時演員，但也是最重要的主角，由他們決定消費者對肯德基的印象。要讓「臨時演員」成為「領銜主演」，設立「家族」制度乃主要策略。把一家店的工作人員分成三個「家族」，參加店內服務速度比賽、清潔比賽等，每月第一名的家族，可以拿到獎金，再由成員決定如何慶祝。

肯德基總公司裡有個「優化」部門，專門構思如何把在服務現場「偶然」發生的好服務，變成常態服務。把一天偶然的好服務，變成固定的好傳統，久而久之，服務品質就可以提高。

三、選出前5%經理的「冠軍俱樂部」接受表揚

每年肯德基會根據專業神祕客依顧客滿意、人員發展、營收成長與利潤管理四項標準，選出前5%經理的「冠軍俱樂部」到國際總部接受表揚。2011年開始，微笑被加重計分，滿分是100，只要沒有笑容，就扣52分，可見對微笑的重視。

四、媲美五星飯店，認得客人

一再得獎，並沒有讓黃錦鴻停下腳步。他發現，台灣肯德基有許多「穿拖鞋的客人」，也就是鄰居。當店員認得住在附近的客人，可以寒暄話家常，那就是肯德基服務的驕傲。他期許，認得客人不再是五星飯店專利，速食店也行！

肯德基冠軍計畫

肯德基服務冠軍計畫

① 美觀整潔
② 真誠友善
③ 準確無誤
④ 從微笑下手
⑤ 設立顧客讚美鈴

以心待人！
．鼓勵第一線員工：

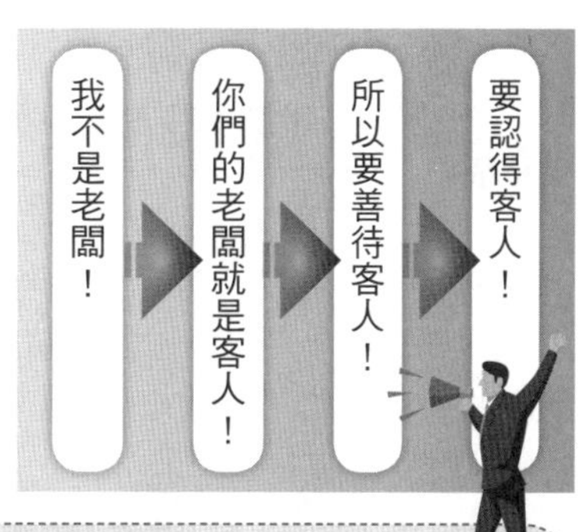

推動「服務冠軍計畫」，設立顧客讚美鈴，讓員工走路有風

2010年二次獲獎時，黃錦鴻總經理在頒獎典禮上大聲宣示，隔年將加強推動「服務冠軍計畫」。翻開內部的神祕客調查結果，他決定從過去服務最弱的地方下手，那就是：微笑。

每當客人進門與服務人員接觸時，微笑的手勢與目光，是決定滿意度的關鍵。為了讓員工能打從心底微笑，台灣肯德基每個員工都配戴「我的微笑最燦爛」胸章。午間，台北市區一家剛開幕的肯德基，突然傳出響亮的「鈴～」，只見櫃檯人員笑容燦爛，大聲向點餐的客人道謝：「謝謝您的讚美！」全店跟著歡呼：「你好棒！」響亮的鈴聲，可不是選秀表演，而是肯德基2011年推行「真心關鍵時刻」（Truth Moments）的「顧客讚美鈴」。

點餐前，服務人員指著收銀檯前一個銀色圓形按鈴解釋：「如果等一下我的服務令您滿意，請您按這個鈴，給我鼓勵。」儘管台灣顧客較害羞，按鈴比例約一半。但有趣的是，只要被按鈴的員工，走起路來就有風，士氣高昂。此外，主管也必須以身作則，不管客人要什麼，都要先說Yes，「值班經理的理念正確，底下人才容易跟進，」黃錦鴻總經理說。

選出前5%經理，接受表揚

依據專業神祕客調查

1.顧客滿意　2.人員發展　3.營收成長　4.利潤管理

選出前5%經理：冠軍俱樂部

到國際總部接受表揚

成立服務優化部門，不斷精進服務水準

．門市店困難點？ → 都是兼職工讀生．高達九成員工， → 但他們才是門市店主角 → ．成立「優化」部門 —

例如曾有顧客在店內辦慶生會，總經理經過時，跟小朋友說了「生日快樂！」，後來家長問服務人員問候的人是誰？他們一聽是總經理，而總經理還跟他的小孩說生日快樂，他們就很開心，一定要總經理跟他們拍照！後來我們想一想，既然家長喜歡有人跟自己小孩說生日快樂，每次只要有人在店內辦慶生會，就由店長帶著同仁，組成祝壽隊，跟顧客表達祝福。

→ 變成常態好服務！．把偶然的好服務， → 服務品質就會提高！．久而久之，

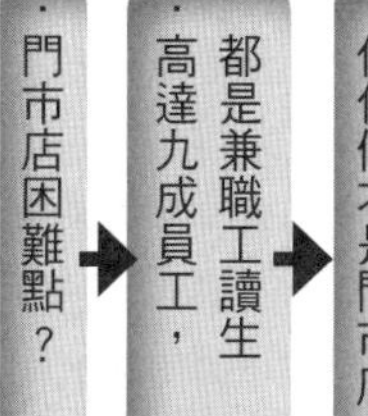

Unit 9-6 永慶房屋：服務可以和業績劃上等號

房仲最大的挑戰，就是說服同仁服務和業績可以劃上等號。做好服務，也許反映在業績上的數字沒那麼快，但回饋卻源源不絕，尤其愈是高總價的客人，再惠顧率和推薦率更高，「做好服務，就不用做業務。」

一、仲介的價值，就是在幫客人圓夢

總管理處總經理廖本勝深刻體會到，經紀人的角色應從以前強迫把房子推銷給客人，升級為當客人的顧問，「我們的價值，就是在幫客人圓夢。」他給經紀人一個目標，每個案子都要賺到5%服務費，加上紅包袋。服務讓客人滿意，就能夠收到5%服務費，一旦超越客人期待，還會另外給紅包。經紀人不可以收紅包，但可以把紅包袋收回來，當作肯定。

永慶每月都有一次2千位經紀人的例行會議，以往都是表揚業績突出的經紀人，現在卻有一半是服務溝通時間。月例會的高潮，就是分享服委會同仁從經紀人身上蒐集來的溫馨小故事，啟發經紀人，讓他們發願服務客人。

廖本勝也察覺，感動服務的氛圍的確也開始在永慶的第一線門市蔓延開來。早期只要經紀人主動協助消費者做與業績無關的事，店長絕對會在他身旁嘮叨，「別做浪費時間的事，應該在和業績直接掛勾的事多努力。」但現在不一樣了。幾乎大多數永慶第一線經紀人都認為，替客人服務是相當理所當然的事。

二、房仲無商品，服務就是一切

「原來店長也發現，當他們用這種態度服務客人，長期下來會贏得更多業績，」廖本勝分析，房仲業是一種信賴產業，絕對得靠長時間累積。「也許你們今天做的事，只有一件跟業績有關，但另外九件卻跟信賴有關，」廖本勝指出。

2008年，永慶終於第一次奪下《遠見》房仲業服務第一，廖本勝總經理在頒獎典禮上信誓旦旦地表示：「明年我們還要再來！」沒想到，隔年神祕客選在星期四休假日突擊十大房仲業，卻讓永慶措手不及，名次像坐溜滑梯般從第一名跌到第五名，一直到2010年，才又重新登上冠軍。

贏的關鍵，在於永慶決定把提升服務的觸角，擴及業界最頭痛的加盟店。所有永慶加盟店，全比照直營店，有神祕客定期稽核，成績好的由總部負擔神祕客的高額費用，至於吊車尾的加盟店，就必須自己支付。被懲罰的加盟店主拖拖拉拉不肯付，永慶鐵了心直接從保證金扣除，但他們還是不接受，跑到總部抗議，廖本勝直接秀出退店協議書，若不改變，就簽字退店。有趣的是，沒有加盟主退店，後來區域主管回報，加盟主反而覺得總部這個作法對他們有益。廖本勝有感而發說，房仲業沒有商品，「我們的產品是服務，服務這件事，非做好不可。」

永慶房仲——做好服務，就不用做業務

做好服務！
就不用做業務！

1.顧客再惠顧率高

2.顧客推薦率高

我們的價值，在幫客人圓夢！

1.不要強迫把房子推銷給客人！

2.要升級當客人的顧問！

3.我們的價值，就是在幫客人圓夢！

每月月會的召開與啟發

永慶：每月月會一次 → 2,000位經紀人與會 →

1.表揚業績突出經紀人
2.溝通正確服務觀念
3.分享同仁經驗
4.啟發經紀人感動服務

→ 不要只想到業績而已！ → 認識：替客人服務是理所當然之事！

透過專業服務，贏得顧客信賴

房仲無商品，服務就是一切！ → 要透過專業服務，贏得顧客的信賴！ → 贏得更多業績

永慶：提升加盟店服務品質

神祕客：定期稽核

成績好的：由總部吸收費用！

成績差的：由該加盟店自行負擔費用！

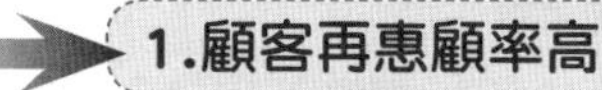

Unit 9-7 安麗：一心二意五行動，有效提升服務品質

2011年度的《遠見》服務業大調查的最佳進步獎，非頒給台灣安麗不可。因為安麗不但從2010年直銷業第四名，重新站上第一，分數甚至一躍成為當年度十六大服務業之首。榮耀的背後，又是一個臥薪嘗膽的故事。

一、排名曾經落後，展開臥薪嘗膽行動

身為最早進入台灣的直銷業者，年營收及市占率始終名列前茅的安麗，從來沒想過自己有一天「不是第一」。2009年獲頒《遠見》首屆直銷業服務第一後，安麗2010年竟跌落至第四，差一點連前五名的榜單都進不了。

「名次退步就算了，分數竟然也降低了12.75分，」主管服務第一線的台灣安麗儲運處處長黃桂琴難過之餘，寫信向總經理陳惠雯及員工道歉，「我們一定有做得不夠好的地方，我願意與大家共同好好檢討。」

第一時間，黃桂琴求助於《遠見》，蒐集神祕客測試的完整資訊，親自整理並交叉分析導出問題所在，在主管會議上達成共識後，便決心動起來。

二、成立「服務提升委員會」，全面投入培訓

首先，黃桂琴重整安麗在2006年成立的服務提升委員會，分人員訓練、感動服務和稽核競賽三組，要求每個能夠接觸到直銷商的員工，統統都要接受培訓。

黃桂琴特別拜託負責培訓直銷商的資深經理，把服務觀念帶進課程裡，當公司客服推薦新人給直銷商時，也會視情況先告知，「這位客人目前只想使用產品，不要急著邀他加入會員。」

獲知得獎消息前，其實台灣安麗總經理陳惠雯對於服務的改善，已經了然於心。除每月客訴數量已從100件驟降至50、60件，高階直銷商領導人也不只一次向她稱讚，員工的服務很貼心。「服務對我們本來就很重要，」陳惠雯認為，安麗的企業理念，就是幫助人們過更好的生活，再加上直銷業與客人的互動性強、了解客人需求，服務本該超出一般水準，「只不過，2010年串聯得不夠好。」

三、展開一心二意五行動

陳惠雯和黃桂琴聽到安麗再次奪回《遠見》直銷業冠軍時，兩人當下共同的反應竟是：「那明年怎麼辦？」他們明白，獲得《遠見》第一並不容易，連莊更難，更別說超過自己保持的成績了。「不管明年名次如何，分數都應該持續往上，」黃桂琴自我期許。接下來，她開始利用每個星期天員工上班前或下班後的一個小時，到全省八個體驗中心進行「處長有約」演講，「我們現在沒有其他路走，只有用『一心二意五行動』奪回遠見直銷第一！」這是感動服務的基本功。

安麗，展開臥薪嘗膽行動

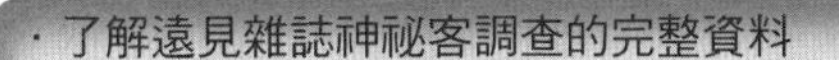

- 遠見雜誌服務品質調查結果：排名落後
- 了解遠見雜誌神祕客調查的完整資料
- 分析、導出及歸納出問題所在
- 展開臥薪嘗膽計畫：成立「服務提升委員會」
- 所有員工與直銷商都要接受培訓
- 展開1心、2意、5行動活動
- 感動服務125

成功！

從《遠見》所提供的資料裡發現，安麗2010年落敗的關鍵原因在於「話術」，於是給了員工「標準話術三原則」，舉凡回答客人任何問題，先致意，之後解決問題，最後再次感謝。

比如2010年安麗員工接受《遠見》神祕客退貨要求時，雖完成退貨手續，但表情卻百般不願。現在只要到安麗退換貨，服務人員會先向客人致歉，「我們的產品讓你感到不滿意」。接下來詢問客人退換貨的理由，進一步詳述使用方法，試圖挽回客人的心。如果客人執意退貨，完成動作後，也會笑著對客人說：「謝謝你讓我們知道產品的缺失，作為改進的方向，也希望你以後繼續愛用安麗產品。」

不同於其他服務業，直銷公司不只要管好第一線服務人員，還有一群分布在全台、來自各階層的直銷商，代表公司直接面對消費者。

預備下一個成功

安麗已開始為2013年《遠見》神祕客抽測做準備，已選定人潮最多的台北體驗中心咖啡店，作為服務示範店，好讓其他七家體驗中心效法。

服務提升委員會組織表

安麗服務提升委員會

1. 人員訓練組
2. 感動服務組
3. 稽核競賽組

服務訓練外，安麗也在每季舉辦各種服務競賽，例如「微笑天使」等；還有內、外部的神祕客定期稽核，三管齊下讓第一線員工很難不把服務做好。

安麗的感動服務125

- 1心 → 同理心
- 2意 → 誠意＋創意
- 5行動 → 親切＋微笑＋熱忱＋主動＋專業

但光有基本功，不足以讓客人感動，必須想辦法跳脫SOP，於是安麗拍攝宣導影片，利用情境教導員工觀察客人，就像聽到客人和老公通電話，知道當天是客人生日，老公卻因工作無法陪伴，服務人員就可趁機想辦法讓客人感動。

Unit 9-8

瓦城餐飲：每十天派出神祕客突擊檢查

笑容必須露出七顆半牙齒的服務規定，嚴格嗎？一點也不。曾兩年奪下《遠見》連鎖餐飲業服務第一的瓦城泰國料理，規定第一線服務人員喊「歡迎光臨」時，音量必須拿捏在65到75分貝之間，而且這是女生的標準，男生還得再高5分貝。這麼嚴格的規定，全都因為瓦城有一個非常重視細節的老闆徐承義。

一、龜毛的堅持，滿足顧客的期待

高中就開始「混」廚房的他堅信，美味就在細節裡。因此十九年前從美國回台創立瓦城，就全力投入鑽研餐廳的每個細節，從烹調、上菜到服務流程，都試圖制定一套標準模式。對他而言，只要經過測試、所有東西都能找出最佳標準值。

餐廳現場的服務流程也是一樣。只要電話鈴響，30秒內必須被接起；客人點菜後，8分鐘內一定要上第一道菜，25分鐘內一定把所有菜上完，光是服務流程的標準手冊，瓦城就有近三十本，而且還不斷增加。

這樣看似「龜毛」的堅持，都是為了符合顧客期待。徐承義說，這些基本功可以保證一定的服務水準，也可以讓第一線服務人員有自信面對客人。

二、每10天找神祕客考核旗下餐廳，創造顧客心中最好的餐廳

十三歲就開始練跆拳道的徐承義認為，基本功就像蹲馬步，必須練得爐火純青，因此他仿效跆拳道升級制度，自創「臂章制度」，把廚藝學習和外場服務分為九個階段，由九種不同顏色的背章，代表員工的位階高低。他對員工的期待是，創造顧客心目中最好的餐廳，前提就是作法不能跟顧客的想法脫節。

原本瓦城也像其他餐廳一樣，在現場拜託客人填問卷，2003年徐承義決定化被動為主動，找來160位忠實顧客擔任神祕客到餐廳考核跟評分，他要找出顧客心中那把尺。急性子的他每十天就派出神祕客，而不是每年或每季，「如果想創造顧客心中最好的餐廳，顧客心中在想什麼，不能等那麼久才知道。」同時間，他還在辦公室裝上警笛，只要有顧客打客訴專線，警笛就會像警報器般嗡嗡作響，而且還指派有經驗的行銷企劃部主管輪流接聽，「0800沒有被轉接的機會。」

三、不能讓顧客帶著不好的經驗回家

最近幾年，徐承義更領悟到，光有基本功還不夠，太過執著，反而容易陷入僵化，於是開始探討如何創造回憶價值，讓顧客擁有美好的用餐經驗。除了鼓勵店經理蒐集第一線和客人互動「真心為你」的溫馨小故事，在每個月例會上分享表揚，徐承義也相信第一線主管的判斷，授權給他們處理顧客抱怨，而且沒有金額限制，唯一的要求是，不能讓顧客帶著不好的經驗回家。

瓦城：重視服務細節，貫徹SOP龜毛的堅持

· 美味就在細節裡

以蝦醬空心菜為例，空心菜的長度必須是13到17公分，菜梗直徑在0.4到0.7公分，口感才會清脆，至於檸檬清蒸魚選用的七星鱸魚，每條重量也必須在8.5到10.5兩之間，太大或太小都不行。

可別以為瓦城只有檸檬清蒸魚和蝦醬空心菜兩道菜，翻開菜單，57道菜，800多種食材，每一種食材送進廚房前，都必須經過嚴格的規格確認。

· 全力投入鑽研餐廳的每個細節；從烹調、上菜到服務流程都制定一套標準模式

· 每種食材送進廚房前，都必須經過嚴格的規格確認

· 餐廳現場的服務流程也有一定要求

★客人點菜後，8分鐘內上第一道菜
★25分鐘內，把所有菜上完

· 光服務流程的標準手冊，瓦城就有30冊

· 堅持所有的一切都必須從客人的期望出發

所有的一切，都必須從客人的期望出發，再來反推設計服務流程。

瓦城：每10天找神祕客考核旗下餐廳

· 自創臂章制度

· 把廚藝學習及外場服務分為9個階段與不同顏色區分，代表員工位階高低，每個階段都必須重學習，定期接受考評。

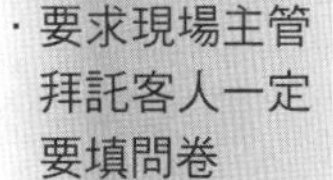

· 要求現場主管拜託客人一定要填問卷

· 早自2003年起，找來100位忠實顧客擔任神祕客，到餐廳考核與評分（每10天一次）

· 瓦城：要把顧客心中那把尺找出來

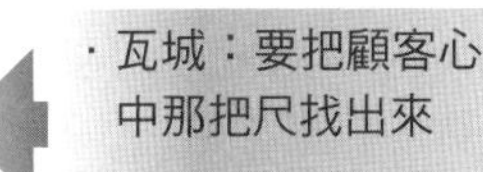

· 指派有經驗的主管接聽0800顧客客訴專線

只要客訴電話稍微講久一點，就會有其他部門的同事前來關切。

確實照顧好瓦城餐廳的每一個客人

· 授權第一線現場主管處理顧客抱怨！

· 要求不能讓顧客帶著不好的經驗回家！

· 確實照顧好瓦城餐廳的每一個客人！

每個店經理都知道，處理客人的不滿意，如果客人回答，「好，沒關係！」對老闆徐承義來說，並不算結案，唯有讓客人願意再次回到瓦城用餐，才算圓滿。從那時起，徐承義就想辦法減少店經理例行文書工作的壓力，讓他們能多花時間在第一線專心服務客人，「店經理能做對業績最好的事，就是照顧好瓦城的客人。」

蹲好馬步，就要準備出拳

目前瓦城、非常泰及1010新湘菜三個品牌加起來，一共38家店，今年開始泰統餐飲集團將朝成為世界級東方餐飲集團的目標前進，平均每個月將開一家店。為了培育人才，總公司隔壁成立廚藝學院，計畫開設服務學院，研究現場服務流程的修正。的確，唯有主動發現顧客需求，找出讓顧客感動的方法，才能更符合顧客心中的期望。

Unit 9-9 中華電信：讓8成問題，在一通電話內解決Part I

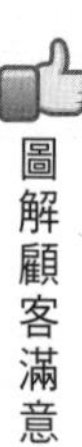

「沒有人認為中華電信的服務好，我們就要做給大家看，」陪榜多年，2010年終於扳回顏面，贏得《遠見》服務業調查電信業冠軍，甚至2011年還連莊，中華電信總經理張曉東直呼很驚喜，卻也語氣堅定地表示，中華電信確實投入很多努力，錢不是問題，最難的是，如何改變長久以來的企業文化。

一、從偏重技術導向到服務導向

過去中華電信在公司經營面重視的是技術導向，偏重追求硬體建設升級。一句「玉山上只有中華電信收得到訊號」的玩笑話，顯現競爭者難以超越的技術優勢，「但顧客又不是天天待在玉山，」張曉東笑說。

從早期壟斷市場，到現在面臨市場競爭，中華電信龐大的資深員工群無法調整心態，一直是提升服務的罩門，甚至有部分員工還會抗拒服務，不大願意做得更多一些。

二、顧客問題獲得解決，才是客服的根本

最近幾年，長期著重硬體建設的中華電信不停宣示要著重軟體服務。張曉東檢討發現，公司的制度設計並不利於員工做好服務，像客服中心要看電話接通率來評考績，讓員工只想到多多接電話、衝業績，忘了客服的目的是要服務客戶，況且，如果為了求快，問題卻沒有解決，客人還是會再打第二通。

「一天接30位客戶來電，不等於100分，即使一天只服務3人，把這3位的事情做好，就是滿分，」張曉東認為，問題獲得解決，才是客服的根本。

目前統計，中華電信一通電話就解決問題的比率是79.57%，高於原訂的74.45%，力求量與質皆達水準。張曉東也透露，近年中華電信改變許多不合宜的規定，重新改為顧客導向思考，連寫公文也要求用顧客的語言跟對方溝通，「否則上頭一堆專有名詞，客戶看得懂嗎？」

三、啟動「感動服務」，從小動作展現體貼

2010年中華電信內部召開「感動服務」啟動會議，為了宣示決心，董事長和總經理親自到場參與，並委託顧問公司針對服務中心人員進行訓練。從要求每位同仁都要面帶笑容，找錢時要用雙手遞送鈔票，希望從小動作中，展現對顧客的尊重與體貼。

「貼心不只是形式的要求，而應該打從心裡出發，」張曉東分享，公司除了會自派神祕客至分處檢核，也會進行客戶滿意度調查，每月一次公布結果。透過不斷重複提醒，慢慢內化成員工心中的真實態度。

中華電信：從偏重技術導向到服務導向

・對於服務，錢不是問題，最難的是，如何改變長久以來的企業文化！

・過去中華電信經營面，重視的是硬體技術導向，但現在則是軟體服務導向！

剛開始實施新規範卻不容易，來自員工的抗拒此起彼落。中華電信則先從各營運處找出自願施行的據點開始做，建立起模範後，再供其他服務中心觀摩學習，慢慢地擴張出去。

・客服人員不是多接電話，而是要把客人的問題加以快速解決！

・解決問題，才是客服的根本！

中華電信：啟動「感動服務」

・2010年起：正式啟動感動服務會議，高階主管都到現場宣示決心。

・並委託外界顧問公司，針對第一線現場服務中心人員進行教育訓練。

・要求第一線每位同仁都要面帶笑容，找錢時也要雙手遞送鈔票。

・希望從小動作中，展現出對顧客的尊重與體貼。

・貼心，不只是形式上的要求，而應該打從心裡出發。

・除自派神祕客到各處查核外，也會透過客服中心打電話調查客人的顧客滿意度，每月公布一次。

・然後，慢慢內化成員工心中的真實服務態度！

Unit 9-10

中華電信：讓8成問題，在一通電話內解決Part II

一次與友人上餐館用餐時，服務生的兩個小動作讓張曉東體認到，在顧客開口前做到，才能稱為好服務。

三、啟動「感動服務」，從小動作展現體貼（續）

為了傳授感動服務的觀念，張曉東逢人就分享他的一杯熱水和一個碗的故事。原來，他之前和朋友一行四人上餐館用餐，服務生在倒水時，自動為不停咳嗽的他送上熱開水，四個人當中只有三位點湯品，上菜的時候，服務生又多送了一個空碗來，方便張曉東可以和朋友共享。

四、在顧客開口前做到，才叫做好服務

兩個小動作讓張曉東體認到，在顧客開口前做到，才能稱為好服務。這正是中華電信全新的口號：「一直走在最前面。」內部也不斷溝通，其實服務不需要一堆人家聽不懂的大道理，也不需要花費大成本，像是鼓勵員工面對顧客時多微笑，「笑一笑有什麼成本呢？」即使公事再忙，張曉東還是三不五時撥打客服專線，測試第一線的服務，只要聽到朋友跑來告訴他，誇讚中華電信的服務變好了，再多的投資在他眼中都是值得的。

五、找出十五個感動顧客的元素

「感動服務」是2010年由董事長呂學錦與當時總經理親自宣示啟動，委託顧問公司針對服務中心人員訓練，希望展現對顧客的體貼。結訓不但要通過考試，否則補考；更外聘神祕客、內部跨單位評分等進行多管齊下的查核，要求徹底。

「現在我們要把每一個人都當成神祕客，」行銷副總經理馬宏燦回憶，上回有位年紀較長的客戶，對手機一竅不通，但服務人員還是耐心，一步一步教他兩個多小時。中華電信還特別設立「手機達人」，請廠商來教臨櫃人員各家手機的使用方式，以便客戶上門可提供指導。另一方面，電話客服也不一樣了。李炎松認為，過去電話應對比較標準化，現在客服必須根據顧客聲音，給予不同回應，而這樣感性、柔性的轉變，正出自「TOP15感動元素」。

客服處副總經理陳義清解釋，為了落實感動服務，今年特別外聘專業顧問公司，合力激盪，找出過程中能讓顧客感動最重要的十五個元素，包括視客如親、真誠與柔順等。

翻開李炎松接受採訪的筆記資料，從策略到執行面，都有詳盡規劃，全方位思考，探討與設計機制。「我們要不斷自我超越，」李炎松期許，「我們是抱著一定要持續做到最好的決心，學習再學習、精進再精進。」

中華電信：獲得大家肯定，再多的投資都值得

・獲得大家對中華電信的稱讚，一切的投資都值得！

・中華電信的Slogan：一直走在最前面！

・在顧客開口前，就能做到，這才叫做好服務！

中華電信：找出15個感動客人的元素

把每個顧客都當神祕客來對待

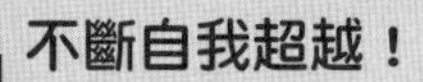

中華電信四年前開始導入第三方的監督力量，全年度請外部神祕客來稽核，當時，不少員工反彈是「找麻煩」。然而，隨著實施三年的「感動服務」奏效，員工不再把神祕客視為負擔。

不斷自我超越！

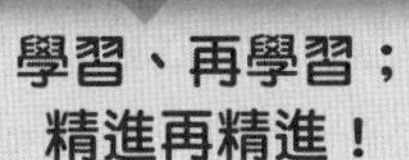

學習、再學習；精進再精進！

例如：
・視客如親・真誠
・柔順・微笑

感動服務：找出15個感動顧客的元素！

Unit 9-11 加賀屋：貼身管家，全程的日式服務 Part I

「得知獲獎的消息，我只高興了一秒鐘，接下來就開始壓力大到不行，」日勝生加賀屋總經理劉東春接受《遠見》採訪時，開門見山地說。

主要原因是，位於北投溫泉史上第一座溫泉旅館「天狗庵」原址旁的日勝生加賀屋，是以服務聞名全世界的日本加賀屋海外第一家分店。過去連續三十一年，加賀屋打敗日本2.8萬家旅館，年年蟬聯專家票選旅館綜合排名第一。

完全移植自日本的台灣日勝生加賀屋，才剛來台營業不久，首次列入《遠見》神祕客調查的第一年，就不負眾望坐上頂級休閒旅館類的冠軍寶座，「我必須背著冠軍的光環三十年，明年千萬不能不拿第一，」劉東春戰戰兢兢地說。

一、移植日本女將服務文化，全程貼身侍奉客人

神祕客印象最深刻的，也是加賀屋最為人津津樂道的女將文化，客人從入住到離開，都由一位專屬的「客室係」，也就是管家，幾乎全程貼身侍奉客人。

台灣加賀屋開幕前兩年，就送了10位服務人員到日本總店接受正統的管家訓練。由擁有十幾年管家訓練的日籍老師從早到晚、隨身教導每個動作，從心裡不斷灌輸她們真心款待客人的加賀屋精神。

在加賀屋，管家領著客人進房時，必須跪著進去，待客人吃完和菓子後，管家也得奉上熱騰騰的抹茶，還要端杯子轉兩圈半，表示對客人的尊重。用餐時間，客人不需費力走到餐廳，而是由管家把餐食送到房間給客人食用。等到隔天客人準備離開，管家必須站在門口向客人揮手致意，等到看不到客人身影，鞠躬之後才能轉身入館。

二、用一生懸命一期一會的真心款待，感動客人

「一生懸命一期一會的真心款待，」劉東春點出加賀屋的服務精髓所在。這句話的意思是，每個服務人員都必須像是付出生命般，把客人當作一輩子只遇見一次地服務他們。不只管家，所有館內的服務人員都是如此。

當低聲下氣侍奉客人的管家，藉由察言觀色或是聊天，得知客人來館的目的和需求，轉身變回一百年前最初旅館老闆娘的身分，向櫃台發號施令，提出各種要求，所有員工就要想盡辦法達成任務，就連總經理都不例外，因為他們知道，「管家提出的要求，就代表客人的聲音。」劉東春舉例，管家有次無意聽到客人喜歡喝現榨的蘋果汁，沒想到廚房只剩下一顆，馬上通知櫃台到超市再買一顆，然後現榨成一杯新鮮果汁，送到客人房間。「布袋戲裡的藏鏡人說，順我者生，逆我者亡，對於我們來說，順從客人，才能讓我們永續生存，」曾經晚上10點點心房關門後，還在大街上找蛋糕為客人慶生的劉東春說。

加賀屋：貼身管家，全程日式服務

·日本連續31年獲得專家票選第1名：加賀屋 → ·海外第一家投資分館：日勝生加賀屋也獲得台灣休閒旅館第一名 → ·移植日本女將服務文化，全程貼身侍奉客人

派10位服務人員到日本總店接受正統的管家訓練；包括：

★加賀屋歷史文化　★花道、茶道　★和服文化
★接待禮儀　★日語敬語　★其他

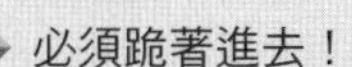

加賀屋：貼身管家服務

管家領客人進去時	必須跪著進去！
用餐時間	客人不必費力走到餐廳，而是由管家把餐食送到房間給客人食用！
隔天客人離去時	必須站在門口向客人揮手致意，客人離去後，必須再鞠躬才能回館內。

儘管服務動作及流程和一般西式飯店不同，但滿足客人需求的理念卻是殊途同歸。

加賀屋：一生懸命、一期一會的真心款待

加賀屋的服務精髓

一生懸命，一期一會，真心款待！

中譯：每個服務人員，都必須像是付出生命般，把客人當作是一輩子只遇見一次的服務他們！

加賀屋：順從客人，才能永續生存

順從客人

★半夜找蛋糕店，為客人慶生
★外出超市買蘋果，為客人打一杯鮮果汁喝

→ **才能讓旅館永遠生存下去**

Unit 9-12 加賀屋：貼身管家，全程的日式服務 Part II

擔任日勝生加賀屋顧問的高雄餐旅學院旅館管理系助理教授蘇國垚分析，和其他西式飯店各部門接力服務客人的方式不一樣，「加賀屋最大的優勢是，由管家一個人跟前跟後貫徹貼心服務，比較不容易出狀況。」

三、小心翼翼悉心呵護獨有的日式服務氛圍

對劉東春而言，未來面臨的最大挑戰是，如何維持這樣的服務水準，因此2011年8月又送了8位台灣管家回日本加賀屋總店受訓，之後又再送6個。

「既然來到台灣，就是想呈現日本文化，不能被環境本土化，」劉東春小心翼翼地悉心呵護台灣獨有的日式服務氛圍。

四、日籍老師親自坐鎮訓練管家

在台灣想要移植、複製日本加賀屋的服務之道，著實不簡單。除了硬體設備、環境之外，最困難的地方，在於如何打造出服務的「魂」。

日本加賀屋的「女將」（日語老闆娘的意思）及經過嚴格訓練的管家，提供無微不至的服務，也成功締造日本旅館界中不敗的神話。在加賀屋，最特別的是，從客人入住那一刻起，即享有專屬管家全程隨侍在側的服務。管家，可說是加賀屋服務的靈魂人物。

因此，早在開幕前三年，北投加賀屋就先送一批種子部隊至日本受訓，並且從日本邀來70歲、擁有三十年管家資歷的幸子老師坐鎮負責訓練管家。

五、奉若上賓，讓客人賓至如歸

加賀屋重視客人的程度，可以從一個小動作一窺端倪。在將客人引領進房間、正式服務之前，管家會將一把扇子放在面前，跪坐向客人行禮。這把扇子象徵了一道界線，前面是最重要的客人，管家凡事要退後一步，真心地款待客人，讓客人有被尊寵的感覺。

劉東春表示，管家最重要的待客之道是，以照顧親人的心情去服務顧客，不論是幫客人奉上熱毛巾及抹茶、和菓子，或是協助客人換上浴衣等，無不希望讓客人有賓至如歸之感。

嚴格要求所有的細節，是加賀屋服務心意的體現。如奉茶時，管家必須跪坐在客人的右手邊，茶碗在手中轉兩圈半，將碗的花紋朝向客人；在房內服務客人用餐時，上菜順序及餐盤擺放位置都有規定。在不容易看到的地方，也有管家的用心，如房間裡的花，都是由管家親手插的。但想成為一名管家並不容易，必須先接受為期三個月的訓練，受訓內容包括茶道、花道、日式禮儀及穿和服訓練。

加賀屋：管家專人培訓，呵護獨有日式服務氛圍

2010年	2011年	2012年	2013年
送10位到日本總公司培訓	送8位到日本培訓	送6位到日本培訓	再送8位到日本培訓

管家：是加賀屋服務的靈魂人物

女將管家
（女將：老闆娘意思）

是加賀屋服務的
核心靈魂人物

成功締造日本
旅館界的不敗之神！

客人入住那一刻起，即享有專屬管家，全程隨侍在旁。

知識補充站

如何成為女將？

跪坐是最基本的服務姿勢，膝蓋到腳尖必須緊貼榻榻米，臀部坐在腳跟上，跪久一點很容易腳麻、站不起來。而且在室內不能夠直接走動，管家必須以跪姿滑行移動，絕對不能夠比客人高。

學習如何穿和服，剛開始也讓管家們吃盡苦頭，得花上1～2個鐘頭才能將20多個單品穿戴好，又要注意裙擺長度、領子寬度的美感，否則就得重頭來過。

劉東春認為，最辛苦的莫過於日式禮儀訓練，台灣人對日式細膩服務很陌生，因此不太習慣重視技巧、手法的禮儀訓練。以拉紙門來說，加賀屋將其細部分解成三個動作，除了講求優雅，還要避免發出聲響、弄髒拉門。有些從其他五星級飯店轉來的人，受不了辛苦的訓練而退訓。劉東春說：「當管家需要的不只是決心，而是毅力。」即使如他，擁有超過25年飯店資歷，也必須重頭學習日系的服務精神。

Unit 9-13 加賀屋：貼身管家，全程的日式服務 PartIII

身為飯店的最高管理者，劉東春必須扮演女將的角色，到每個房間向房客「打招呼」，進房後跪坐、向客人深深一鞠躬，感謝客人的蒞臨。劉東春解釋，打招呼動作的背後有其深層的意義，除了感謝客人入住之外，「客人有什麼需求，是我們可以設法滿足他的？如果有客訴的話，也能夠立即化解。」

六、觀察入微，貼心發掘客人需求

75年次的管家小春Koharu，大學主修餐旅管理系、輔修日文系，畢業後曾到日本打工渡假一年。說著一口流利日語的小春，有一股鄰家女孩的親切氣質。劉東春形容，管家就像客人的媽媽或姐姐，必須具備細膩貼心的特質。

管家和客人之間看似隨意的閒聊，其實是在發掘客人入住的需求及故事，找出滿足客戶需求的著力點。

小春表示，當管家必須觀察入微，包括客人喜歡吃些什麼、食量如何等，要將客人的喜好及個性一一記下，並登錄至系統裡，作為客人下次入住的服務參考。按照SOP（標準服務程序）提供的服務，雖然合乎標準，但卻可能流於僵化、無法滿足客戶，因此，「好的管家必須去拿捏其中的分寸，」劉東春說。

問小春是否曾遇過客人不合理的要求，她正色說：「客人的要求絕對是合理的。」例如客人隨口說房內用餐空間有點小，小春會立刻向櫃台詢問能否讓客人換至較大的房間內用餐，做得永遠比客人要的更多一些。

七、全程配合客人住退房時間

在北投加賀屋的70位管家之中，年齡20歲到40歲都有。劉東春表示，選才最重要的標準是「想服務客人的心意」，他會詢問應徵者過去是否有參與公益事務的經驗，或是在家裡分擔家務的情況等。

分析管家們的背景，以日文系、觀光系出身，或是有日本遊、留學經驗者占大多數。加賀屋並沒有嚴格限定需日語一級檢定通過，但至少要有基本的日語溝通能力，否則透過翻譯學習的訓練過程太辛苦了。

劉東春表示，一個「成熟」的管家，養成期約需二年。管家工作辛苦的程度，也反映在薪資上，加賀屋管家的薪資大約3～4萬元，比起一般飯店高出許多。

由於客人入住到退房都是由同一位管家服務，因此管家的上班時間必須配合客人check-in及check-out時間，採取「兩頭班」制度：上班時間是下午3點、下班時間最早是晚上10點；隔天早上視客人的需求，上班時間為7點半或是8點，一直到客人退房為止。可以說管家的一天是從下午3點開始的，若是排休假，要到下午3點以後才能安排自己的行程。可見擔任管家必須有很強烈的責任感。

加賀屋：讓客人有被尊寵的感覺

・女將管家的服務終極目標

・讓客人有被尊寵為帝王的感受！
・有賓至如歸的感受！

管家：觀察入微，貼心發掘客人需求

除了SOP標準日式服務流程外

管家還需要觀察入微

★喜歡吃什麼？
★食量如何？夠不夠？
★個性如何？
★心情如何？
都要記下來，登入到系統裡。

貼心發掘客人需求，及時予以滿足！

貼心為客人安排「對味」的管家服務，例如：針對愛好藝術的客人，就安排能夠和他對談藝術的管家做服務。

管家的一天是從下午3點開始的，若是排休假的話，要到下午3點以後才能安排自己的行程。劉東春強調，擔任管家必須有很強烈的責任感。
從上到下、全員齊心的「一生懸命」，正是加賀屋寫下旅館業服務傳奇的最大原因！

Unit 9-14 家樂福：貼心藏在銷售及補貨流程裡 Part I

過去九年，《遠見》針對國內各大量販店進行了六次的神祕客抽查，前幾年家樂福始終徘徊在二、三名，直到2008年才一舉奪冠，兩年後又再連莊，突圍的關鍵，就在於觀念的改變。

一、要給顧客愉快的購物經驗

全球家樂福有一項政策，「不能只供應客人購足物品的需求，還要給客人愉快的購物經驗，」台灣家樂福總經理康柏德（Patrick Ganaye）解釋，前段購物需求只要靠品項齊全，但要完成使人歡喜的境界，得要靠服務取勝。

「要得到一位客戶很難，要丟掉客戶卻很容易，」前台灣家樂福總經理杜博華經常這樣提醒員工。杜博華更深知，近年經濟狀況不佳，消費者其實有多元的選擇，如果不能提供更好的價格、品質和服務，便無法贏得顧客。

二、要學會「將心比心」，晉升準店長要接受24天培訓

為了保持最佳狀態，員工可透過內部訓練單位——家樂福大學，得到專業技能訓練，以及服務態度的加強。

每位新進員工的第一堂課，就是要學會「將心比心」，透過情境式影片啟發，什麼樣的服務是你喜歡的，面對不好的服務，你又有什麼感受？

對於即將晉升的準店長們，也一定要接受24天訓練，舉凡所有關於店務的各個單位，如櫃台、收銀、行銷、管理等，都要重新做一次全方位訓練。

三、做好服務「看、動、話」三大元素

家樂福也平等地對待兼職人員和駐店廠商。除了要求兼職人員受訓，也盡量選擇能長期合作的廠商，希望他們把自己當成家樂福的一分子。

2010年開始，人力資源部門逐步將抽象精神具體化成淺顯的行動方案，把做好服務的基本元素，分成「看、動、話」三大環節。

第一步是「看」，從服裝儀容著手，員工必須穿著制服得體，讓顧客容易在人群中辨識，一旦有任何問題隨時都能找到服務人員；「動」是主動服務，將心比心、以顧客為導向；「話」就是注重與顧客的對話用語，展現專業有禮的態度。

話術訓練也極嚴格，一旦遇上商品缺貨，員工被教育不能直接說：「架上沒有就沒有了」，而是懂得先對於缺貨表示歉意，接著詢問顧客是否需要其他商品，或是等貨到後再主動聯繫對方。

同樣是處理商品退貨的情境，工作人員問顧客「你有什麼問題嗎？」和「請問你的商品有什麼問題嗎？」前後只差幾個字，聽在顧客心裡，感受卻差很多。

家樂福：要得到一位客人很難，但要失掉一位客人卻很容易

・不能只供應客人購足物品的需求，還要給客人愉快的購物經驗！

↓

・前段購物需求，只要靠品項齊全；但要完成使人歡喜的境界，得要靠服務取勝！

↓

・要得到一位客人很難！
・但要失掉一位客人卻很容易！

↓

・面對經濟景氣不佳時，消費者有更多元的選擇；如果不能提供更好價格、更優品質及更貼心服務，便無法贏得顧客。

↓

・要給客人愉快、滿意的購物經驗。

家樂福大學：晉升店長，要接受24天培訓

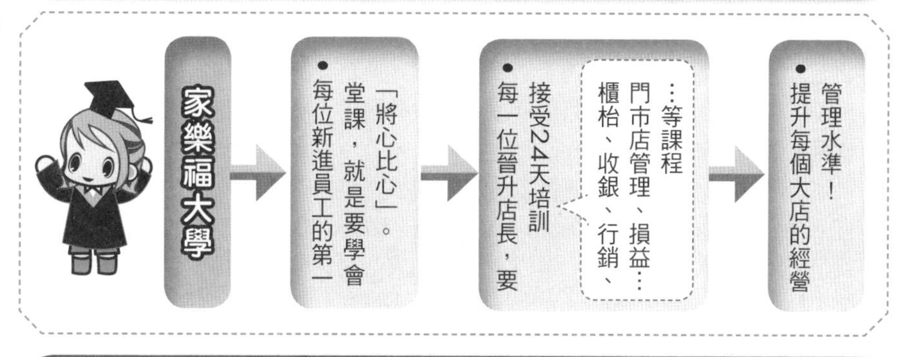

家樂福：服務3大元素

1.看：
・從服裝儀容著手，讓消費者能夠很快找到員工詢問。

2.動：
・主動服務，將心比心，以顧客為導向。

3.話：
・注重與客人的對話用語，展現專業與有禮的態度。

Unit 9-15 家樂福：貼心藏在銷售及補貨流程裡 Part II

過去始終徘徊在二、三名的家樂福，為何能在2008年一舉奪冠，兩年後又再連莊，突圍的關鍵，就在於觀念的改變——凡事為顧客、為員工著想，成就家樂福第一名的好服務。

四、顧客想退貨，不需要任何理由

另一方面，時常走進現場觀察的康柏德還要求員工主動出擊做服務。

他舉例，當收銀線前沒有人時，收銀員要站到收結帳機台前，觀察其他結帳排隊客人，主動招呼「這裡可以為您結帳」。生鮮部門員工最好還要能體貼詢問是否知道料理方式。

內部也設有專責單位，負責研究賣場工作流程，提出改進方案，常發生的情況是貨架上顧客要的商品賣光了，如何立即補上？

根據以往經驗，服務員從賣場到倉庫取貨、再返回現場將商品送到顧客手中，所需時間至少20～30分鐘，萬一遇上倉庫沒存貨、服務員空手而歸，還會引發顧客抱怨效率太差、白費時間。因此他們決定把倉庫搬進賣場，將庫存商品移至賣場貨架最上層，讓員工補貨找貨更有效率。

為了全心全力做好服務，連發放優惠券的小動作都有學問。

配合各種優惠促銷活動，服務中心的會員系統，如今可自動在結帳後列印折價券，或是將贈品改為紅利點數，兩道步驟簡化成一次到位，顧客不必像百貨公司週年慶一樣，為了換取贈品在服務台大排長龍，引發抱怨。

家樂福當然知道，要讓每位客人都滿意幾乎不可能。但他們樂於傾聽顧客的批評指教，那代表有機會改善缺點。也因此，家樂福十多年前就首創「不滿意退貨」服務，直到現在，顧客如果想要退貨，不需要說明任何理由就可辦理。

五、三大核心價值：堅守承諾、用心關懷、正面積極

家樂福所做的一切調整，都呼應著堅守承諾（Committed）、用心關懷（Caring）、正面積極（Positive）的三大核心價值。

其中，用心關懷的對象還涵蓋員工。2009年起，康柏德開始在內部實施彈性班表，打破每班固定時數的限制，由員工自行決定到班時間，對需要接小孩上下學的員工們，是十分貼心的制度。

台灣家樂福人力資源部總監吳柏毅觀察，彈性班表的好處是工作氣氛融洽，人員離職率也跟著降低了。

因此我們可以得到以下結論，即凡事為顧客、為員工著想，是成就家樂福第一名好服務的關鍵思維。

家樂福：3大核心價值

家樂福：凡事為顧客、為員工著想

家樂福第一名好服務

為顧客著想！

為員工著想！

家樂福：不斷追求缺失的改進

・那代表有機會改善缺點！

・樂於傾聽顧客的批評指教！

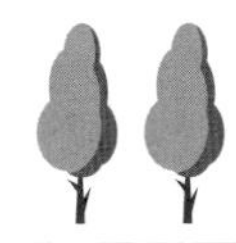

Unit 9-16 HOLA家居館：拿捏剛剛好的服務分量Part I

逛一趟賣場，可以學品味、懂潮流，並找到適合自己的居家風格？這種看似超高標準的居家通路服務，在HOLA（和樂家居館）中，正逐步落實。

HOLA以專業、貼心的服務，贏得2009年《遠見》居家通路類的服務冠軍，集團內的特力屋（B&Q）也拿到亞軍。

一、客戶導向，是特力集團的DNA

其實做貿易起家的特力集團董事長何湯雄，很早就強調要提供客戶高效率的服務，旗下品牌迭獲肯定並非偶然。「客戶導向，可說是特力集團的DNA！」2009年3月間才從台灣IBM挖角到特力集團擔任執行長，童至祥初期常喬裝逛賣場，有一次拿了瓷器餐具放在推車中，一旁店員看到馬上接手包裝，深怕碰碎。

童至祥以為是自己身分被識破，才有特殊待遇，結果原來是HOLA的貼心SOP。此外，店員還會戴上白手套包裝餐具器皿，就是要避免污損、留下指紋。

HOLA最希望的，是給客人「剛好需要的服務」。「給太多，就是打擾了！」HOLA總經理蔡玲君說，HOLA的服務有3S（Service、Sales、Support）。以銷售來說，不強對客人推銷，而是給客人真正需要的，連退換商品都從法定的七天期限，延至一個月。

二、客人自選時，店員隨侍諮詢

有趣的是，因為賣的是居家商品，面對的都是想要布置住宅的客人，HOLA還設有駐店的「居家布置諮詢師」，免費提供諮詢，舉凡基本的風水、色彩與美學等家庭布置常見的問題都難不倒。為了體貼客人，HOLA還會製作寫著居家布置知識的小卡，貼在賣場各角落，提醒客人怎麼「擺弄」小窩，才可以住得更有品質。

蔡玲君說，本來十一年前HOLA剛創立時是採自助式，但後來居家品味的觀念抬頭，相較於別的居家通路，來到HOLA消費的客群，更重視居家美學與生活品質。

因此，HOLA定位在Affordable Indulgence（可負擔得起的享受），順勢推出更扎實的分區專業服務，每位駐點人員都需對自己所負責的居家品項瞭若指掌，也要懂得品味與美學。

「但品味背不來，必須要親自體驗！」蔡玲君表示，HOLA對服務人員的訓練，就包括居家美學的各種面向，有時還會有內部品酒會，真正去體驗餐酒相佐的滋味，以及餐桌上器型搭配的巧妙。有時也在賣場舉辦「品味講座」，把當季的流行主題、色彩搭配介紹給客人。

HOLA：客戶導向，是特力集團的DNA

1.客戶導向，是特力集團的DNA

2.給顧客剛好需要的服務

3.給太多，反而是一種打擾了

4.HOLA服務3S

① Service

② Sales

③ Support

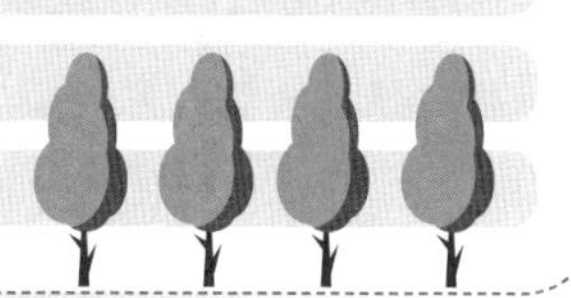

5.不對客人強推銷，而是給客人真正需要的

HOLA：客人自選時，店員隨侍諮詢

・設有：駐店的「居家布置諮詢師」，提供風水、色彩、美學問題。

・HOLA：定位在Affordable Indulgence（可負擔得起的享受）

・公司內部有各種對服務人員的專業訓練，提升對各項產品的了解。

・推出更扎實的分區專業服務—每位駐點人員都須對所負責的居家品項瞭若指掌，也要懂得品味與美學。

・有時，也會在賣場舉辦「品味講座」—把當季流行主題、色彩搭配介紹給客人！

Unit 9-17 HOLA家居館：拿捏剛剛好的服務分量Part II

這幾年，「生活風格」一詞在台灣喊得震天價響，想要突顯自我風格，除了個人身上的穿搭，再來就是家裡的擺設，使得居家類的雜誌、書籍和電視節目在台灣大受歡迎。再加上日本一些生活雜貨陸續搶進台灣，居家市場分眾更細，從大型家具賣場、中型居家修繕賣場，再到小型居家雜貨賣場，各類型的通路不斷出現，也不斷壯大居家產業的規模與聲勢。

三、走入社區，做好全方位居家服務

不過，卻沒有一個居家企業能像特力集團一樣，一條鞭提供全套服務。除大家熟知的DIY品牌「B&Q特力屋」、家飾用品品牌「HOLA和樂家居館」、專營床墊和家具的「HOLA CASA和樂名品家具」，以及精品寢具「FREER僑蒂絲」，這幾年特力還向上發展高檔的全屋裝潢「特力爵家」，向下發展平價的居家修繕「好幫手裝修連盟」。

說特力是國內最大的居家連鎖通路，一點也不為過。舉凡住家需要單品的安裝、全屋的裝修，無論家裡的大小事，已經都是特力一輩子的事。

這項目標說來簡單，但做起來非常不容易。特力因此成立裝修聯盟，並投資軟體，結合後勤服務；一通電話進來，就知顧客裝了什麼東西、修了什麼；且一日服務，終生維修。為符合創辦人兼董事長何湯雄不時掛在嘴邊的一句話，「家的大小事，一輩子都是特力的事」，以及消費者的需求，這幾年特力不斷發展居家通路鏈。

從強調健康有機環保的「Live for Nature特力樂活」、走入社區的「特力屋PLUS」、熟齡族群從吃到用的「特力巧樂」，甚至是去年才在南崁開幕的台灣第一個居家購物中心，特力都一再地創新、變化，朝全方位家居服務邁進。

當朝向消費者居家的好服務邁進時，每一家店都是面對消費者的最前線。

四、永遠把客人當家人，創造動人的時刻

HOLA不僅「把客人當家人」，還把消費者進店後、直到離店的各階段購物心理變化，整理成「六大關鍵時刻」，就是希望能服務進消費者的心坎裡，和客人一起「創造動人的時刻」！

五、加強感動服務五大步驟

去年開始，HOLA加緊腳步，加強「感動服務」五大關鍵步驟，包括探詢客戶需求、分析診斷、提出方案、行動承諾，到核對確認；並由集團成立的顧客滿意管理部門，蒐集顧客的聲音。

特力：全方位家居服務領航者

．每一家店，都是面對消費者的最前線！

．不斷創新求變，朝全方位家居服務邁進！

．家的大小事，一輩子都是特力的事！

．成立裝修聯盟結合後勤服務

．要買的、要安裝的、要裝修的，特力集團都有提供

．成為全台最大的居家連鎖通路

．一條鞭提供全套服務

HOLA：永遠把客人當家人，創造動人的時刻

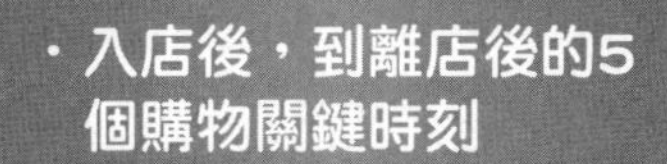

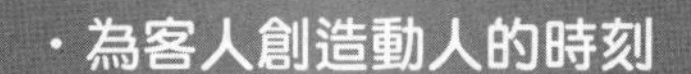

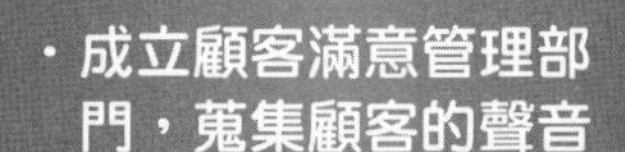

．服務是HOLA的企業文化，要不停的落實

特力集團法務暨訓練室與顧客滿意管理資深經理江琦玉表示，感動服務訓練的靈感來自於IBM的「關鍵時刻」，最明顯可以感受到的改變是去年HOLA才收到16封感謝函，今年到8月已收到300多封，一如童至祥說的，「服務是和樂的文化，要不停落實。」

Unit 9-18
台北商旅：讓五星級飯店望塵莫及的祕密

手機除了通訊、上網功能，現在入住台北商旅，客人還會收到一支手機，這支手機可以打開房門，也能當作悠遊卡搭捷運、到便利商店買東西，更可免費撥打國內室內電話。

一、創新服務成業界表率，創下五成高回客率

這項很炫的創新服務，是台北商旅、上海東方商旅董事長劉季強一手主導。據了解，他砸下300多萬元，更新飯店硬體設備，還要整合手機廠、悠遊卡公司，前後花了二年時間，讓台北商旅創下多項超越國內五星級飯店的紀錄。

台北商旅在國內飯店業獨樹一幟，目前已有大安、慶城兩館，各有59、84間房，雖然規模不大，但強調精緻隱密的服務，卻獲得LVMH集團、宏達電等大型企業的簽約，海外員工來台出差，都入住台北商旅。至今，台北商旅兩館每年維持平均七成的住房率，且有五成的「回客率」，平均房價約200美元。

台北商旅的推手董事長劉季強，雖在飯店業資歷逾四十年，但一向隱身幕後，不常曝光。劉季強很浪漫地談到當初取名「台北商旅」的緣由，是當時無意間翻閱到《周禮．考工記序》的記載，正是他想要開旅館的定位，「一位旅行四方的商人，需要休息、落腳的『家』。」

但台北商旅的成立，可是一點也不浪漫。率先成立的大安館，試營運的第二天，剛好碰到1999年發生的921大地震，入住的外國旅客跑掉剩下兩位。

看似出師不利，劉季強告訴每位員工，「每位商務客人背後都代表一家公司，只要讓這位客人帶回滿意的入住經驗，來一個留住一個，就可以穩住客源。」很快地八個月後，大安館開始損益兩平，「因為客人回去都會建議公司，與台北商旅簽約。」

二、私密、專屬的服務

在飯店產業裡，所有客人就屬服務「商務旅客」最困難。「因為他們住過太多頂級飯店，要求很高。」劉季強將心比心，設身處地著想，台北商旅的餐廳只接待房客，不收其他客人，在咖啡廳提供免費的網路、飲料、小點心。

要讓客人覺得這是在家裡，豈有將餐廳的位置賣出去給外人用餐的道理？劉季強相信，只要「純粹」讓入住的旅客有很好的服務體驗，創造的回客率，效益絕對大過電話費、網路費，甚至餐飲服務費用。

劉季強甚至為了讓客人多一個像家的感覺，還要求提供客戶免費的「付費電影」，「以後到台灣，豈有不回家的道理？」台北商旅打破許多飯店產業的遊戲規則，也成為許多飯店創新服務的表率。

台北商旅：創新服務，創下5成高回客率

1.台北商旅創新服務——借給入住客人一支手機

這支手機可以打開房門，也能當悠遊卡搭捷運，到便利商店買東西，更可免費撥打市內電話。

2.創下超越國內五星級飯店紀錄

3-1.每年維持平均7成住房率

3-2.每年有5成回客率，非常高

3-3.平均房價5,000元～6,000元台幣

台北商旅的高回客率，讓台北市五星級飯店望塵莫及，「一般飯店能夠有2.5成的回客率就算高了。」東方商旅營運長畢嘉瑋說，亮眼的成績讓台北商旅，在台灣飯店業中占有一席之地

4.獲得LVMH精品集團、宏達電等大型企業簽約

海外員工來台出差，都入住在台北商旅。

取名「台北商旅」的緣由

劉季強談到當初取名「台北商旅」的緣由：「當時，無意間翻閱到《周禮．考工記序》，記載著：『通四方之珍異以資之，謂之商旅』」。劉季強看到這段話，正是他想要開旅館的定位，「一位旅行四方的商人，需要休息、落腳的『家』。」

台北商旅：每位商務客，都代表一家公司

來一個，留住一個

1.台北商旅：創新與優質服務，創造高的回客率。

2.每位商務客人背後，都代表著一家公司；只要讓這位客人帶回滿意的入住經驗，來一個留住一個，就可以穩住客源。

台北商旅：私密、專屬、貼心服務

1.商旅客人要求很高。

2.台北商旅的餐廳，只接待房客，不收其他客人。

這樣私密、專屬的服務，在當時是個創舉，就連飯店教父嚴長壽，參觀過台北商旅後，都拍拍劉季強的肩膀說：「老弟，你沒有對外經營餐廳是對的。」

①在咖啡廳提供免費的網路、飲料及小點心

②可以免費看付費電視的電影

負責業務行銷的台北商旅副總經理張素卿，曾經在海外知名連鎖飯店集團的客房部經理，帶著豐富的海外飯店管理經驗，遇到劉季強卻一度難以適應。「在大飯店每件事情都要計算成本、報酬率，董事長（劉季強）卻從來不問。」張素卿舉例，有一次劉季強要求提供客戶免費的「付費電影（Pay Movie）」，張素卿非常不解，既然是付費電影就是應該要收費，為什麼要捨掉可以賺錢的機會？

無論是免費的咖啡、甜點，或是手機門禁結合悠遊卡的創舉，這些都是台北商旅「貼心」的服務，只為了讓商務旅人能有家的感覺。

3.讓客人一回到台灣，就會想入住到這裡來，這裡有像「家」的感覺。

Unit 9-19 全球頂級大飯店麗思·卡爾頓的經營信條與原則

麗思·卡爾頓酒店（Ritz-Carlton）是一個高級酒店及渡假村品牌，現擁有超過70個酒店物業，分布在24個國家的主要城市。麗思·卡爾頓酒店由附屬於萬豪國際酒店集團的麗思·卡爾頓酒店公司（Ritz-Carlton Hotel Company）管理，現僱用超過3.8萬名職員，總部設於美國馬里蘭州。以下彙整其之所以經營成功的原因所在。

一、三大信條

麗思·卡爾頓有下列三大經營信條，一是給顧客最真心的關懷與最舒適的享受，是麗思·卡爾頓的終極使命。二是提供體貼入微的個人服務與完善齊全的設備，營造溫馨舒適與優雅的環境，是麗思·卡爾頓的承諾。三是身心舒暢、幸福洋溢與出乎預料的感動，是麗思·卡爾頓經驗的最佳寫照。

二、對員工的承諾

麗思·卡爾頓對員工有下列三點承諾，保障麗思·卡爾頓的基本工作環境，它是每位員工的榮耀，一是麗思·卡爾頓的紳士與淑女是實現客服承諾的重要資產。二是奉行信任、誠實、尊敬、正直與奉獻原則；培養人才、使人盡其才，以創造員工個人與公司雙贏的局面。三是麗思·卡爾頓致力營造重視多元價值、提升生活品質、滿足個人熱情抱負、強化麗思·卡爾頓企業魅力的工作環境。

三、工作基本原則

麗思·卡爾頓有下列工作基本原則，員工必須遵循，包括1.我們是服務紳士與淑女的紳士與淑女；2.「服務三步驟」是麗思·卡爾頓的待客之本，必須落實在每一次的接待行為中；3.所有員工均須完成年度職務訓練並通過檢定；4.公司須與員工溝通企業目標，每位員工應支持並達成；5.為了創造榮譽與快樂，參與與自己相關的計畫是每位員工的權益；6.持續發掘飯店的缺點，是每位員工的責任；7.發揮團隊合作、兼顧橫向服務，以滿足顧客與同事的需求；8.每位員工都享有充分授權；9.維護清潔，毫無妥協；10.為提供賓客最完美的服務，每位員工有責任發掘並記錄個別顧客的偏好；11.決不疏忽任何一位顧客；12.「微笑，因為我們站在舞台上」，無論是否在工作崗位，都要以麗思·卡爾頓飯店大使身分自持，永遠以積極的態度應答，與適當的人溝通自己所關心的事；13. 親自陪同顧客前往飯店內任何地點；14.穿著麗思·卡爾頓制服、遵守儀容規範、注意個人言行，以展現專業自信的形象；15.安全第一，以及節約能源、維護店環境與安全，是每位員工的責任等。

麗思．卡爾頓高級大飯店3大經營信條

麗思．卡爾頓3大經營信條

這是麗思．卡爾頓的基本信念。每位員工都須理解它，將它內化為自己的信念，賦予它生命。

1.終極使命
給顧客最真心的關懷與最舒適的享受。

2.承諾
提供體貼入微的個人服務與完善齊全的設備，營造溫馨舒適與優雅的環境。

3.最佳寫照
身心舒暢、幸福洋溢與出乎預料的感動。

麗思．卡爾頓的工作基本原則

1.所有員工均須完成年度職務訓練並通過檢定。

2.公司均須與員工溝通企業目標，支持公司達成目標是每位員工的職責。

3.持續發掘本飯店的缺點，是每位員工的責任。

4.每位員工都享有充分授權。

當顧客面臨問題或有特別需求時，必須暫時擱置例行業務，立即陪同並協助顧客解決問題。

5.發揮團隊合作、兼顧橫向服務，以滿足顧客與同事的需求，是每位員工的責任。

6.落實每一次的待客服務，以確保顧客滿意我們的服務，願意再次光臨。

服務3步驟

麗思．卡爾頓的待客之本，必須落實在每一次的接待行為中，以確保顧客滿意我們的服務、願意再次光臨、永遠喜愛麗思．卡爾頓。

① 溫暖且真摯的問候。問候時要喚出顧客姓名。

② 預期並滿足顧客的每個需求。

③ 真情流露的道別。給顧客溫暖的再見，說再見時要喚出顧客姓名。

7.我們是服務紳士與淑女的紳士與淑女。

我們是提供服務的專家，我們以尊重的態度與高尚的言行對待賓客或任何人。
例如使用合宜的字彙與顧客應答：「早安」、「好的，沒有問題」、「樂意之至」、「這是我的榮幸」。
再如接聽電話時，在第三聲鈴響前接起電話，並以「微笑」應答，盡可能以姓名稱呼對方；如有必要請對方等候，必須先以「可以請您在線上稍等一下嗎？」徵詢對方許可；不可擅自過濾電話；避免轉接來電；遵守語音留言規則。

8.為提供賓客最完美的服務，每位員工有責任發掘並記錄每個顧客的偏好。

9.永遠以積極、主動、微笑的態度面對顧客；並決不疏忽每一位客人。

如有客怨，應立即平息客怨，承擔並解決客怨問題，從接到客怨的那一刻起，至顧客滿意為止，並記錄客怨內容。

10.親自陪同顧客前往飯店內任何地點，而非口頭指引。

Unit 9-20 亞都麗緻旅館：絕對頂級服務是沒有SOP

「亞都人最難受的事就是有人說我們服務不好，」亞都麗緻旅館集團執行副總裁兼台北亞都麗緻飯店總經理鄭家鈞說，「優雅而細膩的服務」是亞都麗緻旅館集團立足市場最為人稱道的企業資產。

一、以人為本，從心出發

在亞都麗緻集團，服務早已內化為每個同仁血液中的DNA，所以「服務不好」對亞都麗緻人而言，是很難忍受的「奇恥大辱」！

任何曾經出入台中亞緻飯店或台北亞都飯店的消費者，都可以感覺到亞都人身上，普遍都有一股其他飯店工作人員少有的氣質，他們舉止斯文、談吐優雅，既不卑微、也不僭越，服務的「時機」總是恰到好處，表現自然且不造作，讓人感覺舒服、自在且愉悅。這種氣質，也成了亞都麗緻旅館集團的一種企業文化。事實上，「亞都人」根本就是亞都麗緻旅館集團企業識別體系中的一環。「亞都式服務」是一種「以人為本」的服務。

二、把同仁與客人當家人

亞都麗緻的企業文化奠基於集團投資業主周志榮與周賴秀端夫婦的「厚道」，以及「台灣觀光教父」嚴長壽的「熱情」。亞都人稱「周媽媽」的周賴秀端，不僅對員工「非常非常客氣」，她最常掛在嘴邊的就是「對人要好呀！」。而協助周氏夫婦建立亞都麗緻旅館集團的嚴長壽，更以身作則的奉行「把同仁與客人都當家人」來對待。優質服務是一種內涵，亞都人的服務好，是因為「家教好」。

三、SOP是低標，頂級服務是提供客製化服務

為了落實管理，亞都麗緻各單位都制定有嚴謹的標準作業流程（SOP）、工作檢查表，以及工作日誌制度；不過，這些對亞都人而言，其實都是「低標」。絕對頂級服務其實是沒有SOP的。亞都的「高標」是：為每位客人提供客製化的服務，也就是「尊重每位客人獨特性」。

四、用心感動客人，40%都是老客人

「SIR」指的是先生、閣下或長官，是對人的敬語、敬稱。在亞都麗緻，「SIR」則代表傳遞客製化服務精神時的檢查機制。它指的是「Special Inspection Room」，也就是需要特別留意、關心的房間。無論是台中亞緻飯店或台北亞都麗緻飯店，每天上午都有名為「SIR」的檢查，總經理與各部門主管會逐一檢查當日住房或訂餐客人名單，再從檔案資料記載的客人習性中要求各單位務須滿足客人需求。

亞都麗緻的成功秘笈

服務4大精神

1.每個員工都是主人。
2.每件事，都要比客人提早想到。
3.尊重每位客人的獨特性。
4.絕不輕易說「不」！

經營3大心法

1.永遠將客人放在第一優先。
2.每位同仁的成與敗，都是主管的責任。
3.沒有以為，凡事要確認。

服務5大步驟

此五個中文字為前總裁嚴長壽所提。

心 1.真心歡迎接待！
誠 2.誠懇的對客人自我介紹！
專 3.專業的服務與解說！
問 4.問話的技巧與分寸！
送 5.以感激與感恩的態度送客！

亞都麗緻：以人為本，從心出發

1. 優雅而細膩的服務，是亞都麗緻的企業資產。
2. 「服務」這二個字，早已內化為每個同仁血液中的DNA了！
3. 視「服務不好」為奇恥大辱！
4. 亞都式服務，是一種「以人為本」的服務！
5. 把員工及客人當成是家人！

亞都麗緻：SOP是低標，頂級服務是沒有SOP

1. 服務低標

· 標準作業流程（SOP）
· 工作檢查表（Check List）
· 工作日誌制度（Log Book）

3. 服務高標

為每位客人提供客製化的服務；尊重每位客人的獨特性。

這真是一個日積月累的工程。為了尊重每位客人的獨特性，亞都人透過顧客意見調查表、現場觀察及與客人互動等方式，花了很多心力去了解客人的習慣。

2. 絕對頂級服務，其實是沒有SOP的

4. 用「心」感動客人
40%都是老客人回流，鞏固業績

亞都麗緻平均每日收到8至12封來自客人的意見函，每年約收到3千多封的信件，鄭家均除每封均親自仔細閱讀，並要求由相關單位即刻處理且在48小時內回覆客人。亞都麗緻有40%的客人都是老客人，這些客人中如果有老花眼的，他們房中的沐浴用品標籤上的字事前都經過放大。有連續要住個三天以上者，服務人員可能會去館外買燒餅油條或豆漿當早餐，讓他換換口味。客人下榻飯店，前台人員更早已為他準備好了他在台北使用的「臨時名片」，上面除了有客人的中英文姓名，還記述著「我在台北的家．亞都麗緻」。
亞都麗緻曾收到一位客人的感謝信，上面寫著「喜歡亞都麗緻，原因是亞都麗緻的Heartware，勝過很多飯店的Hardware」。這就是亞都麗緻用「心」感動客人。

Unit 9-21 長榮鳳凰酒店：用服務讓客人一試成主顧Part I

「除了異業常來交流，連同業都來觀摩」，位在礁溪的長榮鳳凰酒店經營團隊立足市場最感自豪的事，不是暑假領先諸多渡假飯店的9,700元平均房價（含餐＋稅），也非營收成長了11%，而是接到客人感謝或讚美同仁服務的信函。

也就是因為服務卓越，礁溪長榮鳳凰酒店的回客率超過六成，更得到工商時報舉辦的「2012服務業大評鑑」休閒渡假飯店的金牌獎，證明長榮鳳凰酒店的服務確有值得市場同業甚或異業借鏡之處。

一、優質又貼心的住房體驗，才是吸引顧客的不二法門

旅館飯店致勝關鍵，硬體設施固然重要，但旅館飯店給客人的FU更重要，客人得到的優質服務體驗，才是他們選擇飯店時的主要考慮因素。以下是一個長榮鳳凰酒店的員工透過優質服務，讓重量級貴賓「一試成主顧」的故事。

一位國內知名連鎖餐廳的董事長某日下榻長榮鳳凰酒店，完成Check in後便借了單車到鄰近果園採番茄，結束了採果之旅回到飯店後，這位董事長急著回房間淋浴沖涼，匆忙中忘了將剛剛鮮採的番茄帶回房間。長榮鳳凰巡場同仁發現了這一袋「董事長遺忘的番茄」後，便將番茄親送到貴賓的客房。長榮鳳凰的同仁來到餐飲大亨的門口，輕敲房門並表達來意，但這位董事長正在洗澡淋浴，於是告知長榮鳳凰同仁：「東西放在門口就好。」得到客人回應後，長榮鳳凰的同仁體貼的將這一袋小番茄刻意放在門口右側，一方面比較顯眼醒目，另一方面則可避免被踩到。然後，他對著房門深深一鞠躬後，轉身離開。站在門後的餐飲大亨透過門上的洞眼，清楚地看到了這位長榮鳳凰酒店同仁的一舉一動，除了將此例子與集團員工分享，長榮鳳凰酒店日後並接到了不少該餐飲集團的住房生意。

二、經營管理的3P目標

寶宏事業集團投資的長榮鳳凰酒店（礁溪）是長榮國際連鎖酒店經營管理的首家五星級溫泉渡假酒店，在規劃之初，長榮與寶宏即針對飯店定位建立了「五星、頂級」的共識，除硬體設施有諸多超越同儕的投資，在軟體服務更以「超乎客人期待」為目標期許，如今在開幕營運屆滿兩週年之際得到「2012服務業大評鑑」休閒渡假飯店類中的金牌獎，是投資業主與經營管理團隊共同努力的結果。

長榮旅業團隊係以「3P」為經營管理長榮鳳凰酒店的目標，1P是首選（Preferred），要讓長榮鳳凰酒店成為溫泉渡假酒店中的首選。2P是獲利（Profit），要讓投資業主獲利，員工接受專業訓練後獲益，客人感到物超所值。3P是愉悅（Pleasure），要竭盡所能讓員工快樂工作，並滿足客人需求。林正松指出，有企業願景（Vision），才有企業使命（Mission），然後再是營運（Operation）。

長榮鳳凰酒店：回客率超過6成

1.經常接到客人感謝或讚美同仁服務的信函

2.即使旺季時，房價高達9,000元

3.回客率仍高達6成

4.致勝關鍵：
①一部分來自硬體設備
②更重要的是維繫良好的顧客關係，要給客人良好的FU

5.優質又貼心的住房經驗，才是吸引顧客的不二法門

長榮鳳凰酒店：經營管理的最高3P目標

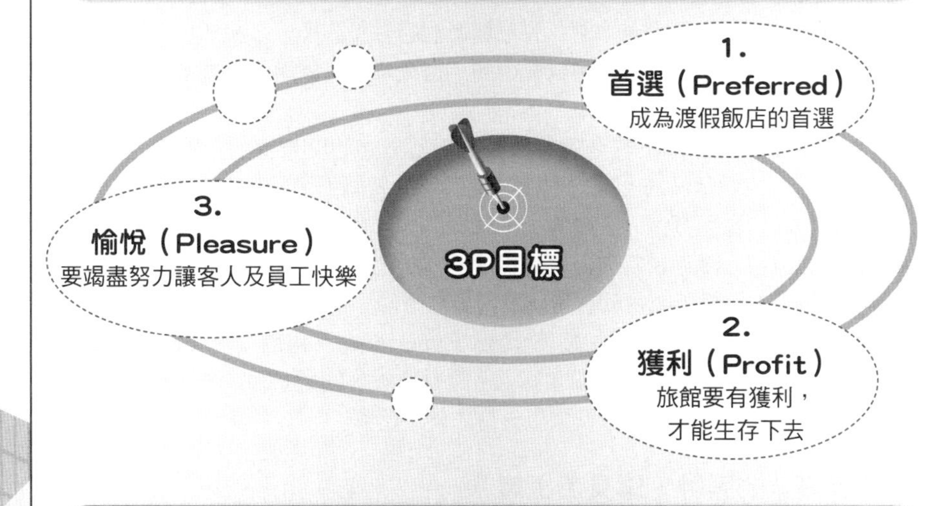

願景→使命→營運

Unit 9-22 長榮鳳凰酒店：用服務讓客人一試成主顧Part II

長榮鳳凰酒店的經營管理、行銷業務與服務流程，都是以前文提及的3P為最高指導方針並推動執行。

三、旅館飯店成功的三大支撐要件

旅館飯店立足市場的三大支撐要件分別是競爭力、營運力與生命力。其中，競爭力指的是市場定位、產品差異化策略，以及硬體設施等。營運力則是經營管理、行銷業務與服務流程等專業技術與職能。而生命力則是員工的素質與傳遞服務體驗的細膩程度。林正松強調，「三力」通通要到位，才能為飯店撐起一片天。

四、顧客滿意，就是實際體驗超過期待後的結果

根據頂級定位並為了追求卓越，長榮鳳凰酒店做了許多一般飯店沒有做的硬體投資。這些投資，客人不見得用得到或看得到，但長榮鳳凰酒店不僅做了，且以最高規格進行規劃。

例如為泡湯客人的衛生安全著想，長榮鳳凰酒店的溫泉機房內除了水質監測系統，並設有紅外線殺菌設備。館內中西餐廳廚房，兩個都通過HACCP認證。鑑於溫泉區旅館客房內常會因潮濕而有霉味，長榮鳳凰酒店並加強空調系統，即便沒有客人入住也會定時運轉，讓客房常保舒適清爽。而為防止泡湯客人發生意外，除公眾湯池備有血壓計讓客人測量外，每間客房浴室內有防滑條、止滑墊及緊急服務按鈕。

所謂「顧客滿意」，就是「實際體驗（Experience）超過期待（Expectation）後的結果」，而長榮鳳凰酒店讓顧客滿意，優質硬體設備是原因之一，而設備都要花錢，林正松指出，這個部分要投資業主支持才得以落實。

五、顧客滿意的眼神，讓員工上癮

顧客滿意度來自服務員態度、速度與細膩度。他以「五心級服務」期許員工同仁。這「五心」指的是：用心、細心、真心、熱心與貼心。林正松說，絕對的頂級服務沒有SOP，唯有靠「心」。他強調，「服務用心，客人安心」，「服務細心，客人窩心」，「服務真心，客人有信心」，「服務熱心，客人才暖心」、「服務貼心，客人開心」。

「消費者滿意的眼神，讓我們服務成癮，」林正松語重心長指出，服務業是需要與客人培養感情的。長榮鳳凰酒店的服務並包含前、中、後，所以當蜜月客人來到長榮鳳凰酒店，進了客房發現「滿室浪漫」時不必感到意外，因為飯店服務人員在接到訂房詢問電話時，其實就已試著了解客人的渡假目的與動機了。

旅館／飯店成功3大支撐力

3大支撐力

1.競爭力
- 市場定位對不對？
- 產品差異化策略何在？
- 硬體設施好不好？

2.營運力
- 經營管理如何？
- 行銷業務如何？
- 服務流程如何？

3.生命力
- 員工素質如何？
- 傳遞服務體驗的細膩程度如何？

勝出！

顧客滿意：客人實際體驗超過期待後的結果

超過客人的預期！（Expectation）← 顧客滿意！Good！Excellent！→ 實際體驗！（Experience）（硬體＋軟體）

長榮鳳凰酒店：五心級服務

1.服務態度　2.服務速度　3.服務細膩度

↓

高顧客滿意度！

↑

1.用心　2.細心　3.真心　4.熱心　5.貼心

五心級服務

長榮鳳凰酒店：頂級服務是沒有SOP的

唯有靠「心」

→

1. 服務用心 → 客人安心！
2. 服務細心 → 客人窩心！
3. 服務真心 → 客人有信心！
4. 服務熱心 → 客人才暖心！
5. 服務貼心 → 客人開心！

→ 讓我們服務成癮！客人滿意的眼神，

Unit 9-23 賓士轎車：提升售後服務，鞏固車主向心力

賓士在台穩居豪華進口車銷售冠軍寶座，除了不斷推出新車外，賓士也積極提升售後服務，鞏固車主向心力。日前賓士推出全球最高標準的售後服務，原廠長期培訓的專業技師上陣，以達到德國原廠標準的「一次完修率」。

一、「服務，為你而在」新品牌服務精神標語

台灣賓士公布售後服務的全新品牌精神標語「服務，為你而在」，並宣布所有維修廠全面升級服務標準，一致採行德國賓士原廠的「一次完修率」高標準，讓車主享受一次修到好的服務。

台灣賓士全新的服務體系號稱有最佳的人員、最佳產品和最佳流程（Best People，Best Product，Best Process），強調賓士的售後維修人員不同於一般的汽修廠的黑手，所有技師遴選不只是大學專業科系的畢業生，還得接受一年半的原廠專業訓練，並定期接受在職訓練。

現今許多車子都是採用鋁合金打造的輕量化高剛性車體，鈑金技師要有特殊技巧與訓練，目前全球認證的鋁合金鈑噴技師只有三名，其中一名就在台灣賓士廠內。台灣賓士保證所有維修零件均是正廠，車子在十五年內零件都能供應無缺。

目前其他豪華車品牌也搶攻服務市場，包括BMW、AUDI等品牌全力籠絡車主向心力，打造全新的維修體系，縮短保養維修時間和待料時間。

二、「Service 24」，24小時道路救援創舉

賓士汽車去年再度搶下進口豪華汽車品牌的銷售冠軍，為鞏固車主向心力，再推出國內首見、名為「Service 24」的24小時道路救援服務，並組成專屬救援車隊，提供全天候救援。

台灣賓士斥資千萬打造，獲得國際認證的彰化汽車整備暨零件中心，正式啟用，將以最快速度供應零件，避免待料時間過長。台灣賓士也宣布成立以23輛賓士的C-Class Estate旅行車改造成的救援車隊，提供全台24小時道路救援與急修，專業技師團隊24小時待命，所有診斷和維修工具都比照德國賓士總部規格標準。

一般車廠多會和拖吊公司簽約，為車主提供24小時拖吊服務，但僅是拖吊，賓士的救援車隊是自家專屬道路救援車隊，配到全台23個維修中心，並有技師隨時待命，救援車還是以賓士100多萬的旅行車打造而成。

這項服務車主不需額外花費，只要打專線0800-036-524，有服務人員24小時接聽，服務範圍包括一般道路救援，但不含高速公路、快速道路等法令禁止急修路段。非天災所造成之車輛故障，會有救援車前往救援診斷，如故障地點在無法於1小時車程內到達之處，救援人員會協助車主以專業專拖吊方式進廠。

賓士轎車：服務，為你而在！

賓士（BENZ）轎車：在台穩居進口豪華車冠軍

↓

不斷推出新車 | 積極提升高標準服務

↓

鞏固車主向心力

↓

全新售後服務的精神標語：～服務，為你而在～

↓

仿照採行德國賓士原廠的高標準：「一次完修率」！

↓

顧客車主高滿意度！

賓士轎車：服務體系的3個最佳

賓士：「Service 24」，24小時道路救援創舉

鞏固車主向心力

1.斥資千萬元打造的汽車整備暨零件中心

2-1.推出「Service 24」的24小時道路救援服務

2-2.組成專屬救援車隊

Unit 9-24 南山人壽：落實服務力，當客戶靠山

保險業是非常強調服務的行業，從業人員一定要有服務的熱忱，透過保險提供關懷、提供保障，如果沒有服務的熱忱，就不應該從事保險業。

將服務力落實在企業文化中，這是服務業最重要的一點，也是南山人壽選人的標準。

一、要從客戶角度思考如何提供服務

服務熱忱的培養，應該從最高階主管以身作則開始，如果主管只是叫底下的人去服務，服務的文化不會扎根，只有高階主管也挽起袖子，從最基本的服務做起，並對客戶發自內心的感謝，服務文化才能落實。

當服務文化和熱忱培養出來，從客戶的角度去設計組織架構、商品、創新，才能贏得顧客的心。

要從客戶的角度提供服務，對大多仍然習慣本位思考的各行各業，都是挑戰。杜英宗說，他在開會的時候，最常質疑同仁，「你是由自己的角度，還是由客戶角度想事情？若是從自己權利的角度想，從自己利潤的角度想，就是沒有從客戶的角度想」。

二、公司內部每一個部門，都要站在客戶立場

站在客戶的角度為出發，南山人壽做出許多顛覆保險業的創舉，像是20分鐘快速理賠，週六上午不打烊。杜英宗表示，南山人壽是想盡辦法要理賠給客戶，矢志成為客戶的靠山。

一位南山人壽的客戶，在罹患癌症拿到醫生證明後，發現保險已經過期，依法南山可以不理賠。但南山盡責地去翻閱客戶病例，發現這位客戶在穿刺檢查的時候，就發現有癌細胞，那時保險還在有效期間，據此南山人壽立即撥款理賠。

保險的目的就是提供客戶保障，如果保險公司不能在緊急時提供保障，「那我就是台灣最大的非法吸金頭目」。

當南山重視客戶感受之後，第一年的理賠金額就多了將近3億元，那時很多人跟杜宗英說，你這樣會有「道德風險」，但南山堅持做對的事，第二年理賠金額降低到5千多萬元，但是保費收入卻增加了5倍。真誠服務的口碑行銷，讓南山人壽賺到形象也賺到錢。

杜英宗認為，好的企業文化是員工真誠服務的根本，領導者在規劃產品研發、行銷、營運等服務時，都要從客戶角度去著想。

所謂客戶，除了外部客戶，也有內部客戶，一個職務或部門如果沒有任何服務的對象，那就沒有存在的必要。

南山人壽：要從客戶角度與立場思考如何提供服務

1.將服務力落實在企業文化中，是服務業最重要的一點，也是南山人壽選人的標準。

2.保險業是非常強調服務的行業。

3.服務熱忱的培養，應該從最高階主管以身作則開始。

4.要把服務的企業文化及熱忱培養出來。

5.然後，從客戶的角度、客戶的立場去設計組織架構、商品及創新。

6.最後，才能贏得顧客的心！

南山人壽：公司內部每一個部門，都要站在客戶立場，都要以客為尊

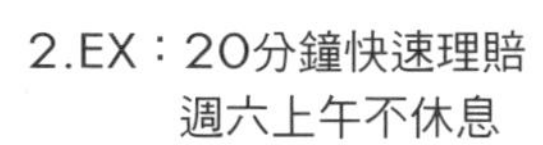

1.站在客戶角度為出發

2.EX：20分鐘快速理賠週六上午不休息

3.想盡辦法理賠給客戶，矢志成為客戶的靠山

4-1.保費收入增加了近5倍

4-2.真誠服務口碑打出來了

5.客戶：內部客戶（各部門協調）＋外部客戶（消費者、保戶）

6.好的企業文化是員工真誠服務的根本

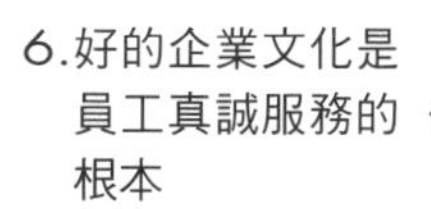

Unit 9-25 義大利鍋具樂鍋品牌：貼心服務，喚回老顧客

義大利鍋具品牌樂鍋史蒂娜（Lagostina）先前由代理商經營，電視購物主持人菲姐代言，近年被賽博集團收購；雖然轉原廠直營的過程中流失了一些消費者，但因堅持品牌核心價值，重視售後服務，也開啟客戶回流的契機。

一、深耕VIP忠實顧客

樂鍋代理商在台灣市場耕耘十幾年，累積許多忠實客戶。近年來直營後重新在台灣經營，為找回過去的老客戶們，重建使用者對於品牌的信心，並且吸引另一群新客層，除了逐步增加店鋪數量，努力提升宣傳廣度，讓許多客戶重新發現樂鍋在百貨公司的櫃位外，還放上維修資訊，就是希望針對售後服務下功夫。

因樂鍋可以保固二十五年，一家專賣薑母鴨店家，因使用樂鍋12公升的快鍋產品多年，需要維修，但找舊代理商卻沒有零件可以協助，後來輾轉聯繫到樂鍋的客服電話，他們立刻提供維修零件。

店家因無法親自送回煮薑母鴨的鍋子，他們也派業務前往協助，藉此開始抓回流失的客戶。

為了鞏固消費者，最基本的方式就是從經營基礎會員和VIP會員開始著手；他們重新檢視會員制度，找出原先的VIP會員外，另外經營在百貨公司櫃位累積消費而成為的VIP客戶。「客戶將鍋具買回家，代表的是另一個交流」的開始。

樂鍋要求銷售員必須在消費者購買一星期後，打電話詢問VIP會員是否懂得使用鍋子或保養等狀況；針對VIP客戶，個別打電話邀請他們參加主廚秀或試吃會；當百貨公司舉辦品牌月或週年慶活動時，傳簡訊告知會員參加活動。

「雖然這項工作費時耗力，但要讓消費者重建品牌信心，這是一定要做的事」。

二、開闢烹飪教室，讓顧客了解樂鍋的好處

因希望召集會員回來，他們也視烹飪教室為可用的資源之一，讓消費者觀摩大廚如何使用樂鍋的產品。既然鍋子可以使用二十五年以上，表示產品不容易損壞，為了創造消費者新的需求，他們計畫舉辦試吃會，號召消費者回來，邀請專業廚師老師使用樂鍋的產品，教導會員免費學習烹調的技巧，相信從舊消費者的回流，就能明顯看出成效。

蔡惠茹表示，台灣北部將會有烹飪教室，2013年春節之後，中區、南區與烹飪學校合作，邀請消費者回來，直接教他們如何使用樂鍋。她提到，樂鍋甚至可以依據客戶所購買的鍋型，另行開課，教導他們如何使用產品烹飪。

「售後服務不是光幫忙消費者修理產品，而是和烹飪結合，教導他們如何使用產品，讓消費者了解，原來使用樂鍋烹飪可以節省這麼多時間」。

樂鍋：貼心服務，喚回老顧客，深耕VIP忠實顧客

① 樂鍋代理商在台灣市場耕耘10多年，累積了許多忠實客戶。

② 樂鍋可以保固25年，提供維修零件。

③ 為鞏固消費者，從經營基礎會員及VIP會員開始著手。

④ 要求銷售人員必須在消費者購買一週後，打電話詢問會員是否會使用鍋子或是否會保養。

⑤ 針對VIP客戶，個別打電話邀請他們參加主廚秀或試吃會；有促銷活動時，也會以簡訊提前告之。

⑥ 鞏固老顧客！

樂鍋：開闢烹飪教室，讓顧客了解樂鍋的好處

1. 邀請專業廚師老師使用樂鍋的產品，教導會員免費學習烹調的技巧。

→ 2. 售後服務不是光幫忙消費者修理產品，而是要更進一步與烹飪結合，教導消費者如何使用產品。

→ 3. 為消費者創造更多的服務性附加價值！

→ 4. 顧客就會有深度與此品牌的黏著度！

→ 5. 傾聽消費者需求，開發客製化商品！

知識補充站

開發滿足台灣習慣的客製化炒鍋

和其他亞洲國家相比，台灣在快鍋的市場明顯需求較大，所以對於樂鍋未來在台灣的經營，將會傾聽消費者的需求，讓產品設計更為客製化。

比如亞洲人偏好使用炒鍋，樂鍋特地設計適合台灣人的炒鍋鏟；此外，以前只有雙耳的炒鍋，但因台灣人炒菜注重拿鍋翻炒，為了減輕重量，因此開發出單柄的炒鍋以配合使用習慣。

Unit 9-26 SOGO百貨：電梯小姐，優雅傳承25年，贏得好口碑

1987年，全台第一家日系百貨SOGO在忠孝東路開幕，引進最新穎的賣場風格，且將日系百貨體貼入微的服務文化帶來台灣，其中打扮入時、儀態優雅的電梯小姐，更在當年掀起風潮。

一、體貼入微的電梯服務文化

第一代SOGO電梯小姐回憶當年盛況，言語之間仍難掩驕傲與興奮，「當時SOGO百貨的電梯小姐，就像是大明星一樣，不少顧客上門，就是為了專程來看我們！」

SOGO電梯小姐的養成至少要三個月以上，職訓課程包括美姿美儀、化妝造型課、說話音調矯正等，如果未通過測驗，還得補修重考才能上線。

曾接受嚴格養成訓練的VIP服務課長余采蘋表示，SOGO電梯小姐的訓練其實就是淑女的養成教育。余采蘋笑說，「結訓之後，周遭的親友都說我變得更有氣質了呢！」

如說話時，會採行「腹部發音法」，讓聲音輕柔和緩，再搭配笑容，以及隨說話速度行15度的「欠身禮」，再刁鑽難搞的客人，遇到如此氣質優雅的電梯小姐，火氣也瞬間熄了一半。

專業訓練外，為維持電梯小姐美麗優雅形像，SOGO每一季都提供電梯小姐兩套制服，款式參考最新的流行趨勢，製作成本高達3萬元。SOGO還會提供免費的彩妝品，讓電梯小姐完美登場。

二、SOGO賣場最美麗的風景

電梯小姐每天輪5班，一班45分鐘都得待在密閉的電梯空間裡，重複同樣的動作、說同樣的話，不免枯燥無聊，但偶爾也會遇到有趣的事。

小朋友似乎都對電梯小姐很感興趣，童言童語稱讚她「好漂亮」、偷摸她的裙子等，還曾有小朋友把她當偶像，跟著她一起高喊「歡迎光臨」、「請問到幾樓？」，賴在電梯裡不肯和媽媽回家。

SOGO電梯小姐的優雅氣質、體貼入微的服務，也常招來好姻緣，不僅常有人主動介紹男友，還曾有企業小開因常來巡店，久而久之愛上電梯小姐。後來這位電梯小姐嫁入豪門，在SOGO傳為佳話。

二十五年來，電梯小姐已成為SOGO百貨特色，在電梯門打開的剎那，鞠躬對顧客高喊「歡迎光臨」，已成為SOGO賣場最美麗的風景。

SOGO百貨：引進日系百貨體貼入微的電梯服務文化，贏得好口碑

・1987年：SOGO百貨率先引進日系百貨體貼入微的電梯服務文化

・電梯小姐的養成至少要3個月

訓練課程

★美姿美儀　★化妝造型　★說話音調　★百貨公司常識　★客人Q&A等……

・每一季提供電梯小姐二套制服＋免費提供彩妝品

款式會參考最新流行趨勢，製作成本高達3萬元。

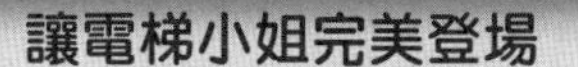

讓電梯小姐完美登場

SOGO百貨：最美麗的風景

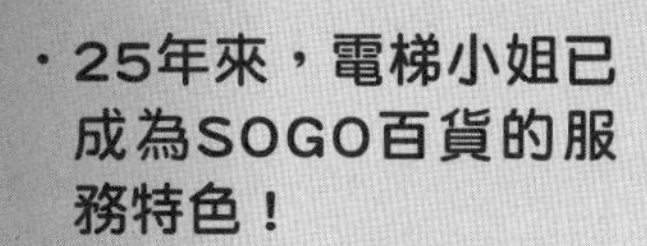

・25年來，電梯小姐已成為SOGO百貨的服務特色！

・當電梯小姐高喊「歡迎光臨」時，已成為SOGO賣場最美麗的風景！

・間接也帶動並提升顧客對SOGO百貨好的評價與口碑相傳！

Unit 9-27 台灣高鐵：打造細緻的台式服務，感動千萬旅人Part I

「台灣高鐵的車廂跟日本新幹線一模一樣，兩者的差異，就是日本的JR服務員檢查車票比較嚴，很麻煩。高鐵好像沒有檢查，只有上下車時而已。」

三十歲的筒井隆彥，經常從日本到台灣出差，他比較台灣高鐵和日本新幹線，唯一差別，就在查票。

一、開發出「座位查核系統」，不打擾乘客

不過，筒井不知道，台灣高鐵在車廂裡並不是沒有查票，而是用台式科技，默默進行「不打擾乘客」的查票。

2011年2月，高鐵自行開發的「座位查核系統」上線。高鐵董事長歐晉德，在他南港辦公室裡表示。

「嗯，17點06分，這班車到桃園，賣出478張票，有73張是愛心票，」歐晉德指著座位圖上一個小紅椅的標誌，代表那個位子的乘客，買的是愛心票。

這套座位查核系統，不但每站能準確更新，讓查票員不打擾乘客，確實完成查票；更在今年4月舉辦的國際鐵路聯盟（UIC）研討會上，讓日、歐等國驚艷，希望能將這套系統引進使用。

「常有人誤以為我們沒查票，或是『針對性查票』，其實都是為了尊重更多數的乘客，盡量不打擾大家，才想出這個方式，」歐晉德說。高鐵每天接觸十幾萬人，一個貼心小動作，就能有很大的影響。

二、積極控制成本，提升服務水準，轉虧為盈

2012年，高鐵服務的旅客人數，超過4,100萬人次，全年平均準點率（誤點少於5分鐘）為99.86%。與歐日等國相較，毫不遜色。稅後淨利為57.8億，是營運五年來，帳面上首度轉虧為盈。

即將到美國芝加哥，參加國際鐵道會議的歐晉德，面對這張得來不易的成績單，心中百感交集，有驕傲，也有壓力。

歐晉德說，在全世界的鐵道經營團隊中，只有台灣高鐵是完全沒有經營過鐵路的經驗就上路。而且，以台灣的社會大環境來看，「高鐵經不起任何一點安全錯誤。」

一直被視為「失敗的BOT案，成功的工程案」的高鐵，為了向政府和民眾證明，在融資利率、折舊合理的範圍之內，是具有獲利能力的。因此積極控制成本，提升服務品質，爭取民眾信賴，才有向政府協商延長營運特許期的籌碼。

台灣高鐵：打造細緻的台式服務，感動千萬旅人

1.台灣高鐵沒有日本新幹線的服務員查票制度，做到不打擾乘客。

2.台灣高鐵自行開發「座位查核系統」，能在不打擾乘客下，確實完成查票作業；並引起國外仿效。

3.台灣高鐵每天接觸10幾萬人，一個貼心小動作，就能有很大影響。

4.每年旅客人數超過4,100萬人次；全年平均準點率（即誤點少於5分鐘）高達99.8%，比日本還好。

5.正式營運5年後，已經開始轉虧為盈了！

台灣高鐵不輸日本新幹線

日本新幹線

●每車廂要有巡迴員查票，很煩人！

台灣高鐵

●電腦自動查票，不用人工現場查票，不打擾消費者！

●一級棒！

Unit 9-28

台灣高鐵：打造細緻的台式服務，感動千萬旅人Part II

實際上，高鐵雖然只有300多公里，但它的範圍涵蓋96%的台灣人口，超過九成的台灣產業，都在高鐵的服務廊帶裡。因此，不能小覷高鐵的影響力。

三、把「安全」與「嚴謹」，放在管理第一順位

高鐵系統若能多創造一點對客戶的服務價值，多努力一點對環境的節能減碳，它的影響力，遠遠大於任何大眾運輸工具。

為了建立顧客對高鐵的「信賴感」，歐晉德把「安全」與「嚴謹」，放在管理的第一順位。

向來對部屬客氣的他，第一次決定開除一個主管，就是因為該主管下班忘了拿工具，折返檢修場兩分鐘，卻沒有依規定穿上安全背心。

「這非常嚴重。第一，你沒有以身作則；第二，你違背安全規定，讓自己身陷危險之中，」歐晉德認為，如果連自己的安全都不會照顧，要如何仰賴他，每天為十幾萬人的安全負責？

為了達到最高標的安全作業程序，高鐵公司在申請ISO認證時，歐晉德還特別親自前往香港，重金禮聘英國公司來做檢定，用國際規格檢驗安全標準。

每年，高鐵進行超過50次的正式安全演練，最大規模動員近千人。連日本鐵路公司的社長，都親自來台灣觀察高鐵演練。因為日本人發現，高鐵在管理上的嚴謹度，甚至超越日本。

四、服務內涵上，要貼近消費者的需求

除了安全與精確，高鐵近年在服務內涵上，也愈來愈貼近消費者需求。

「『便利』這件事，高鐵算做到了。開發APP，讓手機就等於車票，簡化中間很多流程，訂位、付款、取票一次搞定，」Yahoo！奇摩社群發展部總監李全興觀察。行動網路和旅運服務結合，高鐵算是踏出成功的第一步。

以高鐵軟硬體的標竿位置來看，它還具有打造台灣更精緻旅途文化的責任。

去年暑假，高鐵就曾推出八班「高鐵熊說故事」列車活動。把親子聚集在同一個車廂，不但營造小客人不同的搭乘體驗，也減少其他旅客受到的干擾。

今年暑假，高鐵進一步推出「親子閱讀趣」活動。在全線八個車站設置閱讀區，各放置200本童書，且可免費借閱，不需押金或證件，甲站借、乙站還。

「Go the extra mile.」（用心，把事情做得更好），是高鐵希望帶給乘客的滿意感，從基本的安全與準確，到創新的旅途體驗，高鐵未來乘載的，是更多旅人的期待。

台灣高鐵：把「安全」與「嚴謹」，放在管理第一順位

台灣高鐵：管理第一順位！

1.安全！

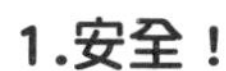

2.嚴謹！

現場人員沒有安全背心，將予以開除！

建立顧客對高鐵的「信賴感」！

1.重金禮聘英國公司來檢定ISO認證！符合國際安全標準！

2.每年進行超過50次的正式安全演練，動員人數超過1,000人次以上！

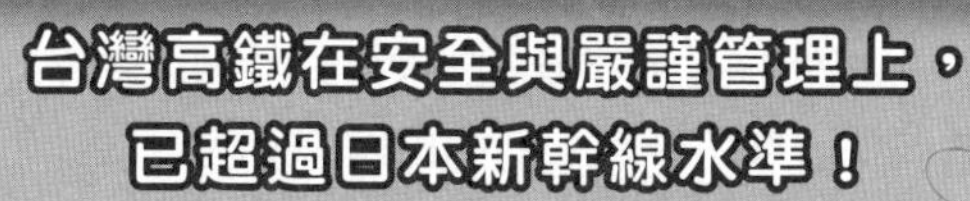

台灣高鐵在安全與嚴謹管理上，已超過日本新幹線水準！

台灣高鐵：服務內涵上，要貼近消費者需求

暑假推出8班「高鐵熊說故事」列車活動 → 創新旅途體驗

7-11：ibon訂票系統 → 乘客便利性！

網路及手機訂票系統 → 乘客便利性！

創新旅途體驗、乘客便利性！ → **滿足旅客的期待！**

Unit 9-29 長榮航空：用優質服務，成為航空服務大王Part I

星期六早上7點，長榮航空總經理張國煒穿著機師制服，出現在桃園國際機場的停機坪。他有波音777機師執照，正準備以副駕駛身分，開機飛往北京。

「我要拚機長的資格啦，」前年底重掌長榮航空總經理兵符，張國煒笑著說，他有機會就飛，拚正駕駛的資格。

一、超越新航的企圖心，鎖定金字塔頂端

張國煒從來不掩飾他想超越新航的企圖心，更不只一次在公開場合說，長榮的目標，就是要和新航、國泰等競爭者平起平坐。

過去兩年，全球航空業受高油價衝擊，獲利下滑將近一半。競爭更加激烈，市場朝向高、低價兩極化發展。長榮航空的策略選擇，是鎖定開發金字塔頂端族群，全力搶攻高價市場。

「你想想，台灣每年有多少人去坐新航、德航、國泰？他們寧願去香港或成田機場轉機，就是覺得我們國籍航空無法滿足他們，」42歲的張國煒，語氣裡滿是不甘心。他認為，長榮在服務品質上，並不輸給外國航空公司；但在品牌認知上，卻還沒有同等的價值。他要讓消費者感受到，長榮能提供優質的服務。

二、皇璽桂冠艙推出獲好評

今年5月，長榮宣布將耗資1億美元，針對15架波音777-300ER的機隊，進行改造工程。把原有的桂冠艙，全部換為水平式臥床，重新命名為「皇璽桂冠艙」。標榜商務艙票價，頭等艙服務的特色。台北飛紐約的皇璽桂冠艙一推出，不但獲得市場好評，連同業都紛紛側目。

「過去，我們集團比較務實，會挑很好的東西給客人用，但不見得選名牌。這一次，我們要用不同作法，」張國煒思來想去，認為品牌間有相互加乘的效果。若要在短時間，讓消費者感受長榮的品牌價值，也可以借重其他品牌。於是，他出面力促長榮和頂級精品寶格麗合作，讓搭乘皇璽桂冠艙的旅客，擁有寶格麗的過夜包，營造精品服務的尊榮感。

「長榮的『精緻市場』定位愈來愈清楚，」雄獅旅遊集團總經理裴信祐觀察，新推出的皇璽桂冠艙，空間設計還搭配了本土畫家的畫作，營造空間美感。「張國煒每半年拜訪一次旅行業者，總是頻頻追問新的消費者需求。」

三、航空公司賣的不是機票，而是創意

對航空公司而言，經濟艙屬於微利事業，目標是維持一定服務水準。但商務艙，就要用更深層的服務爭取客人。不但可拉高品牌價值，也可拉大獲利空間。

長榮航空：用優質服務，成為航空服務大王

01

長榮的目標

就是要與新加坡航空及國泰航空等一流競爭者平起平坐。

02

長榮航空的策略選擇

鎖定開發金字塔頂端族群，全力搶攻高價市場。

03

長榮航空的品質與品牌

服務品質並不輸給外國航空公司；但在品牌認知上，卻還沒有同等的價值。

04

長榮要讓消費者感受到

長榮能提供優質服務！

長榮航空：最高端皇璽桂冠艙推出獲好評

1.長榮航空耗資1億美金，針對15架波音777機隊進行改造工程。

→ 2.把原有的桂冠艙全部換為水平式臥床，重新命名為「皇璽桂冠艙」。

→ 3.標榜：以商務艙票價，享受頭等艙服務特色！（台北飛紐約）

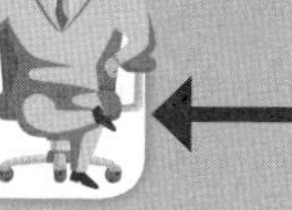

→ 4.一推出，獲得市場好評！

長榮航空：總經理親自拜訪旅行業者，頻頻追問消費者新的需求

1.長榮航空：
堅定顧客導向的精神

2.總經理每年固定一次，親自拜訪多家旅行社業者

3.頻頻追問：
★對長榮航空的滿意狀況？
★了解旅客新的消費需求為何？

Unit 9-30 長榮航空：用優質服務，成為航空服務大王Part II

近來，張國煒不斷強調，台灣應成為世界航運的「中轉中心」。因為台灣的地理位置，恰好是從亞洲飛往北美的航程極限。

三、航空公司賣的不是機票，而是創意（續）

「航空公司賣的不是一張機票，而是賣一份創意。」去年底，在張國煒的主導下，長榮再度與日本三麗鷗合作，推出第二代Hello Kitty彩繪機。這一回，長榮甚至拿掉綠色的企業顏色，只留下Logo和尾翼，用整架飛機去彩繪出Kitty的歡樂效果。本來只彩繪三架飛機，因為市場反應太熱烈，今年5月又增加兩架，投入兩岸航線的營運。

彩繪機不但為長榮贏得口碑，機艙內隨處可見的Kitty相關用品，設計上也設想周到：哪些能讓乘客隨手帶回家，哪些是會吸引乘客在機上購買的限定商品。

四、加入「星空聯盟」，維持全球一致性高服務水準

去年，長榮正式申請加入世界三大航空聯盟之一的「星空聯盟」，包括德國漢莎、美國聯合、新加坡航空與中國國航等，都是星空聯盟的成員。經過系統改善和營運評量之後，長榮預計，明年可正式取得聯盟成員資格。

加入星空聯盟，光是會費就4億台幣，再加上整個作業流程的投資，對於處在虧損狀態的長榮，是筆不小的負擔。張國煒為什麼堅持要這麼做？這和長榮走高端市場的策略選擇有關。

近年來，全球幾個比較大的機場，出現一種管理趨勢。就是將某個航站，交由聯盟的航空公司自己去營運管理。有時，甚至由聯盟成員一起出錢，建構一個新航站。

「聯盟是大者恆大。如果你不是成員，你就不能使用好的航站和貴賓室，會變成某個較差航站的雜牌軍，服務水準立刻降下來，」張國煒解釋。「加入聯盟後，長榮去不了的地方，我們可以利用聯盟成員的網絡，把旅客一路送過去。」

五、秀出台灣航空公司的國際水準

事實上，長榮經營東南亞的轉運市場，已有多年經驗。在越南扎根尤深，不但聘請越籍空服員、地勤，越南人甚至視長榮為國籍航空。張國煒希望有一天大陸旅客也能到台灣中轉。

就像他的老爸，長榮集團總裁張榮發一樣，張國煒總是把「台灣的質感」掛在嘴邊，「我們做航空公司就是在代表台灣。我們要秀給人家看，台灣的航空公司是具有國際水準的。」

長榮航空：航空公司賣的不是一張機票，而是賣一份服務與行銷創意

航空公司賣什麼？

1.賣頂級服務！

2.賣行銷創意！

・與日本三麗鷗合作，推出第二代Hello Kitty彩繪飛機；並推出相關產品。

・提升旅途歡樂氣氛！

「長榮在行銷上真的非常用心，連登機門都改造成Hello Kitty，搶奪客人的企圖心非常明顯，」一位華航空服員觀察。

線既深且遠 航空服務戰

新上線的兩架Kitty彩繪機，造型、用色都更加活潑大膽，像是看到張國煒正在轉變長榮的企業文化，變得更積極創新。「你看新航艙內的配色都很柔和。空服員的衣服採包覆式的，有點類似睡衣，非常輕柔，會讓旅客相對感到輕鬆，有居家的感覺。」張國煒心思細膩，對機艙內的小細節，都很在意。可見航空服務戰線，從機艙內到機艙外，既深且遠。

長榮航空：加入星空聯盟，維持全球一致性高服務水準

長榮航空

・申請加入「星空聯盟」
・包括德國航空、美國聯合航空、新加坡航空、中國國航等均為成員

・維持全球一致性高服務水準

・證明來自台灣的航空公司，亦是具有國際航空水準的！

第10章

二十個顧客滿意經營實戰案例

章節體系架構 

Unit 10-1 納智捷：全力打造品牌，讓顧客有超乎預期的體驗

登場兩年，目前旗下有兩款車的納智捷（Luxgen），創下熱銷3萬台成績。除了國人自主品牌、產品科技化的吸引力外，關鍵原因，就是服務。

一、預先設想，超越預期

總經理胡開昌提起納智捷的服務，劈頭就強調，「預先設想，超越預期。」他說，這八個字不但是納智捷的品牌定位，也是他們這兩年多來，在企業內最用力打造的氛圍。胡開昌說，自從納智捷品牌創立以來，他們更在意的，是讓顧客有超乎預期的感受和體驗。

實地走訪一趟納智捷位於台北市濱江街的服務廠。這裡，是全台各大車廠集結的重鎮。光靠外觀和裝潢，很難分出軒輊，更別提和寶馬（BMW）比鄰的納智捷，要如何脫穎而出。

從車一進廠，就有專業技師等候問診，並免費提供車主茶水點心。車主候車休息室，納智捷又提供多媒體影音平台座位，除提供網際網路、電視頻道、電影、小遊戲外，車主還可以切換到即時監控畫面，看到技師工作現況。目前深受車主喜愛的，還有納智捷的咖啡服務，不僅首創同業之先，提供車主外帶服務，甚至在全省服務廠販售咖啡豆。

二、克服品質與服務廠數量不足的問題

去年，知名專業汽車市調公司JD Power，針對國內車廠進行顧客服務調查。首度列入調查對象的納智捷，摘下國產車品牌第一名，當時就讓不少同業大感意外。因為是新品牌，車主都還在保固期內，在評估品牌忠誠度指標之一的回廠率，納智捷肯定占優勢。新品牌必須面對品質問題點、服務廠數量不足兩大難題。因為，這終會直接降低顧客的滿意度。面對服務廠數量不足，納智捷的策略是人海戰術，也就是把單點人數倍增應戰。至於品質問題點，納智捷則用服務克服。

三、汽車銷售人員，必須有感動服務意識

這種服務，納智捷可是下了重本，必須打從心底擁有服務意識，因此納智捷也一改業界對銷售人員低底薪、高獎金制度。以往銷售人員為了衝高銷售績效，賣車時不斷接受砍價，最後砍的都是自己的獎金，品牌的市場行情也被打亂。為了讓品牌和人員穩定，給新進銷售顧問的月薪，從2.6萬元起跳，已是同業的兩倍。

預先設想，超越期待，濃縮成四個字就是「感動服務」。胡開昌說，每個月的經銷商大會，都有當月感動服務表揚時間，甚至將這些感動服務故事編輯成冊。

納智捷：預先設想，超越預期，讓顧客有超乎預期的體驗

1.納智捷熱銷3萬台

除國人自創品牌、產品科技化外，服務也是關鍵！

2.品牌定位

預先設想，超越預期！

納智捷維修廠及門市店

3.要讓顧客有超乎預期的感受與體驗

深受車主喜愛的納智捷的咖啡

零件服務部兼顧客滿意部經理劉昭顯，是納智捷咖啡的創新來源。從品牌籌備期開始，他每天都用不同咖啡豆，調配出不同酸苦口味的咖啡。當時，包括胡開昌在內，都是試喝對象。由阿拉比卡、黃金曼巴、藍山調配而成的「納智捷咖啡」，不僅首創同業之先，提供車主外帶服務，甚至在全省服務廠販售咖啡豆。

納智捷：榮獲國產車顧客服務滿意度第1名

1.JD Power汽車市調

顧客滿意度國產車居第1名

2.新品牌要克服2大問題

品質問題＋服務廠數量不足問題

三年前成為納智捷首批車主的周貿章說，他開納智捷以來，沒發生過重大安全問題。但有過啟動電源鈕失靈、乘客拉環無法回彈、電腦圖資不完整等小問題。每次他氣沖沖開到廠內維修，很快又被納智捷的好服務軟化。

3.產品好壞不在產品，而在人

「產品好壞不在產品，在人，」本身是中小企業主的周貿章說，他很佩服納智捷，把技工訓練得都不像黑手。「說某個零件有問題，他們從來不會質疑車主操作不當，二話不說直接換新的給你，」他把這種體驗服務，當作自己公司「服務，從產品賣出開始」的範例。

4.服務，從產品賣出開始

5.服務

以人海戰術及立即完整服務，獲得顧客滿意！

6.每個月舉辦感動服務表揚

現在，胡開昌還著手將這些感動服務故事編輯成冊。看到自己的故事被寫在書上，那種榮譽感是錢買不到的。

Unit 10-2 博客來：說故事，營造質感生活

「我們不只是購物，我們賣的是生活態度和生活提案，」博客來營運長洪曉珊說，給消費者合理的價格，是經營網站的基礎。

一、打造一個「質感生活」的入口

但博客來不只是購物網站，從書籍、音樂到設計商品，甚至是閱讀的推廣，博客來打造的是一個「質感生活」的入口。

去年初，博客來將原本的Logo，改為微笑購物袋，正式轉型為全方位的購物網站。

「我們想的是，針對這群有品味的族群，還可以提供他們什麼服務，」洪曉珊解釋從書店走向多元。質感生活的營造，首先體現在產品的特殊性。

2007年，博客來推出設計師專區。目前已是台灣網購擁有最多設計師品牌的平台，包括文具、家飾與生活雜貨。去年，創意商品的銷售，也較前年成長40%，成為博客來第二大消費品項，僅次於書籍。

因強調質感生活，博客來特別注重營造不同的購物氛圍。在沒有空間限制的網路上，博客來發揮更大的說故事力量。

博客來行銷部品牌公關組經理薛惠真指出，一枝筆，在實體通路上就只是一枝筆；但在博客來，從品牌、設計，到書寫方式的介紹，活化了筆的生命力。

二、說故事，深耕文化；今日訂，明日取

除了獨特的購物氣氛、商品的延伸，博客來更持續深耕文化。讓消費者與作者溝通的平台「Okapi」，就是例子。透過專訪作家和設計師，讓消費者更能了解作者的想法。

博客來也走進校園，與480所學校合作。從送書開始，推動各校閱讀比賽、舉辦晨讀。「文化就是種態度，」洪曉珊要讓消費者認同博客來的品牌價值。

當然，在網購的競爭中，速度是不可忽視的關鍵。「今日訂，明天取」的快速取貨，是博客來整合統一超商與宅急便所提供的服務。

三、無所不在的博客來服務

再來，是無所不在的博客來服務。去年，博客來加入行動大戰，推出「博客來快找」APP。只要掃描書籍ISBN碼，即可找到這本書的資訊，連至博客來網站購買。如今，這個APP已有14.6萬下載人次，博客來行動版的業績更成長兩倍。

博客來也將走出螢幕，舉辦第一次實體展。將集合200多個品牌，讓消費者透過QR碼（二維條碼），現場搜尋產品的網站資訊。

博客來：我們不只是購物，我們賣的是生活態度與生活提案

1.博客來網站打造的是一個「質感生活入口」

2.博客來不只是購物，而是賣一種生活態度與生活提案

3.推出設計師專區

已成為台灣網購擁有最多設計師品牌的平台包括文具、生活雜貨

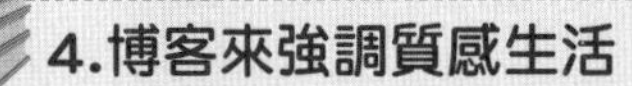

4.博客來強調質感生活

特別注重營造不同的購物氛圍

5.發揮更大說故事力量

6.網購消費者集結更多人！

博客來：今日訂，明天取

・在網購的競爭中，速度是不可忽視的關鍵！ → ・推出「今日訂，明天取」的快速宅配服務 → ・消費者滿意度高！

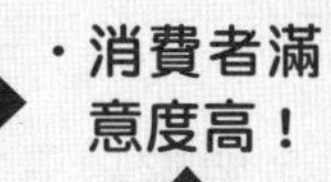

手機APP購物，無所不在購物！

博客來以文化為出發點，提供不同的生活提案，在一片打價格戰的網購市場，走出一條不一樣的路。

Unit 10-3 高雄漢來飯店：感動服務，稱霸南台灣

2012年，交通部觀光局頒給漢來飯店全國最優商務酒店殊榮，又一次肯定漢來在全台五星級酒店之領導品牌地位。

一、漢來飯店榮獲飯店業第一名

2012年遠見雜誌進行台灣服務業大調查，漢來取得商務飯店類評比第一名，得分高達84.25分，這個分數具有特殊意義。

漢來飯店總經理林子寬說，這項調查把飯店、銀行、航空公司、房仲業，甚至市政府的為民服務中心全部都納入，總共有20個類別，而84.25分，是20個服務類別第一名中的最高分，對漢來而言是相當高的殊榮與肯定。

談到這裡，林子寬臉上洋溢著燦爛的笑容，他身子前傾用更高昂的語氣說，重點是這項評比是由「神祕客」執行，沒有人知道誰是「神祕客」，漢來完全靠真本事取得榮耀。

二、「五超理念」，成為全台最優質飯店

作為一家位於高雄，而且是本土品牌，漢來能與台灣眾多國際連鎖飯店平起平坐，最重要的就是執行「五超理念」。

林子寬表示，創辦人侯西峰提出「超滿意的顧客」、「超尊榮的員工」、「超責任的幹部」、「超快樂的老闆」，以及「超活力的企業」，五超理念有先後順序，按部就班即可達到極致的管理目標，也就是「漢來式超感動的服務」，完全超越顧客的期待，「這就是漢來可以成為全台灣最優質飯店的原因」。

三、重視顧客問題，要求當下立即解決

林子寬說，漢來追求百分百顧客滿意度，顧客是企業的衣食父母，視顧客抱怨為禮物，全員有共識，接到客戶抱怨唯一選項，就是以客觀健康的態度面對。

為此，漢來也提供員工「犯一次錯的權力」，鼓勵同仁當下解決顧客問題，不必層層上報延誤黃金處理時間。

林子寬自豪的說，服務業最重要的是有新設備，但要有老的、資深的員工，而漢來飯店五年以上員工占比高達60%，穩定性夠，服務自然到位。有鑑於此，漢來散客住房的回流率高達50%，飯店天天檢視當晚的300至500個客人，有多少比重是主顧客，代表每天追求最高的顧客滿意度。

林子寬說，他宣揚的重要觀念就是「物超所值」，客人花多花少是一回事，應該要給不同消費層級的顧客都滿意，事實也證明，顧客願意以合理價格，追求更好的服務。

高雄漢來飯店：感動服務，稱霸南台灣

1. 遠見雜誌調查（服務品質）
漢來飯店榮獲商務飯店第1名

2. 對漢來飯店
是一項殊榮與肯定

3. 因為這是用「神祕客」調查的結果
完全靠真本事獲得榮耀

漢來飯店：5超理念，成為全台最優質商務飯店

漢來式超感動的服務●完全超越顧客的期待

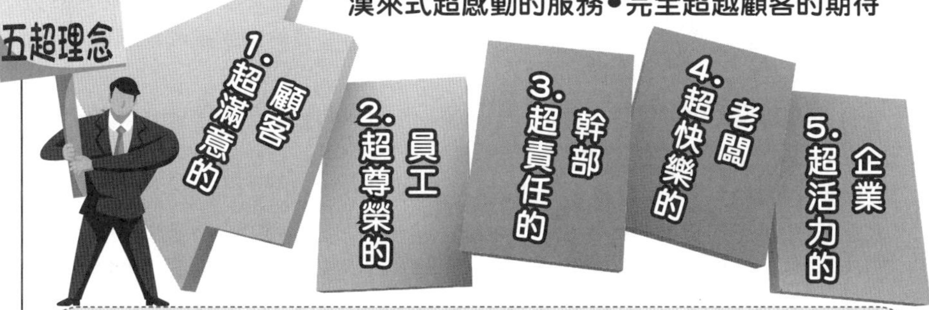

有「超滿意的顧客」，員工尊榮感提升，幹部重視所承擔的責任，業績扶搖直上，老闆滿意，薪資與福利水準持續墊高，工作幸福指數破表，可吸引更多優秀人才進駐，開新飯店擴大營業不怕找不到人，企業活力與能量都處在高峰。
光說還不夠，漢來內部成立「國揚EMBA旅館學院」，著手培訓三種人才：一是強化基層員工本職學能、提高效率減少傷害；其次是訓練中級幹部的管理能力；最後強化高階幹部的領導統御智能，上下一起成長。

漢來：重視顧客問題，要求當下立即解決

1. 視顧客抱怨為禮物
2. 以客觀健康的態度面對

因為顧客抱怨是相當有用的資訊，能讓公司明白服務缺口在哪裡，過程中顧客充分表達需求，就像是附了答案的考試卷，讓企業去做好改善。

3. 做好改善的依據
4. 授權同仁當下解決客人的問題，不必層層上報等待！
5. 立刻為客人解決問題！

漢來飯店：使顧客有物超所值感，回流率高達50%

漢來式服務 → **使顧客有物超所值感！** → **散客回流率高達50%**

精緻與細膩的管理到位，讓漢來成為高雄市區住房率與房價最高的飯店，總統就職大典到高雄選擇漢來辦國宴，國際天王巨星麥可・傑克森在高雄辦演唱會下榻漢來，為數不少的企業主到高雄住宿唯一只考慮漢來，都讓漢來的能量飽滿。

Unit 10-4 贏得顧客心：日本Yodobashi高收益經營祕訣Part I

日本在家電資訊量販店經營上，以YAMADA（山田）的營收額及店數規模最大，但如以營業利益等績效指標來看，卻是Yodobashi位居市場第一名。以下我們來探討Yodobashi的成功之道。

一、創造高收益的五大原因

Yodobashi能夠成為同業經營績效第一名的高收益企業，藤沢昭和總經理歸因於下列五大原因：

(一) 商品線與品項的完整與豐富：Yodobashi店面的交易商品數量，竟高達53萬個項目，遠遠超過同業，甚至很多照相機專家顧客到店裡來，要買一些很特殊的配備，在這裡都能找到；這可以說明Yodobashi公司為何勝出的第一個原因。

(二) 全體員工天天進行教育訓練：Yodobashi公司的全體員工，可以說一年365天，幾乎是天天不中斷的在進行教育訓練，特別是在「商品知識」方面，的確是領先其他同業。

(三) 要求商品供應廠商的交貨時間，必須在1天之內即完成送到指定地點：過去，一般都是2、3天送達，甚至因熱銷而缺貨的商品，也常有一週後才送到的狀況，但與Yodobashi簽約的供應廠商，被嚴格要求必須在24小時之內完成供貨，否則即依違約論而被罰款及記不良點數。因此，在Yodobashi店面幾乎不可能出現貨賣完了及貨還沒到等品缺現象。

(四) 率先實施顧戶點數優惠卡：Yodobashi公司從1989年起，即率先實施顧戶點數優惠卡（Point Card），這是為了促使顧客再度上門購買的方法之一，目前發卡已有2千萬張，也就是有2千萬名會員，這樣的紀錄在業界是首位的。

(五) 不斷的改變及置放不一樣的商品：Yodobashi店內，即使有已經賣得不錯的商品品項，但從不以此為滿足，繼續放置這些商品，而是會不斷的引進國內外在功能、規格、設計、用途等不同的新產品。

二、全體員工不斷提升商品知識

Yodobashi公司非常重視所有在第一線店面銷售人員的商品知識研修及提升。每天早上10點，全國19個店面的各產品線負責組長，即召集底下的10多名銷售人員，進行20分鐘的新商品知識及銷售的重點說明。另外，每天晚上，在店面9點打烊後，每個店面的店長還會巡迴各產品線區域，然後進行約1小時商品知識的課程，上完課後員工才能下班回家。因為是在晚上上課，故可避免早上的喧吵，在安靜教室中研修，效果很好。

日本Yodobashi：創造高收益的6大原因

日本Yodobashi高收益6大原因

1.商品數多達53萬個品項

2.全員商品知識豐富

3.很少有缺貨現象

4.實施顧客優惠會員卡

5.不斷引進創新的產品

6.員工紀律嚴明

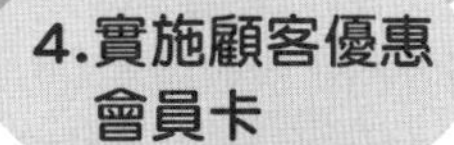

以上1.~5.的成功原因，也是藤沢總經理上任來，一直強調的「反同質化」經營與行銷策略的總方向與總策略。他認為唯有反同質化，才能創造出差異化與獨具特色的賣點，而這也是為什麼2千萬名會員顧客，會一再購買的原因。因為一旦顧客有缺什麼東西或想買什麼商品，只要是相關的東西，他就會不自覺的走進Yodobashi的19個店內購買。

因為Yodobashi店內的動線流暢、購物空間寬敞、商品種類齊全、價格合理，又能使用點數優惠卡享有優惠，以及現場的每一位售貨人員對商品的了解都非常專業，能夠做到無所不答的境界，這些都是能讓顧客感到安心，並且深具信心，這就是Yodobashi成功的原因。

知識補充站

紀律嚴明，員工無一人染髮

現場服務業很重視服務人員的外表、儀態及服務態度。Yodobashi公司及19個店面，總計有2,700名員工，以20～30歲的年輕員工居多，但很特別的是該賣場內，不論男女，竟然看不到任何一個人，將頭髮染得紅紅的或綠綠的，令顧客看起來好像都是有紀律的、有規矩的、具專業性的銷售人員，完全不會引起顧客反感，讓顧客留下好印象，認為該店具有一定的用人水準及管理要求。我們亦經常看到日本或台灣的便利商店中，有些年輕工讀生店員的頭髮留得好長或染得紅紅綠綠的，這樣可能會讓顧客有不好的感覺。

Unit 10-5 贏得顧客心：日本Yodobashi高收益經營祕訣Part II

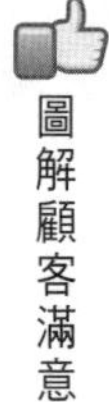

Yodobash之所以能位居市場第一名，該公司總經理藤沢昭和表示：「我們的成功，並不只是在販賣顧客的滿足而已。而是進一步打造一個讓顧客走進本店，就像是走入一座『滿足與豐富的宮殿』一樣的驚奇與極致滿意。」

二、全體員工不斷提升商品知識（續）

以某一天晚上為例，在大阪梅田店的電視機產品線賣場的販售人員，計有12人都出席當晚的研修課程。上完課後，講師會一個個抽問今天上課的內容，例如液晶及電漿電視機的消耗電力是多少？它們與傳統映像管電視機有何不同？有何優點？為何有差別？還有在功能、品質、維修、各品牌比較、價格比較、畫面尺寸大小的比較、家裡坪數適合的款型等幾十個一般顧客都會問到的問題等。如果，銷售人員在教室內答不出來或答錯了，或者答不完整，都會被店長記點，成為每一季及每一年考績扣分的依據。因此，每位學員都很用心記筆記及聽講，強迫自己吸收。如此，時間一久，全體員工每晚研修1小時，才能下班的風氣，已成為Yodobashi的企業文化及工作任務重要的一環了。

難怪同業都認為Yodobashi公司第一線銷售人員的「產品說明能力」位居同業之冠，而其所創造出來的每人生產力，自然也領先同業。

三、大量任用年輕有為的幹部

Yodobashi公司在用人方面，也充分做到晉用優秀的年輕幹部或店長。例如，在梅田店的宇野智彥，28歲，進公司才四年，但他是販賣薄型電視機的銷售高手，經常獲得銷售冠軍，他以豐富專業的商品知識，以及熱忱的服務態度，獲得眾多顧客的肯定，目前已升任經理級幹部，領導60個部屬。這就是Yodobashi公司破格用人的政策哲學。藤沢總經理則表示：「只要是好人才，只要是對公司有貢獻，我們是不看他年齡的。這樣公司才會更年輕有活力，也才會有好的企業文化。Yodobashi公司近十年來會成長得如此快速，這也是一個關鍵因素。」

四、要求廠商，送貨時間24小時內完成

Yodobashi公司為了使店面沒有品缺問題，在1994年時，即已引進SAP電腦軟體系統，透過資訊系統的電腦化與自動化，與供應廠商電腦連線，將公司每天各商品的銷售情況、庫存狀況及需求量等傳給上千家的供應廠商，並結合廠商的生產計畫及物流體系，必須在Yodobashi公司電腦上正式下單後的24小時內，準時且無誤地送達該公司19個店面的指定地點完成接收。

大量任用年輕有為的幹部

店長平均年齡不到30歲！

就要破格任用，
我們是不看他年齡的！

只要是好人才！
對公司有貢獻！

日本Yodobashi：贏得顧客心

1.堅守對商品的完整性要求

藤沢總經理認為，一旦顧客有過一次買不到想要的商品時，就會在心中留下不滿意、不愉快的感受。這有可能會延伸到下一次不想再來此店的心理動機。反之，如果每次來買，都能很快速的看到、找到及買到心中想要的品牌、規格、設計及項目時，顧客就會有下次再來的動機存在了。

2.對顧客接待的最高水準表現

3.不斷對員工的培訓

每天晚上，在店面9點打烊後，進行約1小時商品知識的課程。藤沢總經理表示，在這短短1小時內，每個人用心聽並正確答覆問題，這就達到「知識共有」的最大目的。

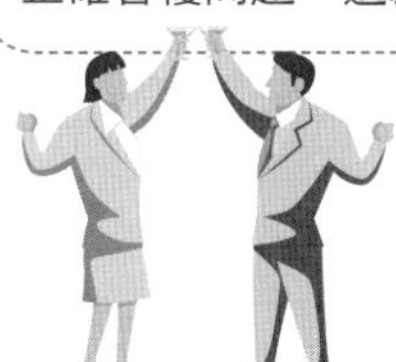

贏得顧客心！

Unit 10-6 贏得顧客心：日本Yodobashi高收益經營祕訣Part III

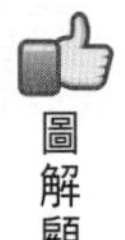

Yodobashi公司今天成功的經營管理與行銷策略典範，足堪國內企業借鏡參考。而建立一座讓顧客「滿足與感動的宮殿」，享受愉快、滿意與讚賞的購物經驗及評價，則是任何一家大公司及大賣場獲取連年高收益的最核心關鍵指標及內涵之所在。

四、要求廠商，送貨時間24小時內完成（續）

換言之，Yodobashi公司對供應商的要求是：「今天訂貨，明天就要到。」這與過去業者經常2、3天才到的訓練，已經有了很大的進步與突破。而所有的商品供應商在經過1、2年的被要求、訓練、投資，也都能配合良好。這也顯示出Yodobashi公司在貫徹一項正確決策的高度執行力及目標管理。

五、超級旗艦店出現

2005年9月，在東京秋葉原車站附近，Yodobashi公司已建好高九層樓，賣場面積高達8,100坪的第一個「超級旗艦店」，這也是藤沢總經理努力追求「一等理想店」的終極目標。該店不管在各層樓配置、手扶梯、商品規劃線、停車場、進出口、陳列角度與高度、裝潢品味、各區塊面積、動線安排、高級洗手間等諸多規劃上，都細心檢討，為的是要做出不一樣的家電、相機、資訊3C專賣店。

六、贏得顧客心

在日本，YAMADA雖是規模及營收額最大的家電資訊連鎖賣場，但就經營績效的表現及顧客心中的理想品牌，Yodobashi公司無疑是超越YAMADA公司的。藤沢總經理信心十足的表示：「我們是堅守著商品的完整性要求與對接待顧客的最高水準期待的心理，做深度的切人、訓練及執行貫徹才會贏得顧客心，也才會有今天的成果。」

七、把顧客及供應商，都放在「上帝」的位置

除了滿足顧客的要求之外，Yodobashi公司也很重視與商品供應商的互動關係。藤沢總經理就認為：「單是我們獨勝，是不足取的。唯有與幾千家供應商共生共榮，才是正確的經營之道。因為一棵大樹下，如果圍繞在旁邊的小草都枯死了，那麼這棵大樹，終究有一天也會倒下來的。」所以，他堅守的經營理念，就是要求所有員工，必須把顧客及商品供應商，都放在「上帝」的位置，以真心與熱忱來對待及服務。

把顧客及供應商：放在上帝的位置

顧客第一！

供應商至上！

Yodobashi

日本Yodobashi：打造一座讓顧客滿足與感動的宮殿

我們的成功？

不只是在行銷顧客的滿足而已！

而是進一步打造一座讓顧客滿足與感動的宮殿

日本Yodobashi店內環境

1.購物空間寬敞

2.商品種類齊全

3.價格平價

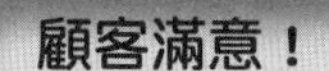

顧客滿意！

4.店員產品知識夠

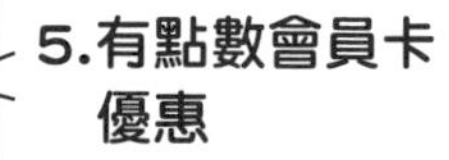

6.店員服務禮儀良好

Unit 10-7 美國Walgreens藥妝連鎖：關心顧客大小事Part I

美國最大藥妝店Walgreens，不斷創新改革，在服務細節及待客禮儀上領先業界，以每19個小時開一家直營店的驚人速度，已躍為全球最大連鎖藥妝店，創造連續四十年營收及獲利雙成長的超優紀錄。

一、Walgreens行銷致勝祕訣

Walgreens成立於1901年，1909年才開第2家店。此後穩定成長，1984年突破1千家店，1994年開出第2千家店，2001年第3千家店開張。2001年在紐約證交所上市，2003年店數突破4千大關，2012年突破6千家。

2012年，Walgreens營收400億美元，獲利15.5億美元，創造連續三十年營收及獲利雙成長的超優紀錄。與1994年相較，十八年來營收及獲利成長五倍。

全球第一大量販折扣連鎖店沃爾瑪，雖以其規模經濟的採購優勢，強調「天天都便宜」，並陷於水深火熱的折扣戰，Walgreens卻以產品差異化及行銷服務創新，走出自己的路，一支平價口紅，沃爾瑪訂價6.96美元，在Walgreens卻賣9.96美元，硬是高出3美元。

Walgreens董事長兼執行長貝莫爾談到公司的致勝祕訣，只輕描淡寫地說：「我們對顧客的事情，無所不知。」

二、了解顧客心理

全美五十州，幅員極為遼闊，人口多元化，國民所得差距大，地域文化與消費習性亦有所不同。但Walgreens會從各種角度、立場及消費者情境，用心了解顧客心理，數十年來如一日。

貝莫爾表示，Walgreens不斷創新改革，在服務細節及待客禮節上，都領先業界；並從嘗試失敗中，獲得教訓及成功契機。

總經理傑佛瑞說：「Walgreens雖有最先進的POS資訊科技銷售統計系統，卻不能過於相信這些資料，因為這是事後的結果，更重要的是，必須掌握事前的努力及變化的趨勢。因此，公司經營層每年要巡訪至少1千家門市，與顧客及店面員工充分交換意見。」

Walgreens高階管理層平均年資逾二十年，因此頗能掌握顧客及員工的心理。

古典消費學的根本觀點就是大眾消費學，即針對大眾化消費者研發大眾化產品，並以大眾化行銷手段及工具推廣，達成大眾化經營的成果。但面對分眾化趨勢、消費者需求不斷改變、聽不見消費者的內在聲音等挑戰，企業必有所因應，Walgreens也積極出招。

美國Walgreens致勝祕訣

Walgreens以每19個小時開1家直營店的驚人速度，在全美各州攻城掠地，目前已有4,800個營運據點，躍升為全球最大連鎖藥妝店，平均每天每店吸引3千人次上門，比日本磁吸效應最強的7-ELEVEN還多3倍。

我們對顧客的事情，無所不知

1. **全美50州，幅員遼闊，人口多元，地域文化與消費習性差異大。**
2. **但Walgreens從各種角度、立場及消費者情境，用心了解顧客心理，數十年如一日！**
3. **Walgreens不斷創新改革，在服務細節及待客禮節上，都領先業界！**
4. **Walgreens雖有最先進的POS資訊系統，卻不會過於相信這些事後結果！**
5. **更重要的是，Walgreens會掌握事前的努力及變化趨勢！**
6. **公司經營層每年至少巡訪1,000家門市店，與顧客及店員充分交換意見！**

美國Walgreens：隨時保持因應對策

面對消費者需求
不斷改變的挑戰

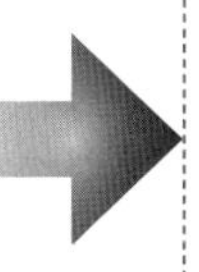

Walgreens
隨時保持因應對策！

Unit 10-8 美國Walgreens藥妝連鎖：關心顧客大小事Part II

面對各種可能的競爭，Walgreens一路走來，從無畏懼。

三、商品行銷，因地制宜

面對分眾化消費趨勢，Walgreens自2000年起擺脫店面設計與標準化的經營模式。換言之，全美各地的Walgreens連鎖店將可以因地制宜，進貨品項、價格、促銷及服務，則因當地消費者特性的不同，而有所差異化。

Walgreens深刻體認，過去是追逐及滿足一致性大眾的需求，今天則要滿足個別的顧客，即使是一個顧客的反應，也要探討背後的需求、想法及不滿。消費者的任何期望，不管做得到或做不到，也不管有無重大意義，都必須即刻反應，讓消費者感受到歸屬感。

為了發掘消費者的內在聲音，公司高層都有掌握顧客心理的使命感及堅定信念：「對顧客的事，不可不知、不能不知、不應不知。」

美國大型醫院並不普及，因此夜間會有緊急醫藥品或藥劑師配藥的需求，Walgreens已有三成連鎖店全天候營業，無形中提高消費者對Walgreens的信賴感。推出此制度時，雖有不少主管以營運成本升高、藥劑師不好找等理由反對，貝莫爾還是堅持為顧客做最好與最及時的服務。

另外，Walgreens有八成連鎖店已提供駕車取商品快捷服務。當初是針對65歲以上老年人設想的，沒想到推出後，大受趕時間的職業婦女及生意人歡迎。

為了減少顧客結帳等待時間，Walgreens通常只開放一個窗口的結帳櫃台，但如有三個以上顧客等待，就會開啟第二個窗口，由負責商品陳列的服務人員接手結帳工作。

四、服務創新、滿足顧客需求

在「大眾消費已死」的反古典消費學中，Walgreens廢止一貫的標準化營運模式，努力探索各地區、不同所得層、不同族群、不同年齡消費群的嗜好，以及不斷改變的需求與期待。針對民族大熔爐的市場特性，Walgreens也是第一家商品標示涵蓋英、日、法、中等十四種國際語言的藥妝店。

最近盛傳全球零售業龍頭沃爾瑪想加入藥妝市場戰局，Walgreens並未感到憂心忡忡。一些分析師認為，沃爾瑪雖有壓倒性的採購優勢，但相對市場適應力較弱。例如，沃爾瑪買下日本西友零售集團後，至今仍陷於苦戰。貝莫爾表示：「我們的調適應變力非常快速，因為我們了解不改變即死亡的道理。Walgreens能在美國藥妝連鎖市場長期稱霸，是因為我們對顧客的事，一天比一天更加用心的去了解、掌握及因應。」

美國Walgreens：商品行銷，因地制宜

・自2000年起，Walgreens放棄全店標準化的經營模式！

・Walgreens全美連鎖店可以因地制宜，所有的商品、促銷及服務，都可以因地制宜，而有差異化！

・大眾化行銷已成過去，現在則是分眾行銷，個別化行銷！

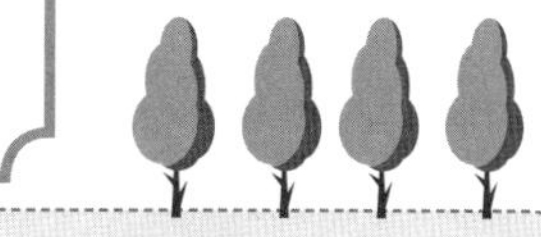

Walgreens的彩色陳列區

Walgreens每家店面約300坪大，為了方便消費者辨識產品陳列區，化妝品區以代表美麗的粉紅色系為主；藥品區以讓人產生信賴的白色系為主；健康食品區塗上的是自然的綠色系。

美國Walgreens的信仰

對顧客的事，不可不知，不能不知，不應不知

不能有3個不知！

1.不可不知　2.不能不知　3.不應不知

對顧客的事！

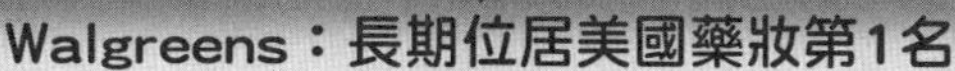

Walgreens：長期位居美國藥妝第1名

是因為我們對顧客的事，一天比一天更加用心的去了解、掌握及因應

建立行銷競爭力

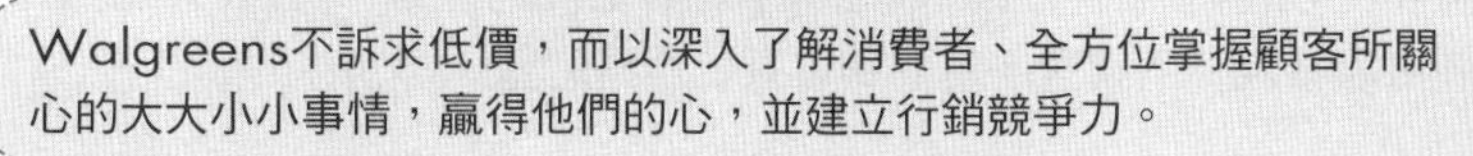

Walgreens不訴求低價，而以深入了解消費者、全方位掌握顧客所關心的大大小小事情，贏得他們的心，並建立行銷競爭力。

Unit 10-9 新光三越百貨轉型：不只賣商品，更是生活平台Part I

新光三越這家百貨龍頭，居高思危，三年前展開的一連串改革，左營店便是集改革轉型大成的作品。

一、超越百貨公司的轉型

4月1日，南台灣的驕陽已經燙得人頸背熱辣，新光三越第十九館在高鐵左營站旁開幕，舞龍舞獅震響北高雄。

「左營店籌備期是景氣最差的時候，沒有人祝福，現在終於開出來了，」新光三越執行副總經理吳昕陽欣慰又驕傲。

兩層樓高的珍貴恐龍化石，聳立在展覽廳裡。這隻恐龍大有來頭，是來自世界前三大恐龍博物館——四川自貢博物館。小吃街裡，女兒紅滷味、陸家班蔥油餅等高雄好味道，首度進駐百貨公司。

迥異於一般百貨公司和服飾店試衣間的侷促，新光三越左營店更衣室要大三分之一，標舉著吳昕陽口中「不只賣商品，更是生活平台」的精神。

二、打造生活平台，從兩個面向做起

2011年整個百貨業營收成長3%，龍頭新光三越硬是成長近5%，獲利率達到4.8%，超越太平洋SOGO百貨的4.4%，而後者獲利金額還創下SOGO史上的第二高。

新光三越打造生活平台，從兩個面向做起。多數百貨公司是用樓層來管理，即所謂的「樓管」，新光三越2011年改變組織架構，管理權責以業種分為女裝、餐廳等，目的在讓員工有專攻。

這項變革的效益，供貨廠商感受最直接。代理ELLE、Amold、Palmer、Tumi公事包等知名包款的代理商俊嶽公司總經理許智棟指出，各家百貨公司中，新光三越員工對產品的了解最深入。「其他家只會談業績與促銷活動，新光三越卻與廠商談流行趨勢和品牌發展。」像是2011年新光三越嗅到戶外休閒產品熱潮，大幅拓展休閒櫃位空間，便是與廠商共同討論合作營造。

三、不消費，也想走進百貨公司走走

新光三越另一個改變是，行銷策略改為拉高來客數。景氣不好，虛擬通路興起、台商外移等都讓百貨公司來客數不斷減少，客單價與提袋率難衝高，於是新光三越轉而衝高來客數。新光三越跳脫傳統用新產品吸引顧客上門的方式，透過深入商圈和舉辦展覽活動，刺激顧客就算不消費，也要到百貨公司的慾望。

新光三越百貨：不只賣商品，更是生活平台

1.改變組織架構

樓管改以產品業種為區分，使員工對產品有專攻。

滿足新的消費需求，比追求樓管業績更重要

客林國際總經理楊啟良最近打破傳統獨立櫃位的經營模式，以「真實醇美，健康概念，尖端技術」的主題，將澳洲、英國、法國等共十種保養品品牌結合而成的複合櫃位，第一個合作對象就是新光三越，因為新光三越跟其他百貨重視坪效、不敢冒險不同，「他們很敢嘗試，認為滿足新的消費需求，比追求樓管業績最大化還要重要。」

2.行銷策略改為拉高來客數

大幅增加舉辦展覽活動，例如：日本展、恐龍展、藝術展。

把百貨公司當成博物館

新光三越販促部文化課有四位專門規劃文化活動人員，把百貨公司當成博物館，舉辦常態性展覽。相較SOGO舉辦弱勢兒童耶誕許願等活動，打造公益形象而非增加來客的策略，新光三越2011年兒童藝術季、攝影聯展和四川竹藝展等五檔活動就吸引了超過29萬人參觀，較2010年活動人數增加了45%。

3.與附近商圈結合為生活圈

另類衝高來客數

衝高來客數的另外一招，是將新光三越與附近商圈結合成為「生活圈」的概念。以南西店為例，每個月寄給會員《Fancy fancy》流行誌，不光為宣傳店內商品促銷，還介紹中山捷運站附近店家，2011年週年慶更結合商圈商家聯合舉辦滿3,000元可參加澳門來回機票抽獎的促銷活動，大幅拉高來客數。

Unit 10-10 新光三越百貨轉型：不只賣商品，更是生活平台Part II

全世界在講One Stop Living, One Stop Shopping（一站滿足生活需求，一站購足），一直都沒有變，新光三越正在回頭檢視這些東西。

四、內部科學化革命

接觸點除了多，更要準。新光三越「卡利high」促銷活動結合十家銀行，接觸到比新光聯名卡多十倍的客人，而且「是更精準、有消費力的銀行客戶，」吳昕陽說。

轉型成功，員工認可、支持是關鍵。2011年剛開年，百貨業遭受金融風暴衝擊，市場盡是負面消息。但新光三越總經理吳昕達卻召集各層級幹部，分批與各層級管理職重述公司願景、使命，為整個組織上緊發條。

此外，新光三越也展開流程標準化改革，以促銷DM為例，過去都是由分店自行設計，現在改由總部統籌，更有效率。

每個部門的KPI也重新制定，科學化管理每個人的績效。以前新光三越每個人都是看同一份報表，業績差，不知道為什麼不好，誰要負責。三年前導入新的KPI制度後，每個部門都有不同的指標。

新光十九年間開了十九個館，幾乎是以一年開一家新的店的速度，超越同業。「當你愈變愈大，事情愈來愈多，更需要一個規範與規則。不管景氣好、景氣差，我們沒有停掉這件事情，」吳昕陽說。

五、新光三越已經不是百貨公司

百貨公司現在正經歷結構性改變。吳昕陽以童裝為例予以說明。信義區A8館一年半前從一個樓層變成兩個樓層，在台北市是商品最多的品牌，為什麼要做這個？我們有兩百多坪的玩具區，以玩具坪效來講是不高的，但是我有沒有辦法提供每個家庭一個平台、一個空間，讓他們不只光來買東西，我們每天辦文化教室，可以帶小朋友來玩。做童裝會稀釋獲利，但是兩年、三年後就會開始發酵，整個動起來。在那之前，其他的櫃位就要努力一點，用其他商品的獲利補進來。

我們一直在警惕自己，坪效是不是全部？百貨公司最喜歡講毛利率，應該也看毛利額。以前的商業模式是抽成，景氣好，抽成高，業績高，獲利也高。但當走到現在，這種模式是否能支持成長？我今天或許可以收租金，未來是不是所有的專櫃自營？結構正在慢慢改變。

你問我百貨公司不斷開，競爭大，怎麼辦？這一定會發生，應該想怎麼把事情做好。我們在改變結構，新光三越已經不是百貨公司了，看看左營店，是「最美麗的生活購物中心」。這個邏輯我相信未來大家都需要去思考的。

內部科學化訂定KPI值

對每個部門訂定具體的KPI！

以科學化KPI數據管理每個單位及每個人的工作成果績效！

例如販促部經理就是用來客數檢視績效，不是要他賣東西，他就會很專注去看來客數。

新光三越：我們已經不是百貨公司，而是最美麗的生活與購物中心

面對環境巨變！

新光三越已不再是一家百貨公司！

而是一個最有趣、最多元、最美麗的生活與購物中心！

- one-stop-living.
- one-stop-shopping.

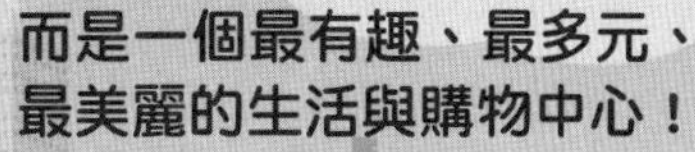

新光三越一直在檢視坪效是不是全部？百貨公司最喜歡講毛利率，應該也看毛利額。以前的商業模式是抽成，景氣好，抽成高，業績高，獲利也高。但當走到現在，這種模式是否能支持成長？今天或許可以收租金，未來是不是所有的專櫃自營？結構正在慢慢改變。

Unit 10-11

統一星巴克與員工博感情，營造良好工作氛圍

6月28日，是統一星巴克總經理徐光宇最開心的日子。這一天，是統一星巴克的董事會，徐光宇當著董事成員的面，從星巴克北美國際市場總裁馬丁（Martin Coles）的手中接下了一面獎牌，表彰他在台灣領導的星巴克，在「新世代最嚮往的企業」調查中，名列前茅。

一、名列台灣上班族新世代最嚮往的前十名企業

當天，來自星巴克總部的高階主管還包括了星巴克大中華營運總裁王金龍、副總裁傑夫（Jeff）、國際市場發展部副總馬克，以及大中華副總查理等，在徐光宇接下獎牌的那刻，大家一起給了徐光宇最熱烈的掌聲。

「新世代最嚮往企業」調查中名列排行榜上前十名的企業，除了星巴克是賣咖啡的之外，其餘都是年營業額超過千億元的大企業，讓徐光宇好生快慰。更讓他高興的是，此一台灣媒體進行的調查，被美國星巴克總部注意到了，除做了獎牌並派要員來台，感謝並嘉獎徐光宇與台灣星巴克的伙伴們在台灣市場的努力。

二、統一星巴克的文化

「這就是Starbucks的文化」，徐光宇感性地指出，星巴克六大企業使命中的第一條即開宗明義地指出，提供完善工作環境，以敬意與尊嚴對待所有員工。

台灣的勞基法修改後，部分企業界中的勞資關係被緊繃成了一種「零和關係」，有些短視的企業主甚至將員工福利，視為增加成本而刻意漠視，或總提出一些口惠而不實的方案唬弄同仁。但是，星巴克從不如此，在深刻體悟創辦人霍華．蕭茲（Howard Schultz）的「和員工建立互信關係」，才是星巴克的成功關鍵之道，徐光宇含英咀華後設計了諸多與員工「搏感情」的方案，目的就是為了營造出一個快樂的、正向的愉悅工作環境。

三、設計很多與員工「搏感情」方案

例如，統一企業集團總部的統一星巴克總部咖啡吧台區，每天中午1點至1點半都會有一場「咖啡交流」（Coffee Tasting）時間。這是徐光宇結合統一企業「朝會」精神，以及星巴克「咖啡體驗」而設計出的員工與幹部交心活動。半小時的「咖啡交流」活動中，每次都會由不同的星巴克伙伴擔任主持人，他可以自己設計題目與發表型式，與其他伙伴分享工作的、生活的或家庭的各種體驗。

徐光宇討厭應酬，也絕少應酬。只要在台灣，沒有被其他公事絆住，也都一定會到場傾聽伙伴的聲音。他說，把伙伴當成家人、孩子，關心他們，目的是讓伙伴覺得「老總和自己在一起」，如此才可以培養雙向成長的動能，推動企業向前。

統一星巴克：新生代最嚮往企業

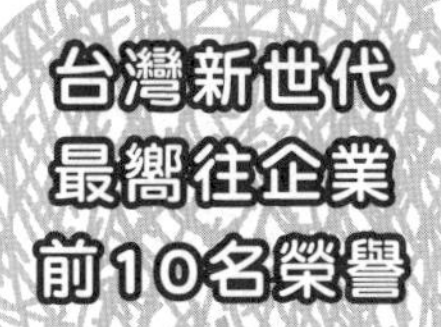

統一星巴克

星巴克企業文化

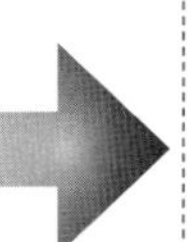

美國星巴克企業使命第1條

提供完善工作環境，
以敬意與尊嚴對待所有員工！

統一星巴克：設計博感情方案，員工滿意度高

‧每天中午1：00－1：30舉辦一場「咖啡交流」時間。

‧由員工擔任主持人，每位員工可以分享在工作上、生活上、家庭上的各種體驗與心聲。

公司並沒有硬性規定大家一定得參加，但是每天的「咖啡交流」活動中，總有數十人到場，或坐或站地聆聽伙伴心聲。

‧總經理一定到場傾聽伙伴心聲；並把員工當成自己家人、孩子！

‧關心員工，讓員工覺得「總經理與他們在一起」！

‧高員工滿意度！

Unit 10-12 肯德基認同鼓勵，逐項感謝，員工肯定

與其報時（只依賴偉大的領導人），不如教人造鐘（建構能永續發展的組織）。台灣百勝肯德基董事長總經理吳美君，引用《基業長青》書中的名言說。

一、引進「認同鼓勵」制度，員工更願意為公司效命

2001年台灣肯德基引進一套名為「認同鼓勵」制度，把員工從聽命辦事變成能自動改善成效的造鐘人。這套制度讓台灣肯德基的員工滿意度進步10%以上，更願意為公司效命，2004年台灣肯德基獲利較2003年成長一倍，2012年營收獲利仍持續成長。而比台灣肯德基早五年引進「認同鼓勵」制度的中國肯德基也不斷創新，在中國的開店數達3千多家，2012年店數已是麥當勞的兩倍以上。

「認同鼓勵」制度的精神在於人人都能給別人鼓勵，實際作法包括平時所有員工都要發出互相激勵的認同鼓勵卡，每季、每月，各級主管都要設計，發給團隊表現優異員工的特殊獎項。以肯德基中國區總裁蘇敬軾為例，就會頒發「造鐘人獎」，不論職位高低，發現對肯德基有長遠影響的重要制度，就可能領到此獎。

頒獎時必須「具體而誠懇」。吳美君分析，感謝員工時，不能只是泛泛的說，「您辛苦了」。而是要看著對方，逐條逐項的把他觀察到員工為公司付出的貢獻，仔細說出來，「才能打動人心」。吳美君好幾次還沒頒完獎，員工發現老闆真的知道他的用心，當場在台上淚流滿面。

二、終生難忘的「造鐘人獎」

2004年獲得「造鐘人獎」的員工，是曾任肯德基深圳區域經理顧捷。顧捷教員工保養機器時，發現員工覺得文字寫成的保養指南難以理解，他和肯德基各部門討論，花一年多時間，把一家速食店使用的二十幾種機器，每一台的保養方法、保養後的標準狀況，全拍成圖片，等於把操作手冊用圖片重寫一遍。

他轄區的店對器材的保養，被總公司評為最接近完美的99分。他的方法，也被推廣到其他區域的肯德基分店。經人資部門和總裁親自評選，頒獎前一個月，顧捷被通知獲選得獎。

2011年12月，肯德基在雲南昆明召開餐廳經理人大會，來自全中國，甚至台灣、泰國的2千個肯德基分店經理齊聚一堂。「從大廳的一頭看過去，看不到盡頭，到處都是人。」顧捷心裡驚呼。大會第一個節目，就是頒「造鐘人獎」，2千人中，只有3個人得獎，喊到顧捷名字時，2千人的目光，就集中在他一個人身上。

蘇敬軾一樣樣清楚唸出顧捷對整個公司的貢獻、他為公司帶來的影響，再緊緊握著他的手：「我們感謝您。」顧捷感動的說：「那一刻真是激動，終生難忘！」吳美君分析，這樣的激勵，比辦誓師大會、加薪，效果都要更好，持續更久。

台灣肯德基：引進「認同鼓勵」制度，員工滿意度提升

1. 2001年起，台灣肯德基引進一套「認同鼓勵」制度
   台灣百勝肯德基董事長總經理吳美君說：「表達你對別人合作的感謝，激勵別人幫助你，是每個員工的責任。」
2. 有效把員工從聽命辦事，變成能自動改善成效的造鐘人
3. 此制度讓員工滿意度上升10%以上
4. 使員工更願為公司效命！
5. 營收及獲利均雙雙成長！

台灣肯德基：終生難忘「造鐘人獎」

知識補充站

如何創造激勵文化？

由於人人都必須激勵別人，肯德基人力資源部門特別為所有人，包括基層工讀生，準備認同鼓勵卡，讓員工填寫，隨時感謝老闆或同事對他們工作的幫助。每發出一張卡，感謝的人和被感謝的人，都會收到人資部門準備的小禮物。在肯德基每家分店，甚至總公司，也都有個公布認同卡的布告欄，隨時激勵員工。

Unit 10-13 東京迪士尼：顧客滿意度只有滿分與零分兩種 Part I

日本東京迪士尼樂園自1983年成立以來，當年入館人數即達1千萬人，1990年度達1.5千萬人，2012年破2千萬人，是日本入館人數排名第一的主題樂園，排名第二位的橫濱八景島，每年入館人數為530萬人，僅及東京迪士尼樂園人數的1/4。

日本人對迪士尼樂園的重複「再次」入館率高達97%，顯示出東京迪士尼樂園受到大家高度的肯定與歡迎。

東京迪士尼樂園（TOKYO Disney Land）於2001年9月在其區域內推出第二個樂園──東京迪士尼海洋樂園（TOKYO Disney Sea World），兩相輝映，已成為日本遊樂聖地，甚至很多外國觀光團，也常安排到這個地點遊玩。

一、「100－1＝0」奇妙恆等式

東京迪士尼樂園社長加賀見俊夫，領導兩個遊樂園共計1.9萬名員工，其最高的經營理念就是「堅持顧客本位經營」，以達到顧客滿意度100分為目標。

加賀見社長提出「100－1＝0」奇妙恆等式，100－1應該為99，怎麼變成0呢？加賀見社長認為，顧客的滿意度只有兩種分數，「不是100分，就是0分」，他認為只要有一個人不滿意，都是東京迪士尼樂園所不允許，他教育1.9萬名員工：「東京迪士尼的服務品質評價，必須永遠保持在100分。」換言之，2012年度有2千萬人次的入館顧客，應該讓2千萬人都是高高興興進來，快快樂樂地回家。能達成這種目標，才算真正的貫徹「顧客本位經營」，顧客也才會再回來。

二、親自到現場觀察

那麼加賀見社長如何做到「顧客本位經營」呢？他除了在每週主管會報中聽取各單位業績報告及改革意見外，每天例行的工作，就是直接到「現場」去巡視及觀察。加賀見社長最注重顧客的臉部表情，從表情中就可以感受到顧客進到東京迪士尼到底玩的快不快樂？吃的滿不滿意？買的高不高興？以及住的舒不舒服。

加賀見社長表示，「現場」就是他經營的最大情報來源，他經常在巡園中，親自在餐廳內排隊買單，感受排隊之苦。也常為日本女高中生拍照，並問她們今天玩得開心嗎？他常巡視清潔人員是否定時清理園內環境？也常假裝客人詢問園內服務人員，以感受他們答覆的態度好不好？加賀見社長最深刻的見解就是「把顧客當成老闆，顧客不滿意、不快樂，就是老闆的恥辱，能夠做到這樣，才是服務業經營的最高典範。」

東京迪士尼：堅持顧客本位經營

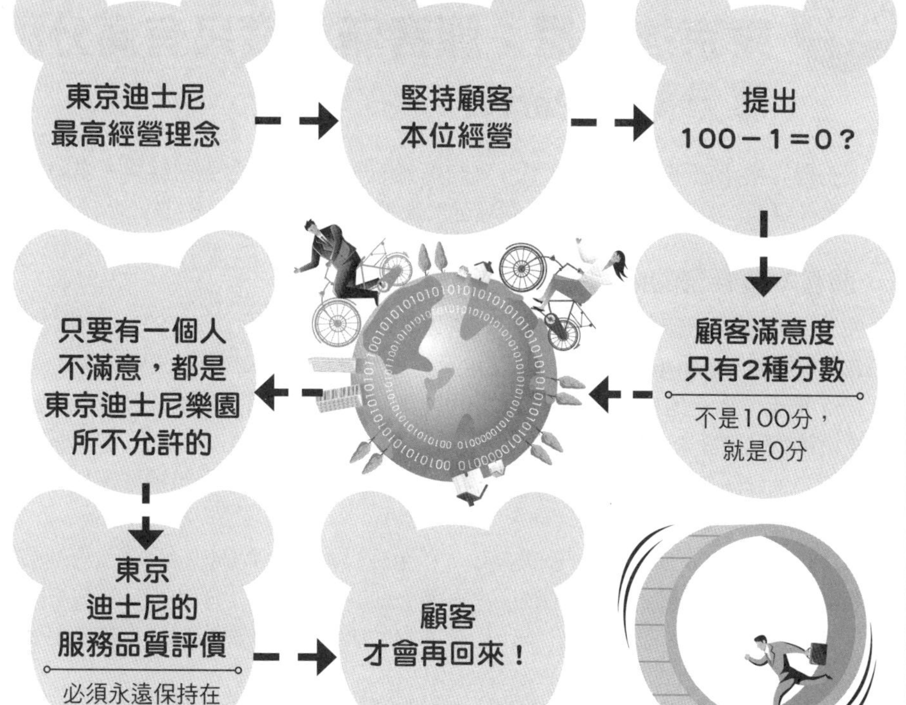

東京迪士尼：親自到現場觀察

如何做到顧客本位經營？日本東京迪士尼

1. 每週主管會報中聽取各單位業績報告及各種改革意見！

2.
   - 2-1.每天例行工作，一定要抽空到現場巡視及觀察！
   - 2-2.總經理從顧客臉上的表情，就可以感受到客人玩的快不快樂？吃的滿不滿意？
   - 2-3.「現場」就是總經理經營的最大情報來源！
   - 2-4.顧客不滿意、不快樂，就是老闆的恥辱！

Unit 10-14 東京迪士尼：顧客滿意度只有滿分與零分兩種Part II

「把顧客當成老闆，顧客不滿意，就是老闆的恥辱，能夠做到這樣，才是服務業經營的最高典範。」這是加賀見社長對經營的最深刻見解。

三、顧客本位經營的內涵指標

東京迪士尼樂園的顧客本位經營的內涵指標，就是強調SCSE，亦即安全（Safe）、禮貌（Courtesy）、秀場（Show）、效率（Efficiency）。

(一) 安全：所有遊樂設施必須確保100%安全，必須警示哪些遊樂設施不適合遊玩，定期維修及更新，並且有園內廣播及專人服務，把顧客的生命安全，當成頭等大事。東京迪士尼開幕25年以內，從來沒有發生過重大設施的安全不當事件，是可讓人放心與信賴的地方。

(二) 禮貌：所有在職員工、新進員工，甚至高級幹部，都必須接受服務待客禮貌的心靈訓練，並成為每天行為的準則。東京迪士尼的服務人員，被要求成為最有禮貌的服務團隊，包括外包的廠商，在迪士尼樂園內營運，也要接受內部要求的準則，並接受教育訓練。

(三) 秀場：東京迪士尼樂園安排很多正式的秀，以及個別的化妝人物，主要都是在勾起參觀顧客的趣味感、新鮮感與好玩感，並且經常與這些玩偶面具人物照相或贈送糖果與贈品。這也是較具人性化的遊樂性質。

(四) 效率：東京迪士尼的效率是反映在對顧客服務的等待時間上，包括遊玩、吃飯、喝咖啡、入館進場、尋找停車位、訂飯店住宿、遊園車等各種等待服務時間。這些等待時間必須力求縮短，顧客才會減少抱怨。尤其，長假人潮擁擠時間，如何提高服務時間效率，更是一項長久的努力。

四、門票、商品販售、餐飲是營收三大來源

東京迪士尼樂園在2012年度計有2千萬人入館，每人平均消費額為9,236日圓（折合台幣2,700元）。其中，門票收入為3,900日圓（占42%），商品銷售為3,412日圓（占37%），以及餐飲收入為1,924日圓（占21%）。自2002年度開始，還增加住房收入。

從以上營收結構百分比來看，三種收入來源均極為重要，而且差距也不算很大。因此，主題樂園的收入策略，並不是仰賴門票收入，在行銷手法的安排上，還應該創造商品、餐飲及住宿等多樣化營收來源。

(一) 在商品銷售方面：已有6千項商品，除了迪士尼商標商品外，還有一些日本各地的土產及各種節慶商品，例如耶誕節、春節等應景產品。這些由外面廠商所供應的商品，不管是吃的或用的，都被嚴格要求品質。

東京迪士尼樂園：顧客本位經營的內涵指標

1.安全（Safe）：

‧旅遊設施必須100%確保安全！
‧開業25年未發生事件！

2.禮貌（Courtesy）

‧所有現場員工都必須接受待客禮貌的身、心、靈訓練；成為最有禮貌的服務團隊！

東京迪士尼
顧客本位
經營

3.秀場（Show）

‧讓所有來客都感到好玩、有樂、新鮮！
‧可與玩偶人照相或贈送糖果、贈品！

4.效率（Efficiency）

‧等待時間、找車位、進場結帳、買東西都要盡量快速，不使客人等太久！

東京迪士尼：3大收入來源

Unit 10-15 東京迪士尼：顧客滿意度只有滿分與零分兩種PartIII

自1990年以來，日本已歷經二十年經濟不景氣。但東京迪士尼樂園的經營，仍然無畏景氣低迷，而能維持穩定而不衰退的入館人數，實屬難能可貴。追根究柢，加賀見社長歸因於「堅守顧客本位經營」與「100－1＝0」的兩大行銷理念。他說迪士尼樂園1.9萬名員工每天都在努力演出精彩的「迪士尼之夢」（DISNEY DREAM），而帶給日本及亞洲顧客最大的快樂與滿意。

四、門票、商品販售、餐飲是營收三大來源（續）

(二) 在餐飲方面：包括麥當勞、中華麵食、日本和食、自助餐、西餐等多元化品味，能滿足不同族群消費者及不同年齡顧客的不同需要。目前光是東京迪士尼食品餐飲部門的員工人數就達7千人，占全體員工人數約1/3，可說是最重要的服務部門。餐飲服務最注重食品衛生及待客禮儀，希望能滿足顧客的餐飲需要。

(三) 在住宿方面：迪士尼樂園內已有十多棟可以住滿500間的休閒飯店，除住宿外，還可以供宴客及公司旅遊等大規模用餐的需求，並且以家庭3人客房為基本房間設計。2012年2千萬人來館顧客中，有三成左右（650萬人次）會有住宿的消費，此顯示休閒飯店的必要。尤其是在暑假、春節及假日，東京迪士尼園區內的休閒飯店經常是客滿的。

五、流暢的交通接駁安排

東京迪士尼樂園在尖峰時，每天有8萬人次入館，其中交通線的安排必須妥當，才能使進出車輛順暢。該樂園安排三個出入口，一個是JR京葉縣舞濱車站的大眾運輸，以及葛西與浦安入口。尖峰時刻，每小時有4,800輛轎車抵達，而這三個入口都可負荷。另外，東京迪士尼樂園與海洋世界二大園區的停車場空間，最大容量可以停1.7萬輛汽車，是全球最大的停車場。在這二大園區之間，還有園區專車服務，約13分鐘即可以直達，省下顧客步行1小時的時間，這都是從顧客需求面設想的。

六、賺來的錢，用來維護投資

東京迪士尼樂園2012年度營收額達2,700億日圓（折合台幣約800億元），是日本第一大休閒娛樂公司及領導品牌。該公司歷年來都保持穩定的營收淨利率，1997年最高達15%，2012年下降到6%，主要是因為持續擴張投資與提列設備折舊、增加用人量等因素所致。加賀見社長認為，第一個園區已有十九年歷史，必須再投資第二個園區（海洋世界），才能保持營收成長，以及確保固定的長期獲利。因此，必須要用過去幾年賺來的錢繼續投資，才能有下一個二十五年的輝煌歲月。

精彩演出迪士尼之夢

每天，1.9萬名員工都在努力演出精彩迪士尼之夢！

2大行銷理念

堅守顧客本位經營

100－1＝0

賺來的錢，用來維護投資

每年賺來的錢！

撥出一大部分持續做現場設施的投資！

實踐了多少？

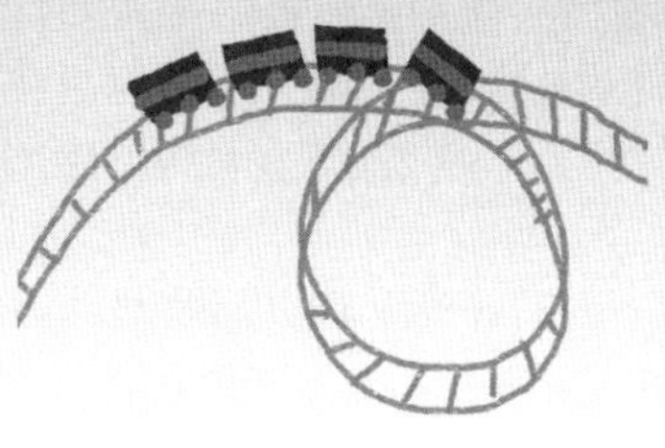

東京迪士尼樂園的成功行銷，確實帶給國內行銷業者很大的啟示與省思。在被一片「顧客導向」、「顧客第一」的行銷口語浪潮淹沒時，我們是否真的實踐貫徹了他們的內涵與精髓？東京迪士尼樂園足堪為我們借鏡。

Unit 10-16 寶格麗：頂級尊榮精品，引向璀璨人生Part Ⅰ

全世界知名的珠寶鑽石名牌精品寶格麗（BVLGARI），創始於1894年，已有119年歷史。寶格麗原本是義大利一家珠寶鑽石專賣店，1970年代才開始經營珠寶礦石的事業。1984年以後，寶格麗創辦人之孫崔帕尼（Francesco Trapani）就任CEO後，才全面加速拓展寶格麗頂級尊榮珠寶鑽石的全球化事業。

一、產品多樣化策略

崔帕尼接手祖父的寶格麗事業後，即以積極開展事業的企圖心，首先從產品結構充實策略著手。早期寶格麗百分之百營收來源，幾乎都是以高價珠寶鑽石首飾及配件為主。但崔帕尼執行長又積極延伸產品項目到高價鑽錶、皮包、香水、眼鏡、領帶等不同類別的多元化產品結構。

2012年寶格麗公司營收額達9.2億歐元（約510億台幣），其中，珠寶鑽石飾品占40%、鑽錶占29%、香水占17.6%、皮包占10.6%，以及其他占3.1%，產品營收結構已經顯著多樣化及充實化，而不是依賴在單一化的飾品產品上。

二、打造高價與動人的產品

寶格麗的珠寶飾品及鑽錶是全球屬一屬二的名牌精品，崔帕尼表示，寶格麗今天在全球珠寶鑽石飾品有崇高與領導的市場地位，最主要是堅守著一個百年來的傳統信念，那就是：「我們一定要打造出令富裕層顧客可以深受感動與動人價值感的頂級產品出來。讓顧客戴上寶格麗，就有著無比頂級尊榮的心理感受。」

寶格麗為了確保高品質的寶石安定來源，在過去二、三年來，與世界最大鑽石及寶石加工廠設立合資公司。另外亦收購鑽錶精密加工技術公司、金屬製作公司及皮革公司等。寶格麗透過併購、入股、合資等策略性手段，更加穩固了他們高級原料來源及精密製造技術來源，為寶格麗未來快速成長奠下厚實的根基。

三、擴大全球直營店行銷網

寶格麗在1991年，在全球只有13家直營專賣店，幾乎全部集中在義大利、法國、英國等地。那時的寶格麗充其量只是一家歐洲的珠寶鑽石飾品公司。但是在崔帕尼改變政策而積極步向全球市場後，目前寶格麗在全球已有220家直營專賣店，通路據點數成長17倍之鉅。

寶格麗各國營收結構比，依序是日本最大，占27.6%，其次為歐洲地區，占24.4%，義大利本國市場占12.4%，美國占15.6%，亞洲占6.1%，中東富有石油國家占14%。寶格麗公司全球營收及獲利連續五年，均呈現10%以上的成長率，可說是來自於全球市場攻城略地所致。尤其是日本市場更是寶格麗海外最大市場。

寶格麗：打造高價與動人的產品

百年信念

打造令富裕層顧客，可以深受感動與動人價值感的頂級產品出來！

讓顧客戴上寶格麗，就有著無比頂級尊榮的心理感受！

產品多樣化策略

寶格麗

珠寶鑽石及飾品：占40%

鑽錶：占29%

其他：占3.1%

香水：占17.6%

皮包：占10.6%

擴大全球直營店行銷網

1991年的寶格麗	目前寶格麗	未來寶格麗
充其量只是一家歐洲的珠寶鑽石飾品公司	全球已有220家直營專賣店，通路據點數成長17倍之鉅。→分布在日本、歐洲地區、義大利、美國、亞洲、中東富有石油國家等地。	最大的商機市場，將是在中國。
全球只有13家直營專賣店→集中在義大利、法國、英國等地。	但是在崔帕尼改變政策而積極步向全球市場後	

Unit 10-17 寶格麗：頂級尊榮精品，引向璀璨人生Part II

寶格麗這家來自義大利百年的珠寶鑽石名牌精品公司，要如何為寶格麗的富裕層目標顧客，穩步帶向璀璨亮麗的美好極品人生呢？本文將繼續介紹。

三、擴大全球直營店行銷網（續）

展望未來的海外通路戰略，崔帕尼表示：「寶格麗未來仍會持續高速成長，而最大的商機市場，將是在中國。我們目前已在上海設有旗艦店，北京也有2家專賣店，未來五年，我們會在中國至二十個大城市持續開出專賣店。中國13億人口，只要有百分之一富裕者，即有1千萬人潛力市場規模，距離這個日子並不遠了。」寶格麗預計由於中國市場的拓展，三年內全球直營店數將突破300家。

四、投資渡假大飯店的營運策略

寶格麗公司已在印尼峇里島渡假聖地，設立六星級的寶格麗渡假大飯店，每夜住宿費用高達3.3萬新台幣，是峇里島最昂貴的房價。寶格麗休閒渡假大飯店主要是為全球寶格麗VIP頂級會員顧客招待而設立的，此種招待手法也提升了VIP會員的尊榮感及忠誠度。2007年底，寶格麗在最大獲利市場的日本東京銀座，完成建造十一層樓的寶格麗旗艦店，大大增加與頂級富裕顧客會員的接觸及服務。

五、頂級尊榮評價No.1

崔帕尼接受媒體專訪，被問到寶格麗目前營收額僅及全球第一大精品集團LVMH的1/15有何看法時，他答覆說：「追求營收額全球第一，對寶格麗而言並無必要。我所在意及追求的目標是，寶格麗是否在富裕顧客群中，真正做到了他們對寶格麗頂級品質與尊榮感受No.1的高評價。因此大力提高寶格麗品牌的頂級尊榮感是我們唯一的追求、信念及定位。我們永不改變。」寶格麗為了追求這樣的頂級尊榮感，因此堅持著高品質的產品、高流行感的設計、高級裝潢的專賣店、高級的服務人員、高級的VIP會員場所，以及高級地段的旗艦店等行銷措施。

六、璀璨美好的極品人生

寶格麗五年來在崔帕尼執行長以高度成長企圖心的領導下，以全方位的經營策略出擊，包括產品組合的多樣化、行銷流通網據點的擴張布建、海外市場占比提升、品牌全球化、知名度大躍進、VIP會員顧客關係經營的加強，以及媒體廣告宣傳與公關活動的大量投資等，都有計畫與目標的推展出來。正是如此堅持著高品質、高價值感、高服務、高格調、高價格及頂級尊榮感的根本精神及理念，為寶格麗的富裕層目標顧客，穩步帶向璀璨亮麗的美好極品人生。

寶格麗：打造旗艦店及渡假大飯店，招待VIP頂級會員

寶格麗旗艦店！

裡面有VIP俱樂部、專屬房間、好吃的義大利菜享用，以及各種提箱秀、展出秀等活動舉辦。

峇里島
渡假大飯店！

招待全球各國VIP顧客，專屬享用及服務！

寶格麗：頂級尊榮評價No.1

大力提升寶格麗的頂級尊榮感 → 是寶格麗唯一的追求、信念及定位

寶格麗：6個高級堅持

6.高級地段的旗艦店

5.高級的VIP會員場所

4.高級的服務人員

3.高級裝潢的專賣店

2.高流行感的設計

1.高品質的產品

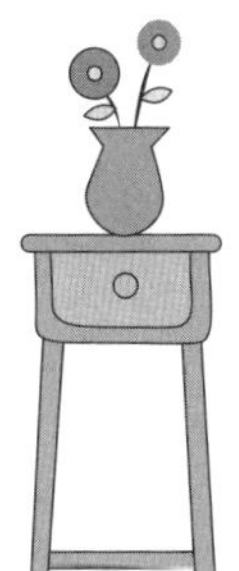

把客人帶向：璀璨美好的極品人生！

Unit 10-18 台北101購物中心：頂級客戶VIP室祕密基地Part I

靠著一些「鄰居」捧場，而且900多個人就可以撐一家購物中心業績的兩成，哪家店有這樣的地利、人和？

貴賓廳位於台北101大樓6樓，經常出入101大樓的消費者，幾乎不知道大樓內還別有洞天。

一、入會費真高檔，單日須消費101萬元

只有尊榮俱樂部會員，才有辦法按下6樓電梯的按鍵，電梯門打開的空間，就成為台北101大樓經營頂級客戶的祕密基地。

要享受這樣的服務，口袋得先準備好101萬元，這是入會的消費金額門檻，而且限定在單日內消費達此金額，進入門檻可以說是目前全台灣條件最嚴苛的。

目前，尊榮俱樂部的會員數只有900多人，消費金額總和卻已經占101購物中心全年營收的20%以上，約為新台幣20多億元，超過一團團進門消費觀光客所花的錢，成為最重要的營收來源，也是101大樓經營頂級客層的獨門招數。

台北101企業發言人劉家豪說，觀光客買完就跑，多為一次性消費，本地客人才是值得投資的忠實客戶。如果服侍好這群貴客，可以確保日後更多的獲利來源。

這群貴客之中，有不少都是住在信義計畫區附近的「鄰居」，從家裡直接走路來這裡逛街，潛在客戶包括鴻海集團董事長郭台銘夫人曾馨瑩，富邦金控董事長蔡明忠夫人陳藹玲等，就連自己家開百貨公司的寶麗廣場（BELLAVITA）董事長梁秀卿也是這裡的貴客。

劉家豪表示，對於頂級消費族群來說，一整年下來要累積到101萬元太容易了，所以限定為單日消費，區隔出真正有消費實力的客人，同時也可刺激這群貴客對高價精品的消費。但是要經營這群貴客也沒這麼簡單，首先得撒大錢塑造華麗的環境。

2004年正式對外營運的101購物中心，直到2010年才成立尊榮俱樂部，其實2005年開始，公司內部就有此想法，但一直在館內卡不到好位置，再加上如果要做就要拉到最高規格，必須要取得董事會支持，後來頂新集團魏家入主，大力支持此案，才斥資6千萬元打造貴賓廳，並請董事姚仁祿指導空間規劃、燈光設計等。

二、展示櫃僅三個，每坪月租金將近200萬元

寬敞的空間和輕柔的音樂，十二組沙發座椅每一套都不同，全部是特別訂製的，每一組沙發之間還有簾幕可以拉起來，維持隱密性。

台北101購物中心：1,000位VIP客人，支撐2成業績

台北101購物中心

1,000位VIP客人，支撐全年度20%業績，約20億元

觀光客多為一次性消費，本地客人才是值得投資的忠實客戶。如果服侍好這群貴客，可以確保日後更多的獲利來源。

101大樓6F：尊榮俱樂部會員

這群貴客之中，有不少都是住在信義計畫區附近的「鄰居」，從家裡直接走路來這裡逛街。

經營頂級客人的祕密基地

單日消費101萬元以上，才可以成為會員

這是入會的消費金額門檻，而且限定在單日內消費達此金額，進入門檻可以說是目前全台灣條件最嚴苛的。

耗資6,000萬元，打造140坪VIP貴賓室

展示櫃僅3個，加起來不到1/3坪，12組沙發座椅全部特別訂製，每一套都不同，而且每一組沙發之間還有簾幕以維持隱密性。

裝潢豪華，空間寬敞，提供限量精品及下午茶

VIP客人有被尊寵的感覺！

Unit 10-19 台北101購物中心：頂級客戶VIP室祕密基地Part II

為了留住這群雲端裡的貴客，只是用心已經不夠，還得絞盡腦汁變著花樣來滿足他們的品味需求，不過，從業績來看，這些布局都是值得了。

二、展示櫃僅三個，每坪月租金將近200萬元（續）

貴賓廳140坪的室內，完全都是休憩空間，只有三個約50公分見方的正方形透明立櫃，展示著未上市或獨家限量精品，例如目前櫃上擺的是限量版Gucci波士頓包及絲巾，早於旗艦店一個禮拜以上就開始販售。而這三個櫃加起來不到1/3坪的位置，每週租金要價15萬元，換算下來，等於每坪每月租金將近200萬元，比起商場一樓每坪每月約2.5萬元的租金，這裡堪稱是101租金最貴的一塊寶地。

一日消費滿101萬元，就可以一年內自由出入享受空間，尊榮俱樂部的貴賓廳使用率很高，平日約有30~50人次進入，假日則有近百人。台北101商場行銷部客服經理劉明和說，現在假日還常常需要事先預約才有位子。因此，俱樂部目前把會員人數控制在1千人以下。而貴賓廳的功能也從提供隱密性高的休憩空間，提升為社交空間，一個頂級名媛貴婦及商務人士下午茶的好地方。

三、專辦尊榮活動，義大利師傅現場訂製衣服

比起一般全客層百貨如SOGO、新光三越、遠東百貨的貴賓室，類似於預購會場地，這裡則更像是會員個人可隨意使用的專屬空間。

也許就是這種神祕、尊寵的感覺，受到頂級客層的喜愛，經營出口碑後，各精品品牌也想和這群貴客有進一步接觸。台北101商場行銷部活動公關組長謝明璜說，不只館內設櫃廠商，就連館外的品牌也會想要來這裡辦活動，但需要提案，經過公司評選，「太普通或辦過很多次，像是dinner或茶會，基本上都不會過。」所以，若只是一般的新品預購會，很難排進俱樂部的活動檔期，因為他們認為，貴客要的是比別人早一步，而且獨一無二的尊榮感。

舉例來說，有酒商想要來這裡辦品酒會，一定要是全台最早，而且是限量頂級品，「絕對要爭取到最極端的才行，」謝明璜說。例如，高級男裝品牌Ermenegildo Zegna就曾經請來義大利師傅，現場幫客人量身訂做手工訂製服，全台僅限30個名額，只有俱樂部會員受邀。或是，FENDI的皮草秀，也從義大利請來師傅現場為每一件產品做解說，「這種事情我們不會大張旗鼓到處宣傳，知道的人有限，而且只會在這個樓層發生。」

除此之外，俱樂部更成為相關業者接觸這群貴客的平台，例如專推模里西斯等頂級旅遊行程的旅行社，或是頂級醫美健檢等。

台北101：頂級神秘貴賓室

1.
1,000位
限量貴客

如果未來人數增加，就必須要再另闢新空間。

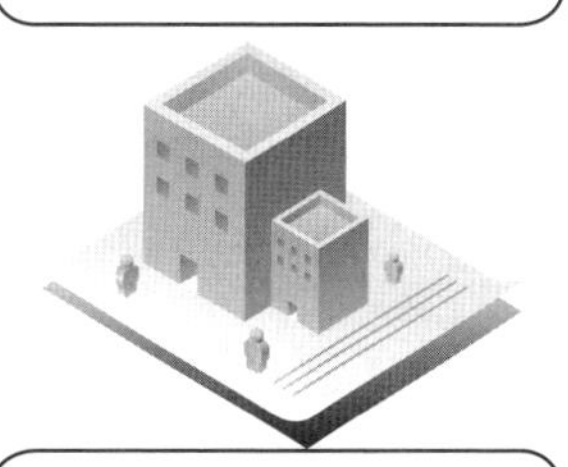

貴賓廳140坪的室內，完全都是休憩空間，只有三個約50公分見方的正方形透明立櫃，展示著未上市或獨家限量精品。

2.
140坪
豪華空間

3.
限量頂級品
才能賣

不只館內設櫃廠商，就連館外的品牌也會想要來這裡辦活動，但需要提案，經過公司評選，太普通或辦過很多次，像是dinner或茶會，基本上都不會過。

貴婦們約在此喝下午茶，再一起去購物，商務人士也會約在這裡談事情。

4.
頂級
社交空間

5.
高級精品
現場訂製

例如，高級男裝品牌Ermenegildo Zegna就曾經請來義大利師傅，現場幫客人量身訂做手工訂製服，全台僅限30個名額，只有俱樂部會員受邀。

這種事情不會大張旗鼓到處宣傳，知道的人有限，而且只會在這個樓層發生。

6.
頂級
國外旅遊

俱樂部更成為相關業者接觸這群貴客的平台。

7.
頂級
醫美健檢

台北101購物中心：VIP貴賓室

Unit 10-20 日本行銷「接客」時代來臨Part I

最近隨著日本經濟復甦與景氣回春，日本零售流通業已愈來愈重視對「接客」的服務，一股「接客復權」與「接客力」之風潮，已成為市場行銷的主流。以下列舉幾家日本「接客服務」表現卓越的案例，以供國內企業參考。

一、日本7-ELEVEN：「接客」是成長的原動力

日本7-ELEVEN目前在各方面，所主推的接客戰略是「試吃銷售服務」，只要是有新商品在店頭內新上市，店面的加盟主即會加派人手，在店內對顧客展開熱忱與有禮貌的端盤子請顧客試吃的舉動。日本7-ELEVEN曾做過現場店頭實驗，證明新產品有經過試吃活動的，隔日就會賣的比較好。而沒有經過試吃的，就經常會有比較多的存貨。這證明了「試吃販賣」活動，對新商品上市的知名度、產品認知及實際行銷售量，都帶來明顯的效益，也改變了新商品有較長的壽命。

卓越的日本7-ELEVEN董事長鈴木敏文表示，便利商店的四個經營骨幹，即是產品的鮮度管理、暢銷品的單品管理、現場清潔與布置管理，以及接客管理。他認為現在已是日本零售流通業必須展現「真誠」與「用心」的接客時代來臨。

在東京郊區多摩市的日本7-ELEVEN「研修中心」，來自全日本7-ELEVEN加盟店的新進店員，都必須在此中心接受「如何有效接客」的主題式教育訓練。

鈴木敏文董事長所以發出日本7-ELEVEN「接客時代」來臨宣言，主要是他體會到過去十二年來，由於日本長期不景氣下，大家都一味追求價格便宜或低價商品。但隨著景氣回溫，又漸漸回復到追求「價值」的面向。而由賣方或店長主動向顧客展示新產品的價值與利益，將可以更為有效傳達出這樣的信念，而顧客也才會有知覺，然後進一步實踐購買行動。

雖然試吃販賣活動，會增加多用一個人的人事費用。但事實證明，後面新產品銷售增加的利潤，遠大於這種接客人事費用的增加。因此，鈴木敏文董事長認為接客經費必須先行投資，絕不能省，這是接客時代的經營大原則。

迎接「接客時代」的來臨，除了試吃試賣活動之外，還包括其他行動，例如必須把新商品擺在最顯眼有利的視覺空間位置上；便當加熱微波爐必用最好的機種，才能在最短時間內為顧客完成等待時間；店員必須主動為顧客把東西放入包裝袋子內，並且用雙手奉上；店內地上的光亮度必須達到80度標準，以及陳列空間不允許有空蕩缺貨的感覺等。

鈴木敏文董事長已深深感受到，在物質豐富、價格激烈競爭、商品差異化不易擴大、店數可能接近飽和之不利經營環境挑戰下，每一個加盟店的店長及店員，如何成功做好為每一位進店顧客的「接客服務」，將是提升每一個店效與追求總營收再成長的原動力。

日本7-ELEVEN：接客是成長的原動力

接客戰略：試吃銷售服務

通常是在人潮多的中午及傍晚二個小時中舉辦試吃販賣活動

只要有新商品上市，店內員工即會對來客展開熱忱試吃活動！

有試吃的，就賣的比較好！

最近東京火車站附近一家7-ELEVEN店，每天可以賣掉100個「鯛魚便當」新上市商品，遠比附近其他店只能賣掉50個，多出一倍之多。該店店長即表示，這是因為新上市的第一週的每週一到週五，都有對來店的顧客，展示有禮貌的試吃服務，而所產生的促銷結果。

真誠與用心的接客管理！

便利商店4個經營骨幹

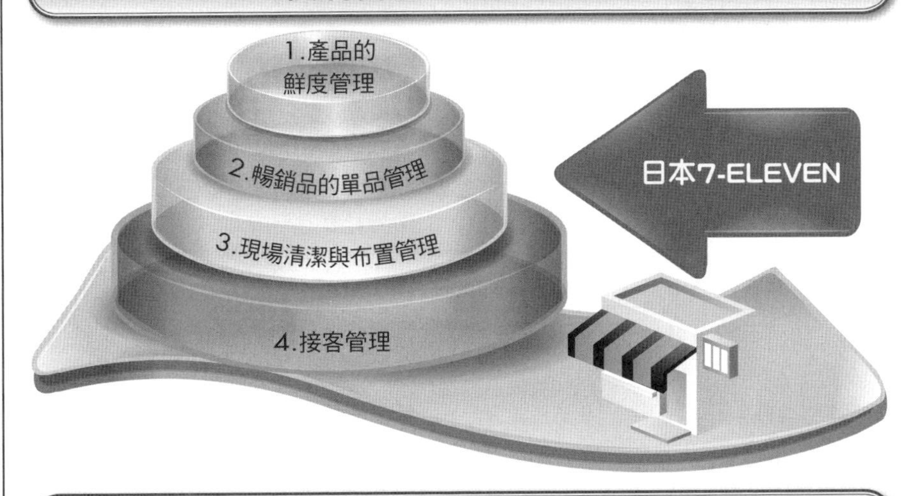

日本7-ELEVEN 研修中心

1.全日本7-ELEVEN店長與店員

2.均須接受「如何有效接客」的主題式教育訓練

3.日本7-ELEVEN接客時代來臨宣言！

4.向日本客人展示新品的價值與利益！

5.刺激客人購買！

6.提高每一個店的坪效！

其中，有一個小時的課程，即是如何用自然發乎內心的歡笑笑臉與真心，發聲練習諸如歡迎光臨、謝謝光臨、請問您需要什麼服務嗎？請問有什麼可以為您服務的，謝謝您……等這些常用平凡的話語。但即使如此，他們還是堅持一個小時時間，不斷兩人一組，面對面發聲實地練習與徹底心靈教育。

Unit 10-21 日本行銷「接客」時代來臨Part II

企業競爭已撕殺到現場第一線的接客能力表現上，因此「接客復權」時代又回來了。企業應加快思考如何磨練一個月「接客戰鬥力」的行銷組織、行銷策略及行銷攻擊戰術，這將是未來贏的行銷祕訣之所在。

二、日本YAMADA 3C家電量販店：接客日本第一活動

日本YAMADA家電量販店，即使面對競爭對手不斷拋出低價競爭策略之下，仍能保持市場第一品牌領導地位，2012年的營收額達一兆日圓，大賣場店數已達260家之多。該公司山田昇社長接任後，即推出「接客日本第一」專案，全面出擊「接客至上」的服務策略。根據該公司的調查顯示，過去顧客的抱怨，有35%與店員的接客關係不良有關，有15%與店員的商品知識不足有關。這兩項合計50%均與第一線人員的「接客能力」有十分密切的關係。於是，山田昇社長在一年前決定推出「接客日本第一」專案活動，全面要求全國8千多位現場店員、組長及店長，均須接受「商品知識」與「接客服務」兩大類的嚴格測試合格制度。經過這樣嚴格的考試制度及現場模擬測試，該公司所有員工均對「商品知識」及「接客服務」的知識與要求，都提高了很大水準。

YAMADA公司推出「接客日本第一」專案後，客訴已明顯降低了1/3，而營收、獲利及銷售量，則有大幅成長。此顯示，該公司全面推動「接客力」活動，所帶來絕對有效的助益。

YAMADA家電量販店，還全面禁止下列八大接客用語，亦即不得對來店顧客說出包括不知道、沒有了、不了解、沒聽過、不可能、怎麼會貴、還沒出來，以及缺貨。因為這八種答覆都是對接客服務的不尊重與不用心。

山田昇社長認為3C家電量販店競爭武器，主要根基於三項，一是品項多元而齊全，二是價格因規模經濟採購而便宜些，三是現場的接客服務。對於現場接客服務，每一位成交客戶，現場營業人員都必須填寫一張在A4紙上列有30個勾選項目的服務紀錄表，以示對此顧客的真心、認真與專業服務態度。這張紀錄表包括了顧客進到店來，到結帳付款走出去店外的全部接客過程紀錄，計有30個詳實紀錄事項。另外，為了解接客服務競爭力的表現成效究竟如何，YAMADA公司每一季還針對已買過的會員顧客及一般社會大眾觀感，委外進行電訪民調、銷售現場問卷調查及網路調查等三種市調機制，以從不同角度去全面了解及掌握全國YAMADA家電量販店在不同地區成果表現、顧客滿意程度，以及未來應該再改善革新的方向與具體作法及內容。

YAMADA公司的成功，就是深根於這種8千多位，每天在第一線現場，不斷提升在「接客力」的知識競爭力，而深得顧客滿意心與肯定心。

日本YAMADA家電量販店：接客日本第一活動

1.推出

「接客日本第一」專案

2.全面出擊

「接客至上」服務策略

3.接客能力

顧客抱怨與店員的接客能力及商品知識有很大相關！

4.要求全日本8,000位店長、組長、店員均須接受2項嚴格測試合格制度

「接客服務」＋「商品知識」

例如資訊電腦、數位家電、生活家電、健康用品、行動通訊、音響、視訊等產品。

該公司這種資格測試，區分為四個等級，即四級員工每月均須測試一次、三級員工每兩個月測試一次、二級員工每四個月測試一次、一級員工每半年測試一次。測試成績將列入每個員工年度的人事考績參考指標。

5.客訴明顯降低1/3，營收則顯著成長！

6.「接客力」大幅成長！

日本YAMADA的成功：接客力

植根於每天8,000位在第一線現場

不斷提升在「接客力」的知識競爭力！

深得顧客滿意心與肯定心

知識補充站

磨練「接客戰鬥力」的服務行銷組織

全球景氣已漸回春，顧客口袋中的消費力也在增強中。過去在不景氣時代下，顧客所追求的「便宜」，未來雖然仍是行銷競爭環境下的趨勢指標之一，但是「價值」（不是價格）與「服務」仍是最大行銷武器。但反映價值與服務的體現，則必須化為有形的感受，因此，公司必須制定接客戰略、接客組織、接客操作訓練、接客手冊制度、接客現場實際表現，以及接客獎勵誘因等一連串嚴謹規劃與推動，才可以全面反映出接客競爭力。

Unit 10-22 潤泰建設維繫客戶關係的服務制度

12月初，台北仁愛圓環旁的「潤泰敦仁」豪宅建案工地現場，正在打地基。同時間，購買「潤泰敦仁」的35位客戶，只要打開電腦上網，鍵入密碼，電腦螢幕上立即「實況轉播」工地現場進度，還可近距離看到連續壁施工的進度。

「客戶是我們最好的監工。」潤泰創新客戶服務部協理楊文娟表示。這是用遠、近兩部攝影機，照出工地現況，也是國用建設公司首次在網路上讓施工狀況「轉播」給客戶看，這是潤泰最近新推出的買屋服務之一。

一、客戶服務部的功能

潤泰目前有客戶服務部和服務中心。完工前，客戶所有問題由「客戶服務部」負責解決，大到光纖怎麼接，小到空調裝什麼牌子。完工後，再由「服務中心」接手，負責售後的維修、補強。從興建到交屋後的服務，連成一條服務線。

客服部從房子興建時，即每週參與工地會議，交屋前，潤泰對客戶有開工、結構、裝修、交屋等四大說明會，還有灌漿、試水（測試是否會漏水）兩大參觀行程，即由客服部主導。客服部會針對客戶的問題，找相關部門解決。

二、服務中心的功能

交屋後，服務中心會不定期開「回饋會議」，召集工程部、業務、採購等，將接到的申訴，轉化為企業知識。例如，921地震後，在潤泰創新總經理指揮下，潤泰立即派出一組工程師和結構技師，挨家挨戶檢驗潤泰建的房子是否需要補強，一位購買潤泰板橋「台北新大陸」的屋主回憶，當時看到潤泰連二十多年的老房子都來檢查，還滿感動的。

目前服務中心和客服部共24人，再加上可間接調動的人手，一共約有300人隨時待命解決住戶的問題。這和一般建設公司只能做到「點的服務」完全不同。

三、董事長親自帶領客戶服務組織，創造好口碑

在潤泰，客服中心和服務中心可說是由尹衍樑董事長親自帶領。曾經有客戶抱怨牆壁有無損結構的龜裂，客服部向尹衍樑馬上指示公共規劃部經理親自處理。尹衍樑每個月還會親自翻閱客服部和服務中心彙整的抱怨意見，「被抱怨的次數一多就等著被董事長檢討，」楊文娟笑著說。

一棟房子動輒數百萬元，甚至上億元，但從房子施工到交屋及售後，很少建商有整套制度化的服務，甚至多半是「一案公司」，蓋完交屋後，住戶再也找不到建商，根本談不上服務。潤泰的線性服務累積出客戶的口碑，並再回購，證明服務到位，可以創造新市場。

潤泰建設：客戶是我們最好的監工

豪宅建案 → 訂戶電腦視訊連接工地現場 → 建案訂戶可以隨時看到工地現場進度 → 客戶是我們最好的監工！

完整的客戶服務

潤泰建設

房子完工前：由「客戶服務部」負責解決！

例如有顧客為了安全理由，在交屋後都會把大門鎖換掉，客服部門即建議，交屋時由工程部在客戶前當場換鎖，再將新鑰匙交給客戶，讓客戶少花一筆換鎖的錢。

＋

房子完工後：由「服務中心」接手服務！

例如以前兩棟陽台相對，會造成炒菜時油煙飄入家裡，新建案規劃時，服務中心即提出更改格局的意見。

目前服務中心和客服部共24人，再加上可間接調動潤泰營造的人手，一共約有300人隨時待命解決住戶的問題。這和一般建設公司只能做到「點的服務」完全不同。
一般建設公司頂多找一到兩個服務人員，傳達客戶的需求，很難專業而全面回應客戶所有疑難雜症。

↓

潤泰董事長親自帶領負責！

↓

創造好口碑！

努力將客訴降到零

1. 董事長每月親自翻閱客服部及服務中心的抱怨意見

→

2. 了解各單位處理情況

→

3. 客訴增多，馬上召集開會檢討如何預防！

→

4. 降低客訴到零，打造潤泰好口碑！

Unit 10-23 百貨公司推出VIP日，專門伺候頂級顧客

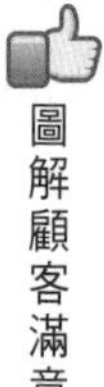

頂級精品單價高，能為百貨公司墊高業績。為了搶奪頂級客戶生意，各家百貨業者都使出渾身解數，伺候這些上賓。微風廣場、新光三越信義新天地、遠企等都推出VIP Day，讓這些頂級客享受尊榮禮遇，包括拿上千元的高級贈品、吃喝免費、優先享有折扣等，果然因此一天就創下最高2千多萬元業績。

一、新光三越A4館

例如跨進精品館的新光三越A4，就有一個隱密的VIP室。新光三越表示，從800家廠商所給予的前三大消費名單中再去篩選，最後只有近300個客人擁有VIP資格。有些名人想要當VIP還不見得可以，因為此份尊榮待遇只有給真正消費能力強的大客戶。

新光三越信義新天地4館，平時進店人次約為1萬人，單日業績約為2千萬元，新光三越週年慶開跑的前一日，優先打電話給300位VIP，邀請他們提早來購買，同時享有優惠，不需要跟別人擠；另外還準備VIP室，裡面提供免費吃喝，還派人幫VIP提袋兼逛街聊天，以及獲得價值2千多元的頂級巧克力贈品。

這300名VIP一天就消費2.2千萬元，消費能力果然驚人。而新光三越也表示，這些VIP之中，有些人一年就在館內消費上千萬。

二、微風廣場

微風廣場，也是操作VIP Day的高手，不過與其他家作法不同。微風廣場會邀請近千位有潛力的消費大戶，將全店封館，讓VIP享用香檳、音樂、派對，還可以看時尚名人。

三、百貨頂級客經營一覽

百貨業	新光三越A9	遠企	微風廣場
1.VIP數量	300名	300名	1,000名
2.VIP資格取得方式	各櫃位提供消費最高前3名，公司確認核准	年消費100萬元以上	白金卡消費金額最高前1,000名
3.VIP享受內容	提早享受折扣、贈送禮品、提袋陪逛、吃喝免費	時尚派對、免費喝香檳、巧克力、贈送禮品、享有特別折扣	封館享受時尚派對、特別折扣
4.VIP Day創下業績	2,000多萬元	上千萬元	2,000多萬元

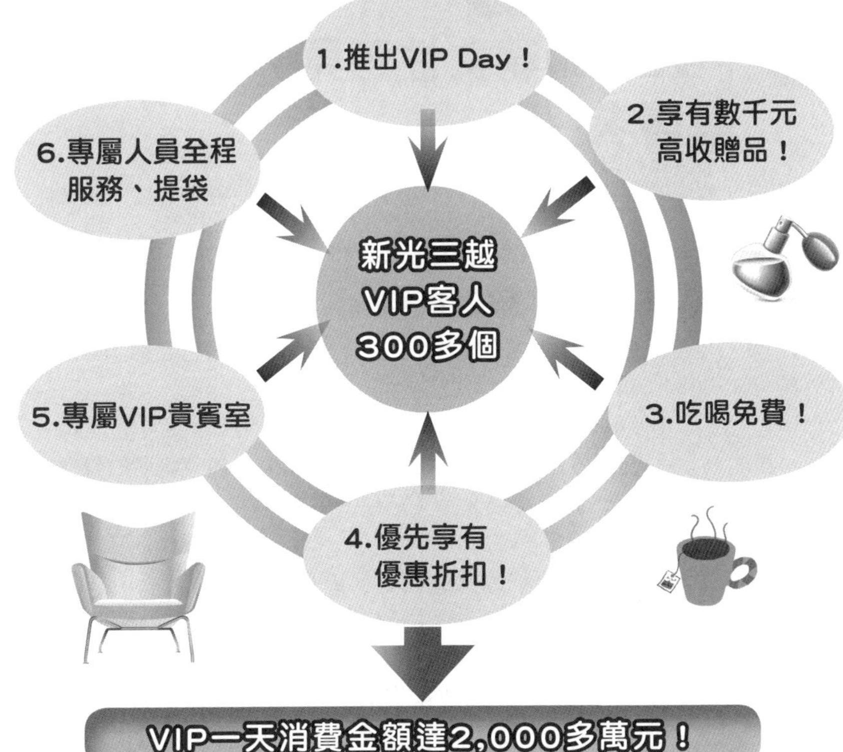

為了培養自家的VIP大客戶，頂級百貨都祭出「好康」給VIP獨享，例如拿上千元的贈品、吃喝免費、有專屬VIP房間等；不過這樣好康的事，一般民眾都不知道，只有真正的VIP才有機會進去VIP室享受。

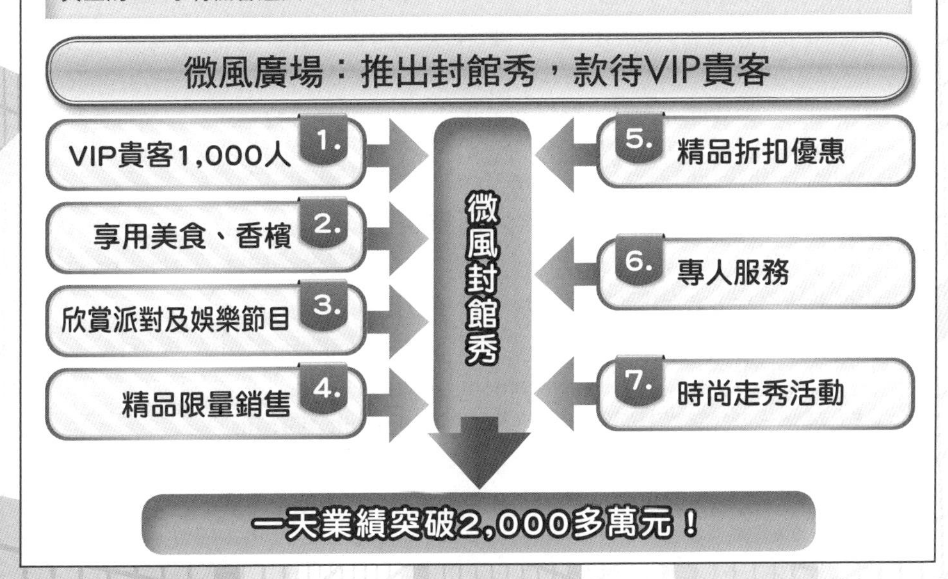

Unit 10-24 P&G：傾聽女性意見，精準抓住消費者需求

P&G花非常多時間，傾聽女性意見；超過與100萬名消費者接觸，精準抓住消費者的需求。

一、傾聽，就是為了深入了解女性需求

現在P&G穩居全球最大民生消費用品公司，去年總營收超過825億美元，排名《財星》全球500大企業前100強。

旗下有超過300個品牌，160個國家都能看到產品蹤跡，從美容美髮、清潔用品、居家護理、女性用品、香水、食品，產品線一應俱全，最負盛名的包含在台灣市占率最高的專櫃美容品牌SK-II（15%）、總市占率高達四成的洗髮精品牌（潘婷、沙宣、飛柔、海倫仙度絲）。

跟女人關係密切，P&G不只靠女人起家，更是「女人專家」。很多產品推出前，行銷人員討論市場策略時，問的都是「『她』會買嗎？」

「為女性打造產品，是P&G DNA的一部分，我們花非常多時間，傾聽女性的意見，」P&G台灣及香港執行董事兼總經理倪亞傑說。

P&G如何了解女性呢？致勝關鍵就在於複雜而仔細的女性研究。

P&G在兩岸三地與超過100萬名消費者接觸，其中六成是透過面對面的訪談。其餘四成則透過消費者專線，詢問產品使用狀況。全球一些實驗零售商店裡還設計了逛街測驗，用攝影機記錄女性買東西的消費決定，好更精準抓住消費者需求，並增加行銷新產品的靈感與準確性。

正是看準女性口碑行銷力道驚人，P&G必須確保所做的一切，都顯得比別人更了解女人。

倪亞傑說，只要產品夠好，夠懂女人的需求，她們自然會跟朋友分享，會寫部落格推薦，完全不必逼她們，自然就會回籠購買。

二、全方位第一線接觸，抓住未來消費趨勢

P&G為了解女性，鉅細靡遺的程度，連《經濟學人》也曾深入報導。P&G消費者研究部門的人員，常在世界各地考察，並會花上一整天時間，記錄女人到底如何購物、吃飯及使用保養品。他們試著理解女人在商店裡，看到產品後，頭7秒的反應，這稱為「消費者第一接觸」（First Moment of Truth），接著觀察他們在家使用的情形，P&G稱為「產品使用後的回饋」（Second Moment of Truth）。

走在市場最前鋒，P&G除了跟女性消費者第一線的親密接觸外，更常請教意見領袖、皮膚科醫師、消費專家，抓取未來消費趨勢，亦步亦趨緊隨。

P&G：我們花非常多時間，傾聽女性的意見

P&G：全球最大民生消費品公司

產品線多元化：美容、美髮、清潔用品、居家護理、女性用品、香水、食品

P&G不只靠女人起家，更是女人專家

為女性打造產品，是P&G DNA的一部分；P&G花非常多時間，傾聽女性意見！

P&G如何了解女性意見？複雜而仔細的女性調查研究！

P&G在兩岸三地與超過100萬名消費者接觸。

P&G：全方位第一線接觸，抓住未來消費趨勢

P&G消費者研究部門人員

常在世界各地考察，並會花上一整天時間，記錄女人到底如何購物、吃飯，並使用保養品！

與消費者全方位第一線接觸！

開發出新產品！

Unit 10-25 星期五餐廳：700位服務員創造700個風格

2003年美國母公司卡爾森集團（Carlson Restaurant Worldwide）全面接手台灣業務後，導入全套美式餐飲管理系統，其中最重要的外場訓練課程——「Making It Right」，就是要求服務人員盡可能滿足需求。

如果消費者抱怨菜色太鹹，一般餐飲業者都是透過第一線服務人員、現場指導員到值班經理層層向上反映，客怨好不容易到達恐龍尾巴的末梢，消費者早就氣跑了。因此在星期五餐廳，所有第一線服務人員，都被充分授權。「辣炒蘿蔓生菜好不好吃是一回事，只要炒得出來，就滿足了消費者尊榮的感覺。」

一、研發面試題庫，希望找到最適員工

想要每位員工都讓消費者快樂，這不是一件簡單的事，最為關鍵的地方，在於如何找到對的員工？為此，星期五餐廳研發出一套面試新人時的「題庫」，藉由面試時的聊天過程，評鑑出適合的員工。

通過面試後，星期五餐廳也會讓新人先到餐廳現場觀察一整天，讓他再次判斷到底適不適合這個工作？大概有一成的人，觀察完現場後，會打退堂鼓；這對我們其實是好消息，因為我們不會培養到錯誤的人。

選對人上車後，再傳授啟發式訓練。要服務生把服務守則一條一條背下來，這可能不難，但是這樣的成果，服務就會很制式，但如果你告訴他，為什麼要這樣做？目的在哪裡？他懂了以後，就能用自己的方式呈現。例如，這裡有一項特殊規定，服務人員必須向顧客自我介紹。如果你沒有告訴他，自我介紹的用意在於讓顧客認得你、拉近彼此距離，那大家的自我介紹，可能就只是公式化。但在星期五餐廳，每個服務人員的自我介紹都迥然不同。

此外，想要讓員工熱情地服務顧客，本身也要被慷慨地對待，很多台灣老闆在這方面完全忽略，因為這是立即看到的成本。餐廳裡有員工休息室，這沒什麼了不起，在全世界的星期五餐廳，每一家還設置有員工專屬的洗手間。

二、起薪38K，創造消費者傳奇的服務體驗

星期五餐廳投資在員工身上的成本相對其他餐飲業真的比較高。相對於一般餐廳大學畢業生起薪頂多2.5萬左右，這裡起薪3.8萬元，前六個月幾乎只做基礎訓練和公司文化的養成。

雖然身為全球連鎖餐廳，但個性化服務卻是星期五餐廳最鮮明的特色。例如，幫客人慶生是制式服務，但怎麼進行，卻是由服務人員自己發想。

我們只給服務人員兩條白色的虛線，在不出車禍的前提下，盡量發揮服務創意。白色的虛線，代表允許稍微的偏差，才能創造消費者傳奇的服務體驗。

星期五餐廳：以讓消費者快樂為最高服務原則

第一線現場服務人員，都被充分授權，隨機應變！

滿足消費者需求，以讓消費者快樂為最高原則！

希望找到最適員工

讓消費者快樂？

關鍵在於找對員工！

給予啟發式訓練！

例如服務人員必須向顧客自我介紹。但在星期五餐廳，每個服務人員的自我介紹都迥然不同：
「你好，我叫大頭，我的頭是全場最大的，應該很好認喔！」
「Hello，我是Lisa，餐桌上就有我的照片，如果要簽名再跟我說一聲！」
「雖然我很胖，但是我叫瘦子喔！」

透過面試題庫，找到最適員工！

例如：如果你負責興建萬里長城，你會如何使工程如期完成？
如果你要辦一個派對，你會怎麼辦？

分別測試新人的溝通能力與熱情度。

起薪38K，創造消費者傳奇的服務體驗

第一線員工起薪38K，比一般還高！

找到優質且適當的第一線服務人員！

授權他們服務好客人！

創造消費者傳奇的服務體驗！

Unit 10-26 遠東大飯店：體驗＋關懷，點燃同仁熱情

香格里拉台北遠東國際大飯店的新進同仁在接受新生訓練前，都會被安排在飯店高級舒適的客房下榻一晚。這是遠東飯店新任總經理傅睿名（Ulf Bremer）的「德政」，他的目的是要讓準同事們透過實際的體驗，了解香格里拉飯店優質服務的內涵，進而建立信念，日後在工作崗位上提供優質服務給客人。

一、激發員工的潛能

在台灣國際觀光飯店市場，香格里拉遠東國際飯店是全台平均房價與平均住房率最高的飯店，讓每位新進同仁在飯店住一晚上，對飯店而言當然是一筆不少的成本。不過，傅睿名將它當作一項對員工教育訓練的投資。他強調，旅館服務業主要商品就是傳遞體驗，主管幹部當然可以口提面命地將飯店理念與哲學告訴新人，但是，「聽長官說與自己實際體驗，畢竟是兩回事」，所以他到任後即要求人事部門據此辦理。

「讓同事把自己當客人，一定可以感覺到或發現到一些事」，傅睿名指出，台灣是個成熟的社會，人力素質也高，故以「體驗」作為教育訓練的一環，可以激發員工的潛質，並點燃他們日後傳遞優質服務的熱情，進而在上線後提供超乎客人期待的服務。

台灣國際觀光飯店市場競爭激烈，飯店要找到合乎需求的優質人力也益發困難。香格里拉遠東國際飯店一方面藉健全的教育訓練及完善良好的福利制度，藉以吸引人才投入。另一方面，傅睿名更以身作則透過實際行動表達對員工的關心。

二、幹部要表達對同仁的關懷

除了新進同仁免費入住外，傅睿名要求新進同仁在接受新生訓練時，一小時後就要看到館內的高階主管並與對方對話。傅睿名並要求幹部在和新同事對話時，要讓對方覺得舒服、自在與溫暖。因為關懷（Care）是建立同仁向心力與忠誠度的核心價值，幹部一定要以實際行動與作為表達對同仁的關懷。

遠東飯店每次招進新同仁，傅睿名一定親自和他們面談。「我不是要考試，」傅睿名說，自己在和準員工對話時不會問專業問題，而是和他們分享旅館工作心得，並試著了解對方為何想到旅館飯店工作。傅睿名強調，人們尋找一份新工作或離開原來工作，往往不是為了錢，而是為了成就、榮耀，或是開心與否。因此，在和新同仁對話時，他總希望讓對方感受到溫暖。

「飯店就像舞台，員工就像演員」，在傳遞服務時，基本技巧固然重要，更重要的是員工心情一定要輕鬆，才能有卓越服務。傅睿名強調，體驗與關懷是遠東飯店讓員工自在工作的「心法」。他堅信，唯有自在工作，才能提供優質服務。

遠東大飯店：體驗＋關懷，點燃同仁熱情

新近同仁，招待在大飯店住一晚。

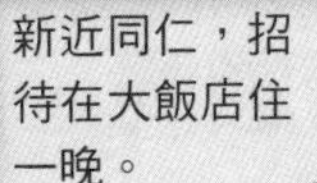

體驗遠東大飯店優質服務的內涵，日後，也能在工作崗位上提供這樣服務給客人！

視為員工教育訓練的投資！

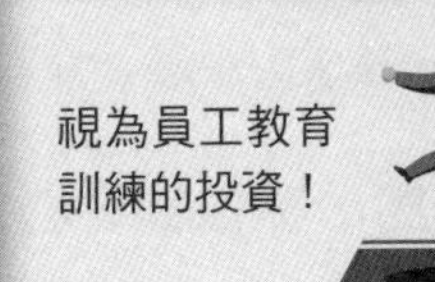

新進員工親自體驗，也是教育訓練的一環。

可以激發員工的潛能，點燃服務客人的熱情！

吸引好的人才投入！

遠東大飯店：幹部要表達對部屬的關懷

幹部

對部屬要時時表達關心、關懷

「你一定要讓同仁覺得你很Care他們」，傅睿名表示，關懷（Care）是建立同仁向心力與忠誠度的核心價值，幹部一定要以實際行動與作為表達對同仁的關懷。

讓部屬感到溫暖！

體驗＋關懷，員工自然就會提升服務品質！

Unit 10-27 G&H西服店：專業形象服務顧問，讓客人變型男

在人來人往的SOGO百貨忠孝館，Gieves & Hawkes（簡稱G&H）西服的店長郭儷玲，站在掛滿剪裁合身、挺拔的西裝櫃前，笑容可掬地服務客人。

二十一年來，郭儷玲就是上自大老闆，下至小員工的專業形象顧問。為客人挑選一套適合的西裝，讓客人出場大方，就是她的工作。

一、專業＋細節，抓住顧客心

累積四年男性內衣到休閒服的銷售經驗，郭儷玲在同事介紹下，來到G&H工作。一進到專櫃，她看著眼前以萬元起跳的西裝，「一套西裝這麼貴，要怎麼讓客人信賴我？」郭儷玲心中冒出疑問。

首先，郭儷玲接受公司的專業課程訓練，了解怎麼看客人是否適合這套西裝。「客人高低肩，就加個墊肩，」她比了比肩膀，強調西服挑選的細節。

以同理心對待客人，是郭儷玲抓住顧客忠誠的關鍵。客人一上門，郭儷玲立即稱呼對方林先生、陳老闆，讓顧客既驚訝又覺倍受重視。

二、爭取顧客的信賴感

就像是貼身管家一般，誰喜歡什麼花色，固定修改的褲長、尺寸，每分細節，都烙印在郭儷玲的腦袋中。不等顧客開口，她早已準備妥當。

「是本能和努力啦，」郭儷玲不好意思地笑了。從第一天工作起，就下定決心「要做得比別人好。」不論是不是自己的客人，她仍認真反覆調看客戶資料表。

和郭儷玲共事九年的林惠君，直說郭儷玲對經營顧客很有一套。「有熟客打電話問郭姊開市了沒，」林惠君停下手邊縫紉的工作。「只要她說還沒，客人就要郭姊選幾件衣服到家裡讓他挑。」

到府服務，代表客人信賴郭儷玲的專業眼光。面對這位十多年的常客，她會準備好他需求件數的兩倍量，讓他挑選。郭儷玲挑選的樣式，客人幾乎都買單。

就是這份信賴感，郭儷玲打破了顧客和銷售員間的界線。除了逢年過節的簡訊和順手帶來的小點心以外，客人在重要時刻的託付，讓郭儷玲成就感十足。

三、SOGO西服專櫃第一名業績，爭取與顧客的每一次接觸

業績是銷售人員最大的壓力來源。為了給客人最好的服務與減少彼此摩擦，郭儷玲與同事商量，以團體業績取代個人業績。果然，郭儷玲團隊去年業績高達3,500萬，是SOGO西服專櫃的第一名。

「只要多用點心就做得到，」郭儷玲到櫃前，一定穿好制服、化好妝，準備好最專業的服務態度。對她來說，每一次與客人的接觸，都是她最重要的時刻。

G&H西服店：專業＋細節，抓住顧客心

G&H西服店：爭取顧客的信賴感

G&H西服店：爭取與客人的每一次接觸

Unit 10-28 日本ASKUL及亞馬遜網購：極端顧客至上主義

日本ASKUL辦公用品及日本亞馬遜這兩家中小型網購公司，為何能有令人驚豔的營業佳績，在於它們都是極端顧客至上主義，以「客戶」為關鍵核心。

一、日本ASKUL辦公用品及亞馬遜網購，徹底實踐顧客導向

首先，從各個環節徹底做到「顧客導向」的商品和服務開發，是這兩家公司最大的特色。

ASKUL的900名員工中，除了商品開發和目錄部門，有數百名員工在顧客服務中心，一年接受顧客意見高達140萬件。

顧客提出的改進意見和商品開發想法，是它們最大的原動力。它們的商品目錄厚達4公分。「顧客要什麼，我們就要給什麼」，是社長岩田彰一郎的最大信念。

日本中小企業最大的事務用品供應商則是承續了美國母公司強大的商品提供能力，更徹底實現在地化。

以日本消費者每天不可或缺的食米來說，日本亞馬遜提供超級多的種類，並到各地發掘好的生產者，現在日本亞馬遜已成為日本農業生產者最常提供產品的網站之一。它整體的商品種類也在5千萬種左右，在每個展示商品之下附的「顧客評語」（Customer Review）皆保持中立，消費者的正反意見都陳列，讓消費者感到參與感且具客觀性。

二、電子商務不斷求新求變

除了備有「超級多」種類的商品項目，兩者都充分運用科技，在電子商務上不斷求新開發卓越系統，打造顧客的個人化網站，追蹤分析消費紀錄，主動推薦消費者可能會喜愛的商品，創造源源不絕的常客。只要點一下（One Click）就能迅速結帳的方便性，也都帶領業界潮流。

它們創造的物流系統，更有效快速提供商品出貨服務，對忙碌的消費者來說，是生活上的最好幫手。

ASKUL原來的日文意義有「明天就來」的諧音。每項商品都事先精密量了重量，從一接到訂單到包好出貨，最快二十分鐘完成；日本亞馬遜提供「PRIME」服務，只要多付一點年費，就能早上訂貨當天抵達，也可指定到達時間。

ASKUL開發的獨特營業AGENT制度，擔任開拓新業務和收款方式，將原來可能是競爭者的地方小型文具店變成最好的工作夥伴，利用這些文具店主的專業知識和公司本身的龐大商品網，創造新的通路和分工模式。

從「我們有什麼，就提供給客戶什麼」，到「客戶要什麼，我們就創造什麼」，以客戶為核心，是許多成功企業和一般企業最大的不同處。

日本ASKUL網購公司：從各個環節徹底做好顧客導向

- 是ASKUL最大的經營信念！
- 顧客要什麼，我們就給什麼！
- 顧客提出的改革意見與商品開發想法，是ASKUL進步最大原動力！
- ASKUL：在顧客服務中心，每年接受顧客意見達140萬件！
- ASKUL：從各個工作流程環節，徹底做好顧客導向！

日本ASKUL：顧客要什麼，我們就創造什麼

ASKUL電子商務公司的進步 → 我們有什麼就提供客戶什麼！ → 客戶要什麼，我們就創造什麼！

知識補充站

ASKUL

ASKUL於1997年設立，是日本一個發展相當迅速的事務文具量販商，在如同大賣場的商店型態中，販售超過1.8萬種以上的商品，其中，也包含了自營商品，舉凡膠水、電池、膠帶、筆記本、印表紙等各類的文具，這是SDL（Stockholm Design Lab，瑞典平面設計公司）第一個亞洲客戶，而令SDL意外的是，在日本竟然比多數的歐洲人知道SDL設計公司。在設計中被運用最為廣泛的「Helvetica」字體，即便是和日文字體「柊野黑體」交叉使用，也完全不突兀，而大膽鮮豔的橘色、綠色、藍色、桃紅色，和日本普遍常見的粉色調和灰色調有著極大出入，卻透過一定比例的白色與黑色，平衡了不同民族對色彩的好惡，使得原本呆板的事務文具，多了豐富性和趣味性，讓ASKUL自營商品系列，意外地廣受日本消費者的喜愛。

Unit 10-29 統一超商顧客滿意經營學Part I

從創業第一天起，7-ELEVEN 就只專注做好一件事：回應顧客需求。從最高階經營者到中階主管，無論各自處在哪個專業領域，他們共同語言就是「融入顧客情境」；而發掘、體貼顧客的不方便，已牢牢嵌入這群人、這家公司的DNA。

一、只專注做好滿足並回應顧客需求

7-ELEVEN 的37年企業史，就是一段「不斷蒐集、並快速回應顧客需求」的歷史。從創業第一天起，這家公司就只專注做好這一件事。產品上，有推出就引發排隊搶購的「40元國民便當」；服務上，有24小時都能收款的水電費代繳；行銷上，有全民瘋狂的「Hello Kitty磁鐵」集點；系統上，有「今日訂、明日到」的環島物流系統等等。

管理教科書上會說，7-ELEVEN 做的事情叫「創新」；但是對許多企業而言，「創新」只是個標語、是個沒有衝擊力的名詞。7-ELEVEN 相信，想創新，就要先「融入顧客情境」——那是一個明確的環境，具體的行動，更是全公司和4,800個門市的共同信仰。前總經理徐重仁說：「『融入顧客情境』是我們的核心競爭力。」「顧客的不方便，就是我們的機會。」

很少遇到一間公司，從最高階經營者到中階主管，都說著高度一致的共同語言——原來，超商人的專業不是各自所擅長物流、行銷或服務，而是能「融入顧客情境」；唯有如此，才能發掘顧客的不方便。

二、4,800家門市店，已成為「融入顧客情境」的經營實驗室

為廣泛蒐集、快速回應顧客需求，7-ELEVEN 從創業初，甚至虧損階段，就開始打造一套營運系統；其中門市布點、物流和資訊流是最重要的三根柱子。

在全台9千多家便利超商中，7-ELEVEN 門市占超過一半，是第二名的兩倍。但徐重仁認為，「最大的敵人不是競爭對手，而是瞬息萬變的顧客需求，」所以，4,800家店、5千多名店員，個個都是總部的情報天線。每一個顧客的需求，會透過店長、區顧問、區經理層層往上匯報，最後進入總部的「經革會」。在這個每兩週一次的會議中，徐重仁和高階主管們會一起找出解決方法。

點點滴滴的小改善，目的不是要累積成大利潤，而是要為每天700萬個顧客帶來便利。7-ELEVEN 持續推行的「單品管理」（TK），核心精神就是「同樣一件商品，要依據商圈屬性、顧客特質，來改變銷售方式」。

走出會議室，門市也是決策者的經營實驗室。徐重仁曾說，只要從顧客的表情、動作和購物籃裡的東西，他就能猜出對方的購物動機。只要跟顧客靠得夠近，就是判斷成效的關鍵績效指標。

7-ELEVEN：回應顧客需求，是唯一的事

7-ELEVEN 只專注做好一件事 → 回應顧客需求！別人靠猜的，但7-ELEVEN是透過直接與顧客對話、互動，找出「顧客需要什麼？」 → 融入顧客情境！

7-ELEVEN 的DNA！

7-ELEVEN 37年企業史 → 就是一段不斷蒐集並快速回應顧客需求的歷史！

7-ELEVEN：想創新，就要先融入顧客情境

創新，就是要融入顧客情境，也是我們的核心競爭力！

7-ELEVEN：顧客的不方便，就是我們的機會

顧客的不方便！　顧客的不滿意！

一間大學附近的門市，開學期間就要提供新生需要的臉盆、牙刷等日用品，甚至連棉被，也要可以預購。

對7-ELEVEN來說只是「順手」，對顧客來說卻是「莫大的方便」

就是我們的新商機所在！

7-ELEVEN：從各種面向，融入顧客情境

融入顧客情境

1.產品創新　2.服務創新　3.物流配送速度創新　4.行銷廣告創新　5.禮貌接客創新　6.服務速度創新

7-ELEVEN：營運系統4根支柱

7-ELEVEN 營運4支柱

- 1.門市布點（4,800店及5,000多名店員）
- 2.物流配送（一天多次配送）
- 3.資訊流（POS第2代系統）
- 4.產品流（產品創新）

7-ELEVEN：了解顧客需求系統

掌握顧客需求

- 1.POS資訊每天即時系統（每天700萬人次消費訊息）
- 2.供應商主動提供訊息
- 3.區經理 ← 區顧問 ← 各店長

走出會議室，門市也是決策者的經營實驗室

前總經理徐重仁甚至會假裝車友，騎自行車巡店；情人節時，還會和妻子佯裝顧客，買下店裡所有的巧克力，在會議上討論包裝與陳列方式。

只要跟顧客靠得夠近，原來一包一人份的冷凍水餃，比大包裝更適合小家庭；一張可以小憩片刻的桌椅，就能讓上班族停下來好好吃頓晚餐。顧客一句「原來可以這樣！」的讚嘆，就是判斷成效的KPI（Key Performance Indicator，關鍵績效指標）。

Unit 10-30 統一超商顧客滿意經營學Part II

很難想像，如今有51家關係企業、營業額破1.2千億的零售帝國，創業初期也曾經連續虧損7年。儘管財務狀況捉襟見肘，主管們甚至要用「猜拳」的方式，決定由誰回總部報告業績，徐重仁卻從未停止投資基礎建設。

三、物流＋資訊流：贏得顧客信任的堅實後盾

由於台灣產業聚落相對不完整，無論要集中配送商品到門市或生產一個全程18度C保鮮便當，7-ELEVEN都得自己成立關係企業。因此，還只有14家店時，徐重仁就大膽在南北各設置一個出貨中心，使商品能集中配送，減少門市缺貨。

1986年，7-ELEVEN終於開始獲利，徐重仁更加大投資腳步。其中影響最重大的是導入POS系統。這套系統，日本超商早已實施多年，用於協助門市精準掌握每天的銷售數字；只是一套要價高達新台幣10億元。

「便當」也曾在二十年間歷經三次試賣，最後都因為便當工廠無法配合生產，或是無暇幫忙配送而作罷。直到1998年，7-ELEVEN與日本合資興建一座從生產到配送、全程18度C保鮮的便當工廠，才催生了人氣商品「御便當」。

這些投資，金額動輒數億元、短期也看不見回報，為什麼非做不可？「沒辦法，因為沒人要做啊！」徐重仁說得輕描淡寫，背後卻隱含一股堅決的意志：為了滿足顧客需求，沒人要做，就自己來！

四、滿足顧客一天24小時的需求，回應一年360天的期待

如今，門市、物流和資訊流架起的全方位供應網，儼然已成為7-ELEVEN接觸顧客、滿足需求的鐵三角。

當年的兩個小倉庫，已擴大成四個專業物流公司、全台36個物流中心；門市訂貨的4千多種商品，每天都可以在半小時誤差內，精準地到送達貨架；在博客來買的書、7-Net買的可樂，也都能在24小時內交到顧客手中。

從POS系統起步的資訊系統，也因為從數字中找出消費者生活改變的蛛絲馬跡，而一層層向上堆疊、往外擴散。2006年，7-ELEVEN憑藉零售龍頭之姿，廣泛整合外部資源，打造出從實體門市伸進雲端的ibon。

回顧7-ELEVEN每個決策轉折，每件曾經為滿足顧客需求而不得不做的事，現在都成為贏得顧客信任的堅實後盾，甚至埋下通往「虛實整合」趨勢的伏筆。

乍看之下，7-ELEVEN對於開發門市、物流和資訊流，花錢毫不手軟；事實上，它投資的是硬體背後的貼心、快速與精準，為了是滿足顧客一天24小時的需求、回應一年365天的期待，以求最終贏得一輩子的信任。這就是ROI最高的顧客投資學。

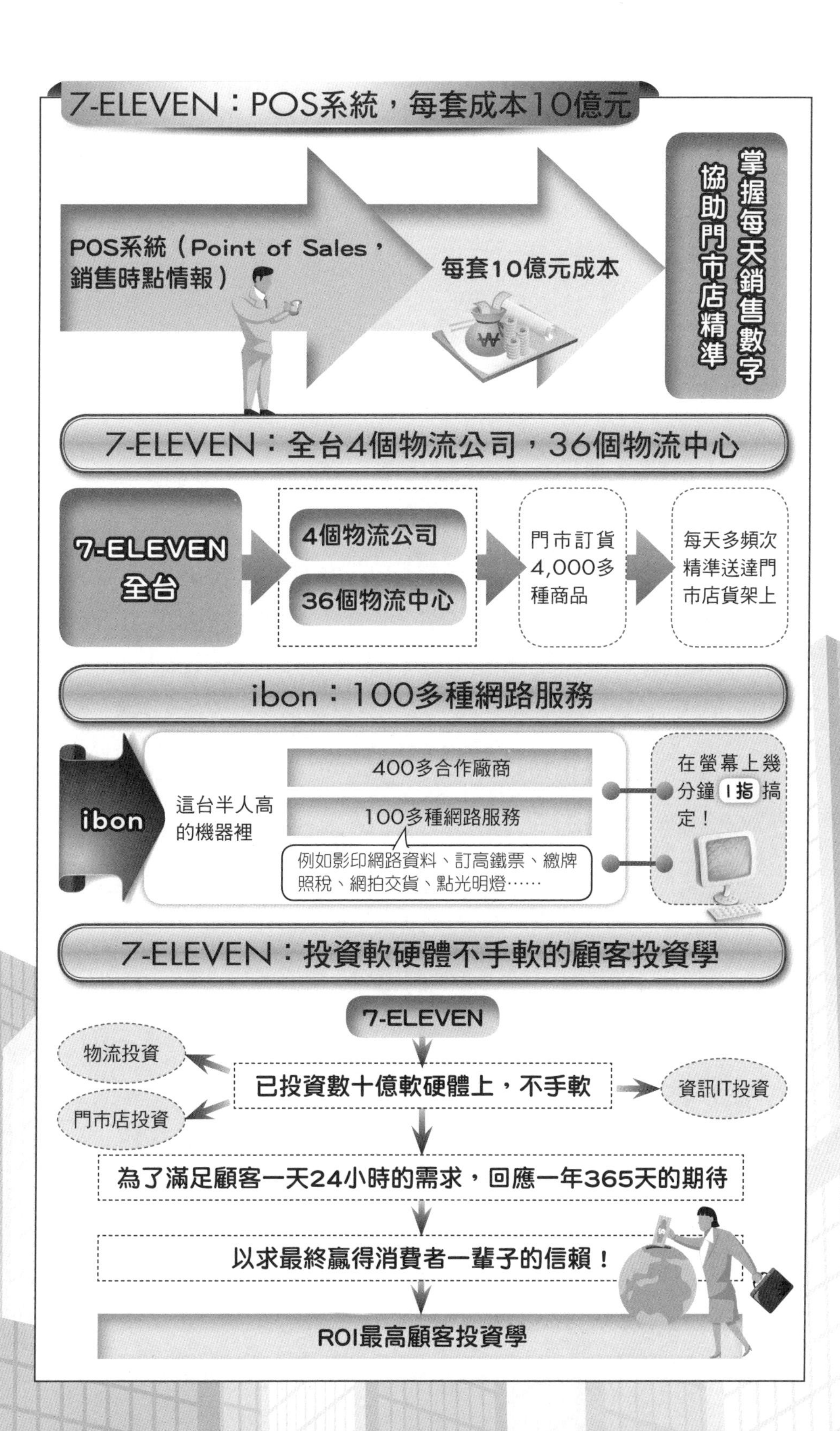
7-ELEVEN：POS系統，每套成本10億元
POS系統（Point of Sales，銷售時點情報）
每套10億元成本
掌握每天銷售數字
協助門市店精準
7-ELEVEN：全台4個物流公司，36個物流中心
7-ELEVEN全台
4個物流公司
36個物流中心
門市訂貨4,000多種商品
每天多頻次精準送達門市店貨架上
ibon：100多種網路服務
ibon
這台半人高的機器裡
400多合作廠商
100多種網路服務
例如影印網路資料、訂高鐵票、繳牌照稅、網拍交貨、點光明燈……
在螢幕上幾分鐘 I指 搞定！
7-ELEVEN：投資軟硬體不手軟的顧客投資學
7-ELEVEN
物流投資
門市店投資
已投資數十億軟硬體上，不手軟
資訊IT投資
為了滿足顧客一天24小時的需求，回應一年365天的期待
以求最終贏得消費者一輩子的信賴！
ROI最高顧客投資學

附　錄

服務業大調查——各行業別神祕客考題

章節體系架構▼

行業1　百貨公司／購物中心神秘客考題

行業2　金融銀行神祕客考題

行業3　商務飯店神祕客考題

行業4　連鎖餐廳神祕客考題

行業1 百貨公司／購物中心神祕客考題

① 基本專業能力

1.熟稔百貨公司內專櫃位置
2.熟知兌換來店禮位置
3.詳知目前及最近檔期促銷活動
4.熟知百貨公司會員卡優惠及申請辦法
5.了解周邊交通相關位置
6.能提供顧客所需之大型物品寄物服務
7.能應顧客請求介紹樓層特色與導覽
8.能清楚回答退稅地點
9.櫃位人員暫離櫃內時，有專業代班人員
10.能專業回應商品位置、內容成分、製造地點及特價活動等問題
11.超市或雜貨服務人員能夠專業清楚地確認消費者所選擇是否為有機商品
12.保全人員能夠清楚回答消費者如何以最經濟的方式到達當地某熱門觀光景點
13.人員在早上開門與晚上結束的一小時內，舉止態度專業且熱忱
14.保全人員能夠清楚回答消費者接駁車的時間及往返地點
15.向專櫃小姐詢問衣服清洗方式

② 基本服務能力

1.能提供簡單醫療用品和服務
2.能周全處理失物協尋
3.能夠主動設法快速補給遺失發票
4.能立即提供殘障顧客輪椅需求
5.顧客鈕扣脫落，服務人員能提供針線
6.能正確引導消費者打備份鑰匙的商家
7.能提供安全別針，並主動關心消費者
8.能清楚回應關於已經撤櫃花車的退貨方式
9.當有一邊的耳環掉在廁所，清潔人員能協助尋找並引導消費者到服務台
10.請問嬰兒用品專櫃位置或出去之後某條街道的方向，專櫃人員能耐心回應
11.詢問贈品瑕疵的處理方式

③ 解決一般問題能力

1.故意攤開衣物或亂放配件，專櫃小姐服務態度良好
2.向服務人員反映餐點味道怪異，服務人員無條件更換餐點
3.能耐心協助消費者找尋某特定銀行的ATM提款機
4.警衛在營業時間外，仍能親切協助消費者取車
5.能依照消費者的送禮需求，推薦商品
6.能協助消費者查詢高鐵時刻表
7.美食街小攤位服務人員能夠正確回答消費者停車場收費的抵用
8.清潔人員能夠親切指引消費者免費坐下休息的地方
9.童裝專櫃服務人員樂意並清楚回答不同縣市的退貨地點及方式
10.服務台人員能耐心傾聽並同理消費者對於美食街店家與門市分量與口味不同的抱怨

④ 基本服務禮儀

1.服裝儀容與服務態度　2.能禮貌詢問消費者需求　3.結帳時親切有禮
4.清潔人員收餐動作是否輕巧，且不影響顧客用餐
5.對消費者試穿或試戴的服務態度良好
6.超市運送及理貨人員碰到消費者會禮讓並點頭致意
7.當顧客站在櫃台時，服務人員主動詢問需求
8.就算消費者選擇不購買，化妝品專櫃服務人員也能微笑送客
9.化妝品專櫃服務人員樂意詳細回答消費者個人膚質及彩妝搭配等問題
10.當詢問某專櫃該百貨商場的同性質專櫃，服務人員能和顏悅色地說明
11.櫃位人員對消費者家裡不銹鋼鍋的材質與安全的詢問能耐心回答
12.詢問清洗與衣服材料能否有耐性地回答
13.於商場繞一圈後要求退貨時，專櫃小姐的服務態度
14.遲遲無法決定購買何餐點時，服務人員親切推薦
15.當要求退換手工香皂，服務人員樂意協助退貨
16.詢問百貨餐飲特色時，服務人員能夠耐心回應
17.到金飾專櫃要求換樣式試戴，爾後決定不買，服務人員沒有不悅表情
18.詢問接駁車與時刻，停車場的服務員能夠耐心回應
19.在電器商品區不斷要求看畫質與挑剔時，服務人員能保持一貫笑容與熱忱
20.到女性內衣花車不停試穿，爾後決定不買，服務人員沒有不悅表情
21.到服務專櫃表達對非賣展示品的興趣，專櫃人員能耐心回應
22.詢問百貨內沒設的專櫃時，戴臂章的服務人員能夠耐心回應
23.反映室溫過冷或過熱時，服務人員能誠心道歉並協助改善

⑤ 基本環境維護能力

1.能馬上派人處理顧客反映廁所衛生紙用完、馬桶塞住、廁所地板濕滑的狀況
2.餐桌有油漬，請清潔人員來擦桌子，清潔人員動作細心且態度親切
3.櫃位人員對消費者抱怨廁所位置或清潔不佳時，能給予安撫與指引

⑥ 解決消費者困擾能力

1.因手機沒電，急著找朋友，請求借用行動電話
2.向服務台服務人員索取婦女衛生用品
3.拿著私人數位相機向電器專櫃求助操作問題
4.向服務人員表示鞋跟斷掉或眼鏡架鬆掉，詢問最近的修理場所
5.向服務人員反映餐點味道怪異、挑剔餐點口味不合
6.要求花車服務人員包裝購買物品
7.向門口警衛詢問百貨公司內餐廳資訊和沒有設立的餐廳
8.向服務台人員詢問購買媽媽宴會服的樓層
9.向服務台人員反映沒收到優惠活動的訊息

⑦ 魔鬼大考驗題

1.以發票遺失為理由，要求服務人員給予停車優惠券
2.向服務台反映忘記車子停在哪裡，請求協助尋找
3.付費時，部分現金，部分刷卡，要求退貨
4.寄放購買物品在花車服務人員處，留消費者電話給他
5.消費者向服務台人員反映，吃了美食街的餐點，肚子卻不舒服，要求處理
6.消費者手機沒電，向服務台借電話打給友人，並請友人回電話
7.消費者在領帶專櫃看上某件商品，在尚未付款的情況下試著搭配西裝
8.沒有跟專櫃人員購買，而是自帶假睫毛請求化妝品專櫃小姐協助戴上

行業2 金融銀行神祕客考題

① 基本專業能力

1.詢問服務人員有關約定帳戶轉帳問題
2.詢問外幣存款辦理方式
3.消費者至服務台申請開戶
4.詢問離公司或家裡最近的分行位置
5.詢問結匯櫃台新台幣兌換人民幣的專業知識
6.詢問卡債疑問和外幣事宜
7.當消費者提出申辦信用卡需求，客服專線人員迅速而正確地處理後續
8.櫃台服務人員能迅速專業地處理消費者匯款單塗改的狀況
9.消費者向櫃台人員詢問公司戶可否直接從網路銀行將台幣轉換成美元
10.服務人員能夠清楚回覆消費者所申請信用卡額度的要求
11.消費者詢問服務台人員，是否有不收費的最低存款限額
12.服務人員能清楚回覆消費者詢問消費券的兌換、青年房貸的申請流程與資格
13.櫃台服務人員能清楚回答消費者關於外幣零錢的存款問題
14.電話客服人員能向消費者清楚說明信用卡配套活動
15.消費者向理財專員抱怨，大多數理專都不明說風險
16.消費者忘記網路銀行密碼，電話客服人員能注重資訊安全與同理心地給予消費者協助
17.櫃台服務人員能清楚回答消費者關於房貸與修繕貸款的問題
18.服務台人員能清楚解釋行動銀行的交易風險

② 解決一般問題能力

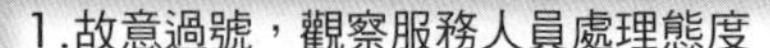

1.故意過號，觀察服務人員處理態度
2.在等待區等候，詢問是否有特定雜誌可看
3.拿1萬元，要求兌換500元，以及100元新鈔或銅板
4.詢問結匯櫃台將新台幣兌換為人民幣的專業知識，要先換成美元還是港幣較為划算
5.消費者進入銀行後左右張望，表情求助狀
6.消費者將匯款單的金額塗改，觀察服務人員的專業與態度
7.消費者留下鑰匙於櫃台，忘了取走，觀察服務人員是否細心提醒
8.消費者向服務人員反映，希望影印展示架上的當天報紙資料
9.消費者請保全人員建議分行內資深並富有經驗的理財專員
10.消費者打電話詢問手上幾家信用卡在國外刷卡的手續費差異，客服人員能提供數字並客觀耐心地分析

③ 基本服務能力

1.填寫匯款單據，不知該填寫哪一張表格，請求協助
2.消費者請求借用洗手間
3.觀察當櫃台人數量過多時，服務人員處理效率
4.顧客向服務人員問路
5.消費者向櫃台服務人員詢問何處分行備有保管箱
6.消費者在櫃台前一邊講電話一邊找筆，服務人員能夠適時協助
7.消費者打電話到信用卡客服中心詢問紅利點數
8.服務人員樂意提供兩個信封給消費者裝鈔票
9.銀行保全能否清楚回答消費者，附近加油站位於何處的資訊

10.空櫃櫃台人員能夠樂意兌換零錢給消費者
11.服務人員能夠樂意兌換零錢給消費者
12.當消費者拿另一家銀行的理財資訊質疑正確性，理財專員能夠保持熱忱，不批評他行，並提供透明持平的比較

④ 解決消費者困擾能力

1.打電話到銀行客服中心抱怨分行停車困擾，臨時停車被照相罰款
2.向電話客服人員抱怨，個人資料被洩露，要求取消聯徵同意
3.向電話客服人員提出代訂該活動並要求分款零利率、詢問預約機場停車事宜
4.向櫃台服務人員提出開戶需求，但自己的戶籍及就職地點皆不在當地
5.向櫃台服務人員提出為孩子開戶的需求，但父母有一方長期不在台灣
6.向理財專員詢問協助投資理財的佣金抽成，並要求能夠實質回饋給消費者
7.當消費者表示朋友在泰國飯店先上網訂房，無端被扣兩次款，飯店又不理，客服人員能耐心指引
8.消費者打電話到信用卡客服中心反映地址更改的手續不方便，客服人員能同理心指引
9.櫃台服務人員能親切協助趕著開會的消費者，快速辦理外匯存款開戶或轉匯事項
10.當消費者向櫃台人員反映ATM的操作不方便，櫃台人員能主動了解，並實際回應修正方法

⑤ 基本服務禮儀

1.消費者進入銀行，引導人員（警衛保全）服務態度
2.進入櫃台區和離櫃時，服務人員服務態度
3.消費者將匯款單的金額塗改，觀察服務人員的服務專業與態度
4.拿樂透或統一發票，至銀行兌換，觀察服務人員服務態度
5.理財專員的服務專業與態度
6.打電話至客服專線詢問信用卡申辦事宜，服務人員親切有禮地回答
7.觀察其餘服務人員是否精神抖擻，不會聊天看報
8.顧客拿非該行帳單前去繳費，服務員處理態度良好
9.客服專線人員主動詢問消費者的需求，並在消費者掛線之後才掛上電話
10.客服專線人員對消費者的提問和質疑能清楚完整地解釋
11.消費者打電話至客服專線詢問信用卡申辦事宜，服務人員親切有禮地回答
12.當消費者對確認資料表示不耐煩時，服務人員能夠耐心解說
13.理財專員面帶笑容態度親切，不過度以專有名詞與理財術語擺出高姿態
14.打電話至客服專線，不需一再轉接，服務人員就能親切有禮地接聽電話
15.當消費者抱怨業務沒經過允許打電話推銷，服務台人員能真誠回應

⑥ 魔鬼大考驗題

1.中午尖峰時刻，等候人數多，但櫃台服務人員輪休，故意刁難並要求多開櫃台
2.消費者忘了帶手機，向櫃台人員商借電話，問對方轉帳帳號，並在電話中不經意提起：「為什麼又要30萬？」櫃台人員能否警覺是詐騙電話而提醒消費者？
3.消費者向銀行櫃台服務人員表示，自己完全不會使用網銀，請求當場以電腦實際教學
4.消費者在門口打翻咖啡，銀行保全是否會主動協助清理
5.下午3點半銀行拉下鐵門後，消費者急需匯款超過ATM限制額度，逼不得已按鈴或敲門窗請服務人員協助
6.客人講電話假裝被詐騙集團所騙而臨櫃轉帳，一旁服務人員是否警覺提醒？

行業3 商務飯店神祕客考題

① 基本專業能力

1.完整介紹飯店設備及房價
2.了解機場接送或訂機票等商務資訊
3.完整迅速完成check in手續
4.消費者電話訂房時提出特殊要求，例如必須面東、面街景、高樓、禁菸、不要四號房、靠近安全梯旁、不要紙拖鞋等特殊需求
5.顧客詢問領房人員如何上網及借用延長線
6.表明客人來自中東，服務人員是否能全方位為訪客考量特殊需求（宗教與飲食）
7.熟記每位顧客所點之餐點，正確送餐而不需要再問
8.牢記並告知廚房消費者的特殊口味
9.滿足消費者住房特殊需求、主動介紹飯店設備，並引導前往電梯方向
10.餐廳服務人員帶位時能注意消費者是否跟上，並在轉彎、狹窄或台階提醒
11.當消費者遺失門卡，服務人員在更換新房卡前，能夠進一步確認身分

② 基本服務能力

1.顧客不用等待可以馬上登記住房
2.當顧客站在櫃台時，服務人員主動詢問需要
3.完整回覆顧客的上網需求
4.大廳酒吧的服務人員能積極協助消費者安排不受干擾的安靜座位
5.能迅速處理顧客打翻的茶水
6.能夠主動指引在飯店大廳遍尋不著洗手間的消費者
7.消費者不需再次提出，櫃台服務人員就已了解預約的特殊需求
8.能夠迅速提供消費者三轉二電源插頭及電源插孔的需求
9.會協助消費者過濾來電
10.主動深入了解聽障消費者的使用情況與習慣，並主動協助
11.消費者半夜反映對化學纖維棉被毯子過敏，服務人員能主動關心
12.消費者感到不適，服務人員能迅速提供消費者體溫計，主動並持續地關心
13.餐廳服務人員能主動發現消費者早餐遺失的物品，並樂意盡速送回房間

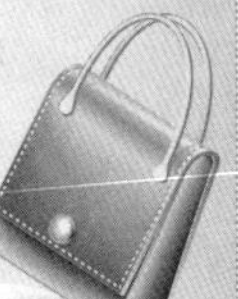

③ 基本服務禮儀

1.當顧客進入飯店，接待員精神抖擻致歡迎詞
2.服裝儀容整潔一致
3.當顧客接近時，服務人員目迎微笑
4.服務人員主動與顧客話家常或示好、帶領進房
5.服務人員改以顧客姓氏稱呼
6.完整說明旅館設施及服務
7.離房前再度徵詢顧客的其他需要
8.餐廳帶位人員親切帶客人入坐
9.消費者打電話預約時，服務人員的禮儀及態度
10.消費者登記入住和退房時，服務人員的禮儀及態度
11.客房服務人員能親切問候、側身禮讓，隔天早上整理鄰房時，沒有粗魯動作及談笑影響住房品質
12.服務人員主動說明收取及找零款項並致感謝詞
13.當消費者要求點餐人員介紹拿手菜色，服務人員服務態度親切
14.消費者詢問洗手間方向，觀察服務員的態度
15.休閒設施服務人員親切有禮，並隨時提供協助
16.早餐服務人員能夠親切地引領消費者入座

④ 解決一般問題能力

1.Check in後以房間有煙味為由，要求更換房間
2.詢問當晚國家劇院與音樂廳表演節目、剩餘票數、票價，以及交通方式
3.消費者打電話向服務人員表示，將於早上8點半到餐廳用餐，請求協助訂位並指定靠窗座位
4.消費者的隱形眼鏡或眼鏡突然壞掉，服務人員能正確指引修理或配鏡的地方
5.消費者向服務人員抱怨房間床鋪太軟，導致背痛難入眠
6.消費者下午3點入住後，從房間打電話到櫃台要求在晚上11點送上冰塊
7.消費者打電話要求多準備一份沐浴備品
8.服務人員牢記並告知廚房消費者的特殊口味
9.消費者以明日有重要會議，忘記攜帶西裝外套，請求協助借用
10.消費者晚間表示胃不舒服，難以入睡，要求提供胃乳或胃片或要求一杯熱牛奶
11.消費者表達想替同房親友慶生，卻忘準備卡片
12.消費者房間無線上網收訊不良，要求服務人員協助改善
13.消費者表示，希望能食用早餐沒有提供的食物
14.消費者提出，需要獨立安靜會議空間的需求
15.消費者向服務人員提出，在會議過程免費提供咖啡、礦泉水時的反應

⑤ 解決消費者困擾能力

1.當消費者不在飯店內，服務人員能夠在國外客戶打緊急電話到飯店急尋時，協助留下重要資訊並即時告知
2.消費者打電話告知身分證遺落在櫃台或大廳
3.消費者退房時，向服務人員表示希望把車子繼續停在停車場，出去逛逛
4.消費者離開飯店後，隔天打電話到客服中心抱怨廁所太髒、枕頭上有頭髮
5.餐點上餐之後，消費者故意向服務人員挑剔菜色不合口味
6.服務人員記得告知廚房人員，客人不加香菜的特殊需求
7.統一以下週有重要客戶要來為理由，對櫃台與領房人員提出要求
8.當消費者表示要辦理約50人的聚餐，預算2.5萬元，服務人員能理解消費者希望品質好，價格低廉的期待，盡力提供可能方案
9.服務人員能主動或找同仁協助消費者代訂高鐵與機票，爾後取消，維持一貫親切熱忱

⑥ 魔鬼大考驗題

1.完成check in十分鐘內，以臨時有事為理由，要求退房
2.到西餐廳點紅燒豆腐或到中餐廳點三明治，並要求服務人員分成兩、三份，另外加點一杯現擠檸檬原汁
3.當消費者退房後，飯店服務人員卻收到消費者的緊急公務傳真
4.消費者要求在早餐廳營業前提早吃早餐，或在餐廳結束提供後才去享用早餐
5.住宿期間，消費者臨時外出，請櫃台代收並代墊外送披薩的費用，回房之後，再請服務人員以烤箱熱一下變冷的食物
6.結帳時，消費者遍尋不到信用卡，身上也沒有現金

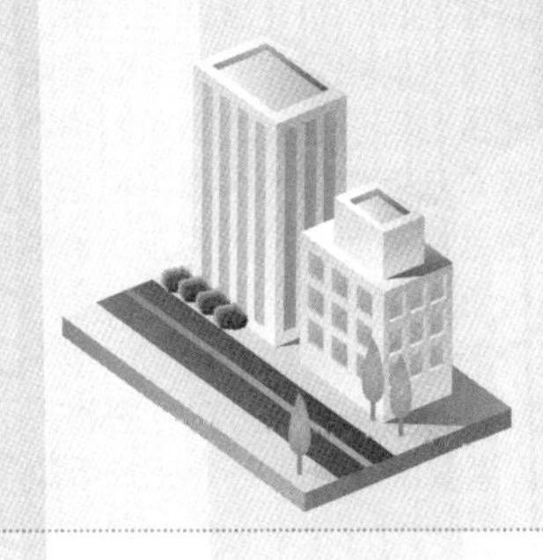

行業4 連鎖餐廳神祕客考題

1 基本專業能力

1.顧客坐定後，服務人員馬上送上菜單
2.在顧客用餐過程中，服務人員隨時補充飲水或茶水
3.服務人員熟記每位顧客所點之餐點，能正確送餐且不需要再問
4.服務人員送餐迅速，也能專業介紹菜色，不是照稿背完
5.服務人員主動詢問用餐滿意度
6.服務人員的收餐動作輕巧，無大聲碰撞餐具聲響
7.服務人員能詳細解說消費者對主餐食用的口感差異
8.服務人員記得告知吧台人員客人的特殊點餐需求

2 基本服務能力

1.顧客不用等待即有服務人員主動帶位
2.服務人員配合安排顧客的座位需求
3.顧客不需花太多時間等候餐點送上
4.服務人員收餐動作輕巧迅速
5.服務人員能夠即時發現消費者用餐時無處可放只好放在腿上的包包並協助放置
6.服務人員能滿足消費者調味架上沒有的醬汁的需求
7.服務人員能迅速處理顧客打翻的茶水
8.消費者向服務人員表示吃不完需要打包
9.消費者向服務人員反映餐點等候時間過久
10.服務人員細心打包消費者欲攜回餵食寵物的骨頭菜餚
11.服務人員能樂意協助消費者拍攝用餐紀念照
12.客服人員能立即關心並在意消費者在意見卡上註明希望買到該店特殊醬料的需求

3 基本服務禮儀

1.當顧客進入餐廳門口，領台精神抖擻致歡迎詞
2.服務人員服裝儀容整潔一致
3.當顧客接近時，領台目迎且微笑
4.服務人員主動說明收取及找零款項，並致感謝詞
5.服務人員收到千元鈔的檢驗動作尊重顧客
6.消費者電話訂位時，服務人員親切有禮地回應
7.與消費者擦身而過時，服務人員能禮讓顧客先行，並目視致意
8.當消費者點選菜單上沒有的菜色時，服務人員能夠親切設法處理
9.當消費者希望坐寬鬆的位置，服務人員能親切安排
10.消費者詢問洗手間方向，服務人員的服務態度
11.消費者要求點餐人員介紹拿手菜色，服務人員的服務態度

④ 基本環境維護能力

1.餐廳內動線清楚沒有堆放雜物、洗手間備品充足且沒有異味
2.用餐空間與餐具整體潔淨，擺盤精緻美觀

⑤ 解決一般問題能力

1.消費者點餐五到八分鐘後，要求更換已點的主菜
2.消費者點餐時猶豫不決，遲遲無法決定點何種餐點
3.消費者向服務人員表示同行者有素食需求
4.服務人員能滿足消費者點選菜單上沒有的飲料需求
5.服務人員能詳細解說消費者對主餐食用的口感差異
6.消費者用餐中途要求換桌、索取意見調查表
7.消費者向服務人員反映音樂或隔壁桌太吵
8.服務人員能滿足消費者反映餐點溫度不佳的需求，並再次確認
9.消費者向服務人員要求餐點分量增加（加飯、麵或蔬菜）
10.服務人員樂意協助消費者，去除身上衣服的油煙異味
11.當消費者表示座椅不適，服務人員能誠意致歉
12.服務人員能滿足消費者用餐到一半，希望增添餐點某一用料的需求
13.消費者認為冷氣太冷，要求服務人員協助處理

⑥ 解決消費者難題能力

1.上菜後，消費者故意向服務人員挑剔菜色不合口味
2.上菜後以菜色太鹹為理由，要求服務人員處理
3.客服人員能關心並在意消費者打電話抱怨餐廳停車不方便時的客訴
4.消費者向服務人員反映過去曾食用過菜單上某樣餐點，卻出乎意料地不合口味
5.當消費者詢問有沒有嬰兒換尿片的地方，服務人員能熱心設法處理
6.消費者打電話詢問位於另一個縣市連鎖餐廳的交通方式，服務人員耐心給予詳盡資訊
7.消費者向服務人員反映醬汁不慎滴落衣物
8.消費者在服務人員面前，故意把餐具掉在地上
9.服務人員能夠即時發現消費者掉落地上的衣物，並協助拾起
10.服務人員能滿足消費者無法食用甜點部分的特殊需求

⑦ 魔鬼大考驗題

1.消費者進餐廳時請櫃台幫忙將手機充電
2.消費者友人在用餐過程中致電到店裡，向服務人員表示有急事找消費者，當服務人員逐桌尋找時，消費者又剛好內急不在座位上，待服務人員離開後，消費者才至櫃台詢問，是否有人致電找他
3.消費者向服務人員表示服務不周，不願意支付10%的服務費
4.消費者用餐延至規定打烊時間
5.消費者結帳時才發現沒帶現金或信用卡，找了一會兒，只有提款卡，向服務人員要求至附近提款機提款
6.消費者點取菜單上沒有，但餐廳確定有原料之餐點

國家圖書館出版品預行編目資料

圖解顧客滿意經營學／戴國良著. -- 初版.
-- 臺北市：五南, 2013.10
面； 公分
ISBN 978-957-11-7322-1 (平裝)

1.顧客關係管理 2.行銷管理 3.個案研究

496.5 102017886

1FS9

圖解顧客滿意經營學

作 者 — 戴國良
發 行 人 — 楊榮川
總 經 理 — 楊士清
總 編 輯 — 楊秀麗
主 編 — 侯家嵐
責任編輯 — 侯家嵐
文字編輯 — 邱淑玲
封面設計 — 盧盈良
內文排版 — 張淑貞
出 版 者 — 五南圖書出版股份有限公司
地 址：106台北市大安區和平東路二段339號4樓
電 話：(02)2705-5066 傳 真：(02)2706-6100
網 址：https://www.wunan.com.tw
電子郵件：wunan@wunan.com.tw
劃撥帳號：01068953
戶 名：五南圖書出版股份有限公司

法律顧問 林勝安律師事務所 林勝安律師

出版日期 2013年10月初版一刷
2020年11月初版二刷
定 價 新臺幣320元

經典永恆・名著常在

五十週年的獻禮——經典名著文庫

五南，五十年了，半個世紀，人生旅程的一大半，走過來了。
思索著，邁向百年的未來歷程，能為知識界、文化學術界作些什麼？
在速食文化的生態下，有什麼值得讓人雋永品味的？

歷代經典・當今名著，經過時間的洗禮，千錘百鍊，流傳至今，光芒耀人；
不僅使我們能領悟前人的智慧，同時也增深加廣我們思考的深度與視野。
我們決心投入巨資，有計畫的系統梳選，成立「經典名著文庫」，
希望收入古今中外思想性的、充滿睿智與獨見的經典、名著。
這是一項理想性的、永續性的巨大出版工程。
不在意讀者的眾寡，只考慮它的學術價值，力求完整展現先哲思想的軌跡；
為知識界開啟一片智慧之窗，營造一座百花綻放的世界文明公園，
任君遨遊、取菁吸蜜、嘉惠學子！